'优奖'（Prizehead）莴苣
散叶莴苣。口感脆爽柔嫩，味甜。一个富含抗氧化剂的传统品种。

芝麻菜
十字花科的一员，有一种辛辣的味道。富含叶黄素，有很高的抗氧化价值。

'冬日红'（Rouge d'Hiver）莴苣
罗马莴苣。叶片大而光滑，外层叶片呈中度红色至古铜色。

'宝石红'（Ruby Red）莴苣
散叶莴苣。有精致的褶饰边，浓重的红色在炎热天气下也不褪色。味甜，多汁。

'花结'（Cocarde）莴苣
橡叶莴苣。叶片表面光滑，几乎呈蜡质，质地细腻。味道甜且滋味浓郁。

'银河'（Galactic）莴苣
散叶莴苣。叶片有光泽，略有褶边，略苦；质地结实且柔韧，因此很适合包裹食物。花青素和抗氧化剂含量极高。

'洛罗红'（Lollo Rosso）莴苣
散叶莴苣。口感脆，半肉质，质地较硬，味道温和，稍苦，有坚果味。抗氧化活性超高。

'卡门'（Karmen）洋葱
球形鳞茎中等大小，扁平，看上去仿佛蘸过朱漆。甜味适中。富含槲皮素。耐储存。

'西班牙红'（Spanish Roja）蒜
软颈蒜。辣度中等，表皮有紫色条纹。每个鳞茎有 8~10 个大蒜瓣。容易剥皮。储存期 2~3 个月。

'罗马尼亚红'（Romanian Red）蒜
硬颈蒜。生吃味道辛辣刺激。蒜瓣硕大饱满，每个鳞茎只有 4~5 个蒜瓣。大蒜素含量极高。

'因切利厄姆红'（Inchelium Red）蒜
软颈蒜。味道辣，但不过于强烈。鳞茎硕大，含 9~20 个蒜瓣。可储存长达 7 个月。

'音乐'（Music）蒜
硬颈蒜。蒜瓣非常大，每个鳞茎 4~6 个蒜瓣。味道浓郁、辛辣。可储存长达 9 个月。

黄色洋葱
所有黄色辛辣洋葱都有很高的抗氧化价值。烹饪后味道会温和得多。

'重红甜'（Double Red Sweet）玉米
富含花青素。若在完全成熟之前采摘
并在采摘数小时内烹熟，味道是甜的。
稀有。

超甜玉米
（代码: sh2）
遗传学家约翰·劳克南发现的突变品种。某
些品种比 su 玉米甜 10 倍，含糖量高达
28%~44%。可储存长达 10 天而不损失糖分。

高糖强化玉米
（代码: se）
比老式甜玉米更甜更嫩，含糖量为 14%~25%。
收获后立刻冷藏，甜味可保持 2~3 天。

老式甜玉米
（代码: su）
含糖量低于大多数现代品种。玉米
粒中的糖在采摘后 1~2 天内转化为
淀粉。需在收获数小时内烹饪。

'霍皮蓝'（Hopi Blue）玉米
大田玉米（不含糖）。一个古老的
品种。玉米穗呈银蓝色，硕大。最
有名的是能制造高蛋白玉米面和玉
米粉。

'尼古拉'（Nicola）马铃薯
质感柔软，有类似坚果的味道。
低升糖指数。不常见。

**'赤褐诺科塔'（Russet Norko-
tah）马铃薯**
块茎大，椭球形，表皮为赤褐
色，粗糙。植物营养素含量高
于'赤褐伯班克'。耐储存。

'全蓝'（All Blue）马铃薯
花青素含量非常高。中等大小的
椭球形块茎有深蓝色的皮和近乎
紫色的果肉。适合烘烤以及用烤
箱烤薯条。

'紫帝'（Purple Majesty）马铃薯
外形均匀整齐，椭球形，内外都是
紫色。耐储存。花青素含量很高。

'山蔷薇'（Mountain Rose）马铃薯
内外都是红色。适合烘烤、做土豆
泥和土豆色拉。

**'赤褐伯班克'（Russet Bur-
bank）马铃薯**
抗氧化剂含量相对较高。烘烤，
冷藏过夜，然后重新加热，这样
做可以减少对血糖造成的影响。

'全红'（All Red）马铃薯
中型至大型马铃薯，有鲜红色的
皮和带有粉红色漩涡的果肉；烹
饪后皮和果肉都不变色。质感精
细湿润。

'深紫'（Deep Purple）胡萝卜
味道温和，适合切片、榨汁和
生吃。富含花青素。抗氧化剂
含量极高。

**'宇宙紫'（Cosmic Purple）
胡萝卜**
辣而甜。适合切片和榨汁。
富含花青素和 β – 胡萝卜素。

'红色王牌'（Red Ace）甜菜
根甜而柔嫩，口感滑腻，红色色
素的含量比标准甜菜高 50%。

'公牛血'（Bull's Blood）甜菜
肉质根中可见交替的红色圆环
与深粉色圆环。深紫红色叶片
味甜可口。

'卡罗来纳红'（Carolina Ruby）番薯
表皮红色，果肉橙色。抗氧化剂含量比'博勒加德'高。

'斯托克斯紫'（Stokes Purple）番薯
表皮棕色，果肉深紫色，几乎为黑色。味道浓郁，有红酒味。稀有。

'博勒加德'（Beauregard）番薯
块根椭球形，表皮深橙红色，果肉柔软湿润，味甜。最流行的品种之一。

'黛安'（Diane）番薯
表皮橙红色，果肉橙色。

'夏威夷'（Hawaiian）番薯
又名'冲绳'（Okinawan）番薯。原产于日本的冲绳岛。花青素含量高于蓝莓。

'圣马尔扎诺'（San Marzano）
西红柿
李子西红柿。果肉厚实，汁液
少。一些大厨认为它是做番茄
酱和西红柿膏的最佳选择。

'亚伯拉罕·林肯'（Abraham Lincoln）西红柿
球形西红柿。中等大小，
鲜红色，微酸。番茄红素
含量很高。

'园丁之乐'（Gardener's Delight）
西红柿
又称'糖块'（Sugar Lump）西红柿。
樱桃西红柿。有浓郁的甜味。在一项
研究中，是 40 个品种中番茄红素含
量最高的。

'马特野樱桃'（Matt's Wild
Cherry）西红柿
醋栗西红柿。果实非常小，
甜味浓烈。是近些年在墨西
哥发现的一种野生西红柿。

'朱丽叶'（Juliet）西红柿
又称'朱丽叶 F1 代杂种'（Juliet
F-1 Hybrid）西红柿。小型葡萄西
红柿。果实深红色，有光泽，甜
味浓郁。番茄红素含量很高。

**'大比利时'（Giant Belgium）
西红柿**
牛排西红柿。番茄红素含量高
于大多数大西红柿品种，但是
低于较小的西红柿。果肉肥厚，
深粉色，种子少。酸度低。

'牛心'（Oxheart）西红柿
牛排西红柿。果实硕大，心
形。有甜味，种子少。相当
酸。番茄红素含量比其他大
西红柿品种高。

**'黑樱桃'（Black Cherry）
西红柿**
樱桃西红柿。小而圆，
果皮深紫色，味道浓郁。
富含番茄红素。

'红梨子'（Red Pear）西红柿
樱桃西红柿。果实小，深红
色，梨形。传统品种。番茄
红素含量最高的品种之一。

'完美红'（Ruby Perfection）卷心菜

鲜艳的洋红色叶片。叶球中等大小。

'巨红岩'（Mammoth Red Rock）卷心菜

红色卷心菜富含花青素和抗氧化剂，是超市里最有营养的蔬菜之一。该品种形状均一，是 1889 年引入市场的传统品种。

'紫红'（Redbor）甘蓝

叶片呈浓郁的紫红色，卷曲得十分雅致。抗氧化剂含量是'红色俄罗斯'甘蓝的两倍。

'红色快递'（Red Express）卷心菜

超早熟红色卷心菜。味道好。

'红色俄罗斯'（Red Russian）甘蓝

植株硕大直立，茎粗壮，叶片卷曲，深紫色，有淡紫色叶脉。辛辣和苦味比其他品种稍多。

'卡沃洛'（Cavolo）西兰花
花球中等大小，黄绿色。柔嫩，有丰富的侧枝。紧凑。

'紫芽'（Purple Sprouting）西兰花
富含花青素。被认为是西兰花的原始形态。侧枝呈紫色，非常甜，烹饪后变成绿色。

'大西洋'（Atlantic）西兰花
外形饱满，花球结实，泛蓝。滋味浓郁。1960 年引入市场。

'塞里奥'（Celio）花椰菜
浅绿色，花球呈角锥状，
味道和外形俱佳。

**'祖母绿'（Emeraude）
花椰菜**
鲜绿色。富含抗氧化剂
和芥子油苷。

白色花椰菜

彩色花椰菜
彩色花椰菜的抗氧化价
值比白色花椰菜高。

毛豆

毛豆，即新鲜大豆，抗氧化剂和蛋白质含量均高于其他新鲜豆子。含有名为异黄酮的化合物，该物质被认为与更低的癌症风险相关。

'皇家勃艮第'（Royal Burgundy）豆

表皮紫红色，内部绿色。味道很好。紫红色会随着豆子烹饪时间的延长而褪色。

黑色、绿色（法国）、红色小扁豆

所有的小扁豆品种营养都很丰富。

'普罗旺斯紫'（Violet de Provence）
洋蓟
中等大小，苞片略带紫色。植物营养素含量是其他大多数品种的 3 倍。法国传统品种。

'小紫'（Violetto）洋蓟
被称为洋蓟中的贵族。柔嫩，有滋味。意大利北方传统品种。

'绿球'（Green Globe）洋蓟
最流行的球洋蓟品种，也是最有营养的洋蓟之一。

'泽西骑士'（Jersey Knight）芦笋
茎尖带一抹紫色。鲜绿色嫩茎柔
嫩多汁。

'泽西至上'（Jersey Supreme）芦笋
嫩茎中等大小，甜而柔嫩。

'阿波罗'（Apollo）芦笋
植物营养素类黄酮含量最高。

'紫热情'（Purple Passion）芦笋
嫩茎表面呈紫红色，内部为白绿色，
比大多数绿色芦笋更大、更柔嫩。
烹饪后味道甜而温和，有坚果味。
植物营养素含量最高的品种之一。

'发现'（Discovery）苹果
20 世纪 40 年代发现于英格
兰。最有营养的品种之一。
稀有。

**'北方间谍'（Northern Spy）
苹果**
19 世纪 40 年代在美国培育
出的传统品种。红绿相间，
耐储存。

'嘎啦'（Gala）苹果
新西兰品种。味道温和。

**'博斯科普佳人'（Belle de
Boskoop）苹果**
1856 年培育出的荷兰传统
品种。果实大，绿黄色，果
皮粗糙。结实，芳香，酸。

'哈拉尔森'（Haralson）苹果
果实鲜红色，适合烘焙、即食，
烹饪后保持原来的形状。

'奥查金'（Ozark Gold）苹果
甜，有蜂蜜风味。多汁且酸度
低。植物营养素含量极高。

'富士'（Fuji）苹果
甜而脆，耐储存。广泛易
得。是在日本培育的品种。

**'布拉姆列幼苗'（Bram-
ley's Seedling）苹果**
最好的烹饪苹果之一，在烹
饪时不会保持原来的形状。

**'布瑞本'（Braeburn）
苹果**
1952 年在新西兰发现
的双色苹果。脆而多
汁，酸甜均衡。

'斯巴达'（Spartan）苹果
中等大小的红皮苹果。脆而
甜，有淡淡的葡萄酒味。

'澳洲青苹'（Granny Smith）苹果
绿而大，味道酸。

'梅尔罗斯'（Melrose）苹果
最适合储存的品种之一。味道会在储存过程中变得更好。

'科特兰'（Cortland）苹果
果肉雪白，多汁，柔软，果皮薄。不容易褐化。

'红乔纳金'（Red Jonagold）苹果
大型红皮苹果，味道酸甜均衡。有香味。

'红帅'（Red Delicious）苹果
即蛇果。美国传统品种，营养素含量相对较高。

'自由'（Liberty）苹果
中等大小，果实脆而硬，
味道酸甜均衡。

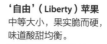

'罗德岛青苹'（Rhode Island Green-ing）苹果
美国最好的烹饪苹果之一。17世纪
50年代引入美国的传统品种，或许
是所有品种中最古老的。稀有。

'蜜脆'（Honeycrisp）苹果
美国最受欢迎的品种之一。
脆，甜，稍带酸味。

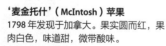

'麦金托什'（McIntosh）苹果
1798年发现于加拿大。果实圆而红，果
肉白色，味道甜，微带酸味。

'金赤褐'（Golden Russet）苹果
小型传统品种，果皮粗糙。
有强烈的酸甜味道。稀有。

博伊森莓
绛紫色浆果非常大，柔软，味道酸甜可口。是一株欧洲覆盆子、一株黑莓和一株罗甘莓的杂交后代。

罗甘莓
浆果中等大小，深红色，长而柔软，有一种独特的好味道。

黑果腺肋花楸
豌豆大小的黑色浆果，果肉也是黑色，味道干涩。又称 chokeberry（"窒息浆果"）。是最有营养的水果之一。

'灿烂'（Brightwell）蓝莓
深蓝色浆果几乎无籽，中等大小，多汁，味道好。被认为是全世界的顶级品种之一。

马里恩莓
全世界种植最广泛的杂交黑莓之一。抗氧化剂含量高于罗甘莓和博伊森莓。有强烈的香味。

'哈尼'（Honeoye）草莓
草莓味道浓郁。圆锥形浆
果。

'卡姆罗莎'（Camarosa）草莓
果实大而结实，呈圆锥形。

'早红光'（Earliglow）草莓
甜，味道好，有光泽，结实。
呈均匀的深红色。美国农业
部 1975 年培育。

'喝彩'（Ovation）草莓
红色浆果大而鲜艳，芯
小。有香味，味道温和。

'甜查理'（Sweet Charlie）草莓
高糖低酸品种，橙红色。是许多尝
味测试的优胜者。提取物杀死人乳
腺癌细胞的能力超过测试中的所有
其他品种。1992 年由佛罗里达大
学发布。

'塞尔瓦'（Selva）草莓
果实结实，多汁。抗氧化
剂含量高于'甜查理'。

'Z火'（Zee Fire）油桃
黄肉粘核油桃。黄色果皮
上有红晕。超甜，酸度
低，相当结实。植物营养
素含量最高的品种之一。

**'印第安之血粘核'（Indian
Blood Cling）桃**
起源自 18 世纪的传统品种。
白色果肉带有红色条纹。成
熟时有香味。不常见。

'春冠'（Spring Crest）桃
果实中等大小，绒毛少。
在一项包括 11 个品种的研
究中，营养含量名列第二。

**'布莱特珍珠'（Brite
Pearl）油桃**
白肉油桃，抗氧化剂
含量非常高。果皮的植
物营养素比果肉丰富
得多。

'欧亨利'（O'Henry）桃
果大而结实，黄色果肉带
红色条纹。味道很好。传
统品种，抗氧化剂含量高
于大多数其他黄肉品种。

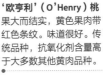

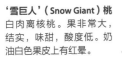

'雪巨人'（Snow Giant）桃
白肉离核桃。果非常大，
结实，味甜，酸度低。奶
油白色果皮上有红晕。

'皇家布伦海姆'（Royal Blenheim）杏
又称"布伦海姆"杏。结实的浅橙色果肉，味道浓郁，非常可口。果实大中型。

'罗巴达'（Robada）杏
大而多汁，酸甜平衡得恰到好处。果皮颜色漂亮，有红晕。果肉深橙色。

'哈尔格兰德'（Hargrand）杏
果非常大，甜而多汁，果皮和果肉都为深橙色。抗氧化能力指数非常高。离核。1980年发布。

'意大利紫红'（Italian Prune）李子
大中型果实，果皮深紫色，果肉黄绿色。最常制成西梅的李子品种。非常甜，不过还有一抹柠檬味。

'安哥诺'（Angeleno）李子
果实大，果皮为紫色。在一项包括5个品种的调查中，抗氧化剂含量是最高的。

'斯坦利'（Stanley）李子
果大，结实而柔软，果皮
为深蓝色。甜。常见。

'红美人'（Red Beaut）李子
果肉味道甜美，果肉相当酸。
中等大小，鲜红色果皮在成
熟时变成紫色。

'高个子约翰'（Longjohn）李子
蓝色李子，呈拉长的水滴状。离
核。1993 年培育。

'黑钻'（Black Diamond）李子
难以寻觅，营养丰富。抗氧化
能力指数高达 7581，比洋蓟和
黑豆还高。

'黑美人'（Black Beaut）李子
夏季最先成熟的李子品种之
一。果实大，果皮深紫色，有
漂亮的红色果肉。多汁，甜度
适中。

'汤普森'（Thompson）无籽葡萄
美国最受欢迎的葡萄，植物营养素含量相较其他品种低。

'克瑞森无籽'（Crimson Seedless）葡萄
非常甜，中等大小，无籽，果皮红色。

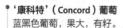

'红火焰无籽'（Red Flame Seedless）葡萄
颜色呈红色至深紫色。果实脆，味道很好。是美国第二受欢迎的葡萄。

'康科特'（Concord）葡萄
蓝黑色葡萄，果大，有籽。

'皇家秋天'（Autumn Royal）葡萄
脆而甜的无籽葡萄，果皮为黑色或紫黑色。富含植物营养素。

橘柚

橘柚是用蜜橘的花粉为葡萄柚的花授粉得到的。橘柚比大多数橙子有营养，有蜜橘的浓郁味道和颜色。

华盛顿脐橙

又称脐橙。每个果实的末端都有一个圆环，里面有一个凸起。这个凸起是未发育完全的另一个小橙子。

卡拉卡拉红肉脐橙

中等大小，果肉玫红色，植物营养素含量是普通脐橙的 2~3 倍，而且味道更甜，酸度更低。

瓦伦西亚橙

中等大小，果皮薄，不易剥。果实比脐橙更甜、更多汁，是家庭压榨橙汁不错的选择。

蜜橘

容易剥皮的小型柑橘类水果。味道甜，与大多数橙子相比酸度较低，味道更浓。

粉肉葡萄柚
比白肉葡萄柚甜，而且抗
氧化价值稍高。

白肉葡萄柚
比粉肉和红肉品种更苦，而且
植物营养素含量也较低。不过
它们仍然有降低低密度脂蛋白
胆固醇以及阻碍几种人类癌症
细胞生长的作用。

血橙
小型橙子，果肉颜色如同深红
色葡萄酒。味道酸甜均衡，抗
氧化剂含量高于所有其他橙子。

红肉葡萄柚
是所有葡萄柚中番茄红素和总植物营
养素含量最高的。红色越深，果实的
健康益处越大。

克莱门氏橘
早熟橘子。没有籽，看上去与蜜橘相似，但是要更小一些。深橙色果肉富含 β - 胡萝卜素和其他植物营养素。

来檬
是香橼和一种名为大翼橙的相对未知的柑橘类水果的杂交后代。除了维生素 C，还富含黄烷酮类化合物，该物质拥有重要的抗氧化和抗癌功效。

白肉番石榴

番石榴小而多籽，味道酸。呈球形、卵形或梨形。纤维素含量高，血糖负荷低。红肉或粉肉番石榴比白肉番石榴营养更高，但白肉番石榴仍是富含营养的水果。

粉肉番石榴

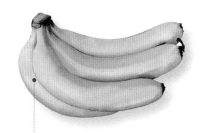

'卡文迪什'（Cavendish）蕉
长手指状，是美国最受欢迎的品种。

'巴西侏儒'（Brazilian Dwarf）香蕉
维生素 C、叶黄素、β－胡萝卜素和 α－胡萝卜素含量非常高。

'布罗'（Burro）香蕉
果实成熟到果肉呈黄色时，味道最好。

红香蕉
又称红手指香蕉。味道甜且口感柔滑，比'卡文迪什'含有更多维生素 C 和类胡萝卜素。

迷你香蕉
又称皇帝蕉。与'卡文迪什'相比，皇帝蕉拥有 3 倍的维生素 C 含量，还含有更多维生素 A、钾、钙、镁、锰和锌。

'加勒比红'（Caribbean Red）番木瓜
这种超大番木瓜可能重达 2~5 磅。和
更常见的黄肉品种相比，它的红色果
肉含有两倍的类胡萝卜素和番茄红
素。这种番木瓜大多数种植在墨西哥
和中美洲。

'梭罗'（Solo）番木瓜
是美国市场上最常见的番木瓜
品种。富含维生素 C，但是类
胡萝卜素和番茄红素含量低于
'加勒比红'。

'哈登'（Haden）芒果

**'弗朗西斯'（Francis）
芒果**

所有芒果品种都比香蕉、菠萝和
番木瓜更有营养。在 2010 年的
一项研究中，'阿道夫'和'哈
登'拥有最好的抗癌功效。

**'阿道夫'（Ataulfo）
芒果**

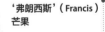

'查伦泰'（Charentais）罗马甜瓜
甜而小的法国传统品种，果实为非常深的橙色。味道好。大多数市场不出售，因为质地过脆，容易损坏。

'艾克泰西'（Extazy）西瓜
小而圆的无籽西瓜，果肉深红色。重6~7磅。果皮深绿色，有浅色条纹。在近期文献综述中被认为是番茄红素含量最高的。

卡沙巴甜瓜
是一种大小与白兰瓜相似的甜瓜，果皮有深皱纹，需要格外用心擦洗。没有白兰瓜甜，也没有罗马甜瓜有营养。

绿色果肉白兰瓜
是所有甜瓜中最甜的，也是营养价值最低的。

橙色果肉白兰瓜
是白兰瓜与罗马甜瓜杂交的品种。比传统的绿色果肉品种更有营养。

博物文库·生态与文明系列

EATING ON THE WILD SIDE:
THE MISSING
LINK TO OPTIMUM HEALTH

食之养：
果蔬的博物学

［美］乔·罗宾逊

（Jo Robinson） 著

王晨 译

北京大学出版社

PEKING UNIVERSITY PRESS

著作权合同登记号 图字：01-2017-5862

图书在版编目(CIP)数据

食之养：果蔬的博物学 / (美) 乔·罗宾逊著；王晨译. — 北京：北京大学出版社，2019.11

（博物文库·生态与文明系列）

ISBN 978-7-301-30602-4

Ⅰ.①食… Ⅱ.①乔… ②王… Ⅲ.①水果—研究 ②蔬菜—研究 Ⅳ.① S66 ② S63

中国版本图书馆 CIP 数据核字（2019）第 149552 号

EATING ON THE WILD SIDE Jo Robinson © 2013

This edition arranged with InkWell Management, LLC.

through Andrew Nurnberg Associates International Limited

书　　　名	食之养：果蔬的博物学	
	SHI ZHI YANG: GUOSHU DE BOWUXUE	
著作责任者	［美］乔·罗宾逊 著　王晨 译	
策 划 编 辑	周志刚	
责 任 编 辑	张亚如　王　彤	
标 准 书 号	ISBN 978-7-301-30602-4	
出 版 发 行	北京大学出版社	
地　　　址	北京市海淀区成府路205 号　100871	
网　　　址	http://www.pup.cn　新浪微博: @ 北京大学出版社	
微信公众号	科学与艺术之声（微信号：sartspku）	
电 子 信 箱	zyl@pup.pku.edu.cn	
电　　　话	邮购部 010-62752015　发行部 010-62750672	
	编辑部 010-62753056	
印 刷 者	北京宏伟双华印刷有限公司	
经 销 者	新华书店	
	880毫米×1230毫米　A5　15印张　330 千字	
	2019年11月第1版　2019年11月第1次印刷	
定　　　价	88.00元	

"如果没有乔·罗宾逊，我们该怎么办？她就像是现代的希波克拉底，她在自己现象级的新书里写下了健康处方。但这处方上没有所谓的苦口良药：罗宾逊提供了更明智的选择，适用场景不但包括农夫市场，还包括超市的过道。能够治愈我们病痛的疗法就在书中，而且很美味。"

——丹·巴伯（Dan Barber），蓝山餐厅和蓝山餐厅石仓农场店的主厨兼老板

"乔·罗宾逊写出了下一本《杂食者的两难》（The Omnivore's Dilemma）。《食之养》是一本充满启示的书，任何地方的美食爱好者和家庭厨师都会阅读、推荐、引用它，并按照它的建议生活。罗宾逊或许还不是一个家喻户晓的人，但她开创性的工作将颠覆你对食物的很大一部分理解。"

——肯普·米尼菲（Kemp Minifie），Epicurious.com

"我从这本出色的书上学习了很多东西，包括如何选择、储存和处理如今能买到的最好的水果和蔬菜品种，以弥补植物育种和现代农业加诸它们祖先的强烈变化。乔·罗宾逊告诉你应该如何购买、烹饪和食用果蔬，从而最大程度地摄入大自然注入植物体内的有益植物营养素。强烈推荐。"

——安德鲁·韦尔（Andrew Weil），医学博士，《真正的食物》（True Food）和《自发的幸福》（Spontaneous Happiness）的作者

"这是一本很棒的书。我想人们将改变他们购买食物的方式。我知道我会的。"

——桑杰·古普塔博士（Dr. Sanjay Gupta）

"非常精彩，富有启发性。乔·罗宾逊十分出色地将来自多门学科的知识融合到一起——其中的大部分知识无论是对营养学家、医生，还是对门外汉，都是未知的。"

——洛伦·科丹（Loren Cordain），哲学博士，《原始饮食》（The Paleo Diet）的作者

"可读性很强 …… 罗宾逊分享了数百则实用趣闻 …… 其中许多信息令人惊讶，十分新颖。"

—— 丽贝卡·德恩（Rebekah Denn），《西雅图时报》（The Seattle Times）

"对于每一种作物，乔·罗宾逊都向读者提供了获取最多维生素和抗氧化剂的购买建议 …… 她还提供了更有益健康的储存和烹饪建议。最近的科学研究已经向我们揭示，我们应该从生长良好的食物而非药丸中获取 β-胡萝卜素和其他促进健康的营养物质，所以这本书正是园丁和大厨所需要的。"

—— 芭芭拉·达姆罗施（Barbara Damrosch），《华盛顿邮报》（The Washington Post）

"十分令人着迷。《食之养》备受好评，被认为是第一本揭示水果和蔬菜营养史的图书 …… 每一个字都让我回味无穷。"

—— 奥布·吉鲁（Aube Giroux），美国公共电视网（PBS）

"我无法抗拒《食之养》传递的信息。为了增加植物营养素的摄入，你不必非吃野生的东西不可。乔·罗宾逊告诉读者如何在超市果蔬货架和农夫市场上找到富含植物营养素的食物，它们与我们过着狩猎和采集生活的祖先所吃的种类相去不远。"

—— 汤姆·菲尔波特（Tom Philpott），MotherJones.com

"罗宾逊打破了关于蔬菜的传统认知。我们这些追踪营养学新闻的人什么事情都听说过。我们尽量不吃太多食物，并以植物性食物为主。我们先是惧怕肉、蛋和奶油，然后又为它们平反昭雪。我们喜欢单一不饱和油脂和 Ω-3 脂肪酸、纤维素和类胡萝卜素。我们知道西兰花和浆果可以预防癌症，燕麦片可以预防高胆固醇。因此，当乔·罗宾逊在我们自以为无所不知的脑袋里注入新知时，她做出了一项相当了不起的成就。"

——《赫芬顿邮报》（The Huffington Post）

"乔·罗宾逊以她查阅的六百多项科学研究为基础，指出了一条通向更好的饮食的精确道路。她用行云流水的文字风格出色地完成了这项任务，让《食之养》的阅读体验十分愉悦。"

—— 大卫·门多萨（David Mendosa），HealthCentral.com

"精彩纷呈……《食之养》帮助我们在水果和蔬菜上做出最好的选择，让我们最大限度地摄入营养，从农夫市场或者食品店货架上的美妙果蔬中获取最多的养分。这本书精彩地介绍了农业在过去一百年里发生的变化，而且你会发现促进我们健康的新方法，即选择自然馈赠给我们的最好的东西。"

—— 凯·贾奇博士（Dr. Kay Judge）和玛克辛·巴里什–弗雷登博士（Dr. Maxine Barish-Wreden），《萨克拉门托蜜蜂报》（The Sacramento Bee）

献词

谨以此书献给辛勤工作、致力于保存我们的

水果和蔬菜的遗传多样性并提高其营养含量的

所有研究人员、食物推广宣传家和植物育种者。

通过他们的努力，我们可以重新获得我们在

过去一万年的岁月里不经意地从膳食

中去除的丰富营养。

目 录 CONTENTS

野生营养：失而复得

我们的水果和蔬菜是从哪里来的？当然不是从超市里来的，那里只是它们出售的地方。也不是从大型商业种植农场、地方农场，甚或我们自家后院的园子里来的，那些地方是它们被种植、照料和收获的地方。水果和蔬菜本身来自于生长在全球各地的野生植物。我们如今种植的大多数蓝莓是原产于美国新泽西州派恩瘠地（Pine Barrens）的野生"沼泽蓝莓"的后代。我们的牛排西红柿（beefsteak tomato）①的野生祖先生长在安第斯山脉两翼地区，果实只有莓果大小。我们壮硕的橙色胡萝卜和生长在阿富汗的细小的紫色胡萝卜有亲缘关系。我们的远祖在大约一万年前发明出农业，从那时起，他们开始改变这些植物以及其他野生植物，让它们更高产，更容易被种植和收获，也更加美味。到今天为止，已经有四百代农民和成千上万的植物育种者参与了对野生植物的再设计。这

---

① 一种肉质肥厚的西红柿品种，也是最大的栽培品种之一，有的重达450克甚至更重。——译者注

些变化叠加起来便相当可观，让我们如今的水果和蔬菜看上去仿佛是现代的创造。

比如香蕉，最受我们欢迎的水果。香蕉的野生祖先生活在马来西亚以及东南亚的其他一些地区。这些野生香蕉的形状、颜色和大小多种多样。大多数野生香蕉都充满了大而坚硬的种子。它们的果皮牢牢地附着在果肉上，必须用刀才能割下来。咬一口又干又涩的果肉，你会后悔吃这种东西。在数千年的岁月里，聪明的人类将这种几乎不能入口的果实改造成了'卡文迪什'（Cavendish）蕉，也就是在所有超市都有售的那种长长的指状黄色香蕉。我们喜爱'卡文迪什'蕉的原因有三个：果皮容易剥掉；果肉香甜，口感如奶油般柔滑；还有种子已经缩小成了微不足道的小点。这些种子当然无法长出植株，但是扦插繁殖不需要种子，这也是我们所有香蕉的种植方法。经过一代又一代人的努力，我们重新塑造了野生植物，让它们变成了我们自己的创造。

维生素、矿物质、蛋白质、纤维素和健康脂肪的损失

在培育更加可口的水果和蔬菜时，我们不经意地从植物体内去除了一些营养物质，而现在我们知道，它们对于保持最佳健康状态至关重要。与野生的水果和蔬菜相比，大多数人工品种在维生素、矿物质和必需脂肪酸上的含量显著偏低。以一种名为马齿苋的野生植物为例，它的维生素 E 含量是菠菜的 6 倍，Ω-3 脂肪酸含量是菠菜的 14 倍，而它的 β-胡萝卜素含量是胡萝卜的 7 倍。

与我们培育的种类相比，大多数野生植物的蛋白质和纤维素含量也更高，而糖的含量却低得多。现代玉米的祖先是一种名为墨西

哥类蜀黍的禾草植物，原产于墨西哥中部。它的谷粒含有大约30%的蛋白质和2%的糖。而我们如今的甜玉米含有4%的蛋白质和10%的糖。一些最新的超甜玉米品种含糖量高达40%。吃这么甜的玉米对人体血糖水平的影响相当于吃一个士力架巧克力棒或者甜甜圈蛋糕。

如今，大多数健康专家都认为最健康的饮食应该富含纤维素，而且糖和易于消化的碳水化合物含量应该较低。这种饮食称为"低升糖指数饮食"，因为它有助于将我们的血糖维持在健康水平。人们发现，低升糖指数饮食会使罹患癌症、心血管疾病、慢性炎症、肥胖症和糖尿病（我们的五大现代病痛）的风险降低。野生水果和蔬菜就是最早的低升糖指数食物。

植物营养素的急剧减少

在过去的二十年里，全世界的植物学家们发现，野生植物和我们培育的现代品种之间存在一个重大的差别：大自然创造的植物含有丰富得多的"多酚"（polyphenols），或称"植物营养素"（phytonutrients）。（在这本书中，我将把此类化合物称为"植物营养素"或"生物营养素"[bionutrients]）——"*Phyto*"这个前缀在希腊语中是植物的意思。每种植物都含有一系列植物营养素，它们是抵御病害、有害紫外线、恶劣天气和植食性动物的化学防御武器。

如今，人们已经发现了超过8000种植物营养素，而每种植物可产生数百种植物营养素。当我们食用富含可被人体吸收的抗氧化剂的植物时，我们就会得到额外的保护，抵御自由基之类的有害粒子。要知道，自由基能造成动脉内膜炎，引发正常细胞的癌变，损伤视力，增加我们患肥胖症、糖尿病的风险，并加快人体老化的速度。其他的植物营养素能参与人类细胞间的"通讯"，当然有些还会改变我们的基因。许多小规模的研究已经揭示，某些植物营养素还能提升运动表现，降低感染风险，抵抗流感，降血压，降低低密度脂蛋白胆固醇，加速减肥和提高免疫力。这些由植物产生的化合物能够对我们的每个细胞和每一套功能系统产生影响。

由于这些潜在的健康益处，植物营养素已经成为医药学和植物学最炙手可热的研究领域之一。自 2000 年以来，关于这个主题已经发表了超过 3 万篇科研论文。如今，许多注重健康的消费者都可以如数家珍地谈论红葡萄酒中的白藜芦醇（resveratrol）、西红柿中的番茄红素（lycopene）以及蓝莓中的花青素（anthocyanins）。保健品产业迅速迎合了人们这种日益增长的兴趣。在网络上随便浏览一下，你就能找到成千上万种包含植物营养素提取成分的高价药片、能量棒、果汁饮料和粉末。你今天吃番茄红素胶囊了吗？

如果我们仍然在食用野生植物，就不需要这些养生片剂了。例如，某个野生西红柿物种的番茄红素含量是超市出售的典型西红柿品种的 15 倍。生长在安第斯山脉山脚下的某些野生马铃薯的植物营养素含量是我们的'赤褐'（Russet）马铃薯的 28 倍。生长在尼泊尔的一个野生苹果物种拥有的植物营养素是最受我们欢迎的苹果品种的 100 倍，只需几盎司①的果肉，就能提供相当于六个硕大的'富士'（Fuji）或'嘎啦'（Gala）苹果的植物营养素。

---

① 盎司，重量单位，1 盎司约为 28.35 克。——译者注

一天一个苹果并不会让医生远离你

另一个令人不安的发现是，我们培育出来的某些果蔬品种不但植物营养素含量相对较低，而且含糖量相对较高，这可能会加重我们的健康问题。在 2009 年的一项令人大跌眼镜的研究中，46 名胆固醇和甘油三酯水平都很高、体重超重的男子同意参与一项进食试验。其中 23 名男子是对照组，继续保持他们的日常饮食；另外 23 名男子在日常餐饮的基础上增加一个'金冠'（Golden Delicious）苹果。该研究项目的目标是看看吃更多水果是否能够降低这些男子罹患心血管病的风险。在为期两个月的研究结束时，研究人员测量了对照组和试验组的血脂，并与研究开始时的测量结果进行了比较。让研究人员吃惊的是，每天吃一个苹果的男子，其甘油三酯和低密度脂蛋白胆固醇的含量水平比研究开始时更高，而这会增加他们心脏病发作或中风的风险。

研究人员非常努力地思考造成这一现象的原因，他们认为，出现这种结果的源头是试验组人员食用的苹果的品种。他们推测，'金冠'苹果的植物营养素含量太低，不足以降低这些人的胆固醇水平，而它的含糖量又太高，以至于升高了他们的甘油三酯水平。这项研究直接关乎美国人的健康，因为脆甜多汁的'金冠'苹果是目前为止最受我们欢迎的苹果。令人悲伤的是，一度放之四海而皆准的健康建议"多吃水果和蔬菜"已经过时了。我们需要一些更好的建议，告诉我们应该吃哪些水果和蔬菜。

还有一个观念也需要修正。许多美国人相信，我们的祖父母们和曾祖父母们培育出来的水果和蔬菜品种比我们如今培育的品种更有益于我们的健康。根据这种观点，我们应该食用历史更悠久的水果和蔬菜品种。但最近的研究表明，许多现代品种比令我们垂涎的传统品种更有营养。例如，'金冠'苹果是一个拥有百年历史的传统品种，'自由'（Liberty）苹果的历史比'金冠'晚75年，但是它的抗氧化剂含量是'金冠'的两倍。现在很清楚的一点是，品种的诞生时间并不是衡量其对我们健康影响的可靠指标。

然而，无论是现代的还是传统的，至今还没有任何一种栽培苹果拥有和野生苹果同样多的植物营养素。正如你将在下面的内容中看到的那样，要想最大限度地促进健康，我们必须重拾我们在过去一万年的农业活动中浪费掉的丰富营养，而不能只把目光放在过去的一二百年。

从狩猎—采集者到农民

在发明农业之前，地球上的所有人都以野生动植物为食。人类学家告诉我们，我们的这些年代久远的祖先生活在由20~40人组成的小部落中，为了寻觅食物而终年奔波，在不同的地方安营扎寨。他们根据一年一度的猎物迁徙时间以及野生的坚果、种子、水果和蔬菜的成熟时间安排自己的旅程。他们的所有食物必然是当地的、有机的和应季的。因为他们所有的食物都是狩猎或采集来的，所以他们被称为狩猎—采集者。

直到大约5000年至1.2万年前，我们的祖先还一直都在大自然的"食堂"里用餐。然后，出于某些不得而知的原因，生活在世界某几个地区的人类与过去分道扬镳，开始"培育"自己的食物。除了捕捉野生猎物，他们还开始驯化野山羊、野猪和野绵羊，保证肉类的稳定供应。他们挤山羊和绵羊的奶，并将它们的奶制成奶酪和发酵饮品。

他们还开始设计和建立最早的一批园子。在最初的时候，园艺是一件很简单的事情。第一批农民采集野生植物的种子和插条，将它们种在一处，便于照料和收获。对于许多代人而言，农民种植出来的食物太少，不能满足他们的全部需求，所以他们依然需要采集野生植物。然而随着岁月的演替，我们的祖先变成了技术熟练的农民，可以不再为寻觅食物而四处漂泊，开始在最初的一些永久性定居点稳定地生活。我们这个物种完成了从狩猎者和采集者到放牧者和耕作者的重大转变。农业革命——所有食物革命的鼻祖——开始了。

我们是食物的制造者

当我们人类已经开始伟大的农业冒险时，地球上所有的其他动物还保持着自己原本的食谱——直到今天仍是如此。斑马、狐猴、大象、鹰、黄鼬、蝙蝠、袋熊，以及啮齿类和大型猿类，它们今天吃的食物是它们亘古就吃的食物，当然，前提是我们给它们留下了足够大的栖息地。虽然驯兽师发现，比起香蕉，被人类捕捉的黑猩猩更喜欢吃巧克力豆，但黑猩猩从未制造出任何糖果。据估计，在数量高达 700 万个的动物物种中，只有我们人类拥有摆脱天然食谱并创造出更符合我们喜好的崭新菜单的野心、技术和智慧。

问题就出在这里。从第一批园子开始，我们的祖先就在选择那些苦味、涩味异常淡，而糖、淀粉和脂肪含量异常高的野生植物。味道苦、口感粗粝、皮厚和籽多的植物都被留在了荒野里。毕竟，为什么要劳心费力地栽培不好吃的植物呢？

关于这些最早的食物选择，考古学家已经搜集到了许多证据。野生无花果和椰枣是人类最早栽培的两种植物，而且它们也是当时所有野生水果中最甜的两种。谷物在狩猎—采集者的食物中所占比例很小，但它们依然是第一批农民的主要食物来源。中东地区的农民种植小麦、大麦和粟。非洲农民种植珍珠粟和高粱。玉米是整个美洲的霸主，而水稻在亚洲成为主食。碳水化合物的时代开始了。

富含油脂的植物也很受青睐。考古学家在巴勒斯坦发掘到一片油橄榄种植园的碳化遗迹，它在 7000 年前还在生产橄榄油。芝麻在大约 5000 年前得到驯化，以提炼种子里的芝麻油。3000 年前，含油量丰富的鳄梨曾经是墨西哥的三种重要的食用作物之一。

和现在一样，过去的人们知道自己想吃什么 —— 味道甜美、富含淀粉和油脂的食物。我们的祖先在这方面的工作做得十分出色，他们能够在距离自己住所很近的地方大量生产这些"必需"植物。在生存于地球之上的漫长历史中，我们人类第一次不再必须食用味苦或纤维多到扎嘴的食物，也不用每天花费几个小时把植物加工到适口的程度。我们在创造自己梦寐以求的食物。

现在我们知道，培育味道最甜、吃起来最适口的野生植物的后果之一就是植物营养素的急剧减少。最有益处的植物营养素往往带有酸味、涩味或苦味。当我们的祖先抛弃味道刺激的水果和蔬菜时，他们也在不经意地降低自己对许多疾病和不利条件的抵抗力。在我们的农业史上，我们改造食物的能力十分强大，然而，我们对这些改变会如何影响我们的健康和福祉却不甚明了。

到了罗马帝国时代，已经有二百五十代农民重塑了人类的饮食。野生植物和我们的人造品种之间的差别已经很明显。驯化后的甜菜、胡萝卜和欧防风，它们的根是它们野生祖先的两倍大，而且含有更少的蛋白质、更多的糖和淀粉。大多数驯化水果的尺寸是野生水果的几倍，而且它们的果皮更薄，糖分更多，纤维更少，果肉更多，以及抗氧化剂更少。栽培绿叶菜没那么苦，这也意味着有益健康的植物营养素含量较低。

到 19 世纪末时，世界各地的人们已经创造出了数万个用以满足他们需求和愿望的新品种。进入 20 世纪之后，科学育种方法大大降低了改造植物的难度。从提出某个李子或玉米新品种的设想到将它变为现实，育种者仅仅需要十年时间，而不像过去那样需要几代人的努力。如今，植物遗传学家可以将外来基因注入玉米、甜菜或马铃薯中，创造新品种的时间完全可以用小时计算。

时至今日，人造品种的营养含量已经成为最后才会被想到的细枝末节。美国农业部的植物研究人员会花上好多年的时间改善一种新的坚果，但根本不测量它的植物营养素含量。如果这个品种外观光鲜，口感宜人，高产且抗病，就会被认为是大功告成了。与此同时，我们的身体却在渴求着那些被我们弃置路旁的营养物质。

风味损失——现代灾难

在数千年的育种历程中，我们一直在消除食物里的药物成分，但风味损失的情况出现得相对较晚。它源自于另一项农业革命——食物供应的工业化。在 19 世纪末和 20 世纪初，机械化种植技术和收获设备的引入让农民能够管理的土地面积大大增加。这些大农场生产的食物远远超出附近地区居民的需要，于是水果和蔬菜开始经由新的铁路和高速公路运输到遥远的地方，突然之间，长达一万年的本地生产和消费方式终结了。

在超大农场种植水果和蔬菜大大提高了产量，但也导致了显著的风味损失。如今，水果和蔬菜需在长途运输中消耗数天或数周时间，这会耗尽它们的植物营养素和天然糖分，使它们更酸更苦。讽刺的是，在花了一万年的时间让水果和蔬菜变得越来越可口之后，我们又反其道而行之，让它们的滋味变得没有那么好了。

到 20 世纪中期时，农业耕作的方方面面都已经机械化了。一个未曾预料的后果是，我们的新鲜果蔬正在遭受比此前所有时候更加粗暴的对待。巨大的收获机在占地 500 英亩^①的农场里向前缓慢移动，抖落水果和蔬菜，让它们掉进"翘首以待"的卡车里。卡车把它们装载的货物倾倒在传送带上，进行清洗、挑选和包装。装进箱子里的果蔬被密密麻麻地装上更多卡车，然后经过数天的运输才能抵达储存它们的仓库，储存时间从数天到六个月不等。为了符合食品行业的需求，美国农业部和各州农业学校投入大量精力培育能够承受这种折磨的工业级品种。植物的育种目标不再只有产量、抗病性、外观和味道，现在它们还必须结实耐久，形态均匀，能够在仓库里储存数周甚至数月。

苹果、马铃薯以及许多其他水果和蔬菜相对耐储存，比较容易适应这些改变后的条件。然而浆果类水果的耐储存性不可能提高到符合产业化农业的要求，于是水果产业必须找到变通之法。20 世纪的解决方案是趁着这些水果还未成熟的时候收获，此时它们足够坚挺，即使被粗暴地对待也不会擦伤或开裂。如果不成熟的果蔬没有

---

① 英亩，面积单位，1 英亩约为 4046.86 平方米。——译者注

在运输过程中成熟，那当它们抵达目的地时，可以在温控仓库里进行催熟。

现在，十分清楚的是，未成熟时摘下然后人工催熟的水果不如自然成熟的水果有滋味或多汁。大型超市陈列着丰富多样的水果和蔬菜，但是这些果蔬都不再像它们看上去那样美味了。草莓的个头是老品种的两倍，但味道损失了一半。桃子和李子也常常寡淡无味。有时候，我们所谓的"新鲜"水果和蔬菜不只是味道没那么好而已，而是直截了当地难吃。2008年，一批职业试吃员品尝了在仓库里储存了数周的胡萝卜（数周是这种蔬菜典型的储存时间）。试吃员在报告中称，这些蔬菜"在咀嚼中和咀嚼后会产生一种类似松节油的强烈灼烧感，喉咙后部的感觉最明显"。

难怪美国农业部和私营医疗机构花了数千万美元鼓励美国人吃更多水果和蔬菜，效果却如此惨淡。美国政府的统计数据表明，只有25%~30%的美国成年人达到了水果和蔬菜的推荐摄入量。当人们一次又一次地对超市里能买到的果蔬的味道感到失望时，他们就会停止购买。要想改变他们的行为方式，光靠媒体宣传是不够的。

我们如何才能恢复我们的水果和蔬菜损失已久的营养和风味呢？很显然，我们不能回到采集野生植物的老路上去——我们的人数太多，本地森林肯定不够搜刮。设想一下，曼哈顿的160万居民乘坐火车前往阿迪朗达克山脉[①]采集野生植物根茎和浆果会怎样——当然，这种情况不可能发生。同样重要的是，我们当中很少有人会选择吃野生植物，哪怕它们就长在我们自己的后院里。某

---

① 阿迪朗达克山脉位于美国纽约州的东北部。——译者注

些滋味酸涩的野苹果的抗癌能力至少是'蜜脆'（Honeycrisp）苹果的 5 倍，但大多数人还是会选择更甜美多汁的现代苹果。我们已经不习惯吃这些"苦口良药"了。

在吃东西时偏向野生的一面

针对现代水果和蔬菜营养和风味急剧损失的情况，本书提供了一种全新且彻底的解决方案。虽然食用野生植物已经不再可行了，但我们可以"在吃东西时偏向野生的一面"（eat on the wild side）。这就是说，我们可以选择如今的某些特定的水果和蔬菜品种，它们不但吃起来美味，而且保留了它们的野生祖先的更多营养物质。21世纪食品科学最重要的发现之一是，同一种水果和蔬菜的不同品种之间存在巨大的营养差异。例如，在一家普通超市出售的某些西红柿品种的植物营养素含量是摆放在同一货架上的其他品种的 10 倍之多。一个西红柿就是一个西红柿的老观念不再适用了。最没营养的品种，你吃了十个，摄入的番茄红素只相当于最有营养的品种吃了一个。令人惊讶的是，超市里面某些西红柿的营养居然接近它们的野生秘鲁祖先。这些富含营养的珍宝一直被人们视而不见。如今，我们第一次拥有了足够多的信息，可以找出它们到底是哪些品种。

类似地，植物营养素在一定范围内的变化出现在我们食用的所有水果和蔬菜中，包括玉米、芦笋、洋葱、莴苣、豆子、蓝莓、葡萄、李子、橙子、桃子、甘蓝、西兰花、西瓜和苹果。味道辛辣的洋葱含有的植物营养素是甜味洋葱的 8 倍。一个'澳洲青苹'（Granny Smith）的植物营养素是一个'金冠'苹果的 3 倍、一个

'姜黄金'（Ginger Gold）苹果的 13 倍。在农夫市场和采摘果园出售的某些较不常见的品种，其抗氧化剂含量是'澳洲青苹'的 2 至 3 倍。

除了植物营养素，我们的果蔬还拥有其他丰富多样的营养物质，包括纤维素、蛋白质、维生素、矿物质、必需脂肪酸和糖。吃一个烤'赤褐'马铃薯对血糖的提升作用相当于吃两片白面包。相比之下，其他一些传统和现代品种则有助于稳定血糖。有些品种甚至能降低高血压患者的血压。如果你选择如今最有营养的品种，你就能提高自己对一系列疾病和不利环境条件的抵抗力，而且不用花费任何额外的时间或金钱。你离拥有最佳健康状态也就更近了一步。

你可能会对某些品种在营养上优于其他品种感到惊讶。一条新的营养原则声称，我们应该根据颜色选购果蔬，挑选红色、橙色、紫色、深绿色和黄色的品种。不过，虽然深色水果和蔬菜是你能买到的最有营养的品种，但是这个原则存在几十种例外情况。例如，白色果肉的桃和油桃，其植物营养素含量是黄色果肉品种的两倍。两个不同的苹果品种可以有同样鲜艳的红色果皮，但其中一个品种抗氧化成分的含量是另一个的 3 倍。洋蓟虽然颜色暗沉，却是食品店里最有营养的蔬菜之一。它的芯呈现幽灵般的浅白色，但就算做成罐头，也能为你的健康提供几乎和叶片一样多的好处。这些选择并不符合直觉。为了重新获得那些损失最严重的营养成分，你在购物时需要带上一张清单。

21 世纪的厨房营养

一旦你将水果和蔬菜从商店买回家或者从自己的园子里收获它们，它们的营养命运就落到你手上了。这取决于对它们的储存、准备和烹饪方式，你能够大大破坏它们的营养，也能够保持甚至提升它们的营养。这一点也是相对较新的发现。直到 21 世纪之前，人们对植物营养素的健康益处以及如何在储存和烹饪过程中保存它们还知之甚少。在过去的二十年里，食物研究人员发现了数百种新方法，用来保持新鲜果蔬中的植物营养素并让它们更容易被人体吸收。如果我们不能吸收这些营养，那么关心某种水果或蔬菜含有多少植物营养素就没有任何意义。

在高科技食物实验室里得出的某些发现与传统认知非常不同，会让你感到十分惊奇。例如，大多数浆果的抗氧化活性会在烹饪后增加。信不信由你，罐装蓝莓的植物营养素含量比新鲜蓝莓高——只要你把罐子里的液体也喝掉。将西红柿小火慢炖数小时——传统的意式烹饪方法——不仅能提升它的风味，还能让它的番茄红素增加到原来的 3 倍。将胡萝卜整根烹熟，然后再切片或切丁，不但会让它们吃起来更甜，而且还能增加它们的抗癌功效。

我们对如何储存水果和蔬菜的理解也经历了天翻地覆的变化。瓜在柜台上多放几天再吃会更有营养。马铃薯可以储存数周甚至数月也不会损失任何营养价值，但西兰花在收获 24 小时内就会开始丢失其中的抗癌化合物。要想得到蔬菜那些被大肆宣扬的益处，你必须亲自种植它，或者直接从农民手里购买然后尽快吃掉。许多果蔬并不适于集中化生产和长途运输，西兰花就是其中之一。当我们不再食用本地生产的果蔬并抛弃我们的家庭菜园时，我们不仅损失了风味，还损失了水果和蔬菜至少一半的健康功效。

本书导读

本书分为两部分。第一部分讲述的是蔬菜，第二部分关注的是水果。每一章介绍一种水果或蔬菜，或者一大类水果或蔬菜。在每一章开头，你会了解到这些食物的野生祖先，以及它们是如何参与到狩猎 — 采集者的生活中来的。（有人需要用打发了的发酵鱼油配野苹果炖菜吗？）然后，你会看到四百代农民和现代植物育种者逐渐削减食物营养价值的原因、时间和方式 —— 这是一部没有主犯的侦探小说。

每一章的第二部分专注于提供解决方案。你会得知如今最有营养的一些水果和蔬菜品种的名字，也会得到关于如何鉴定它们以及在哪里能找到它们的建议。这些信息是我从美国国内和国外出版的一千多本研究期刊上收集来的。这些发现非常新颖而且跨越多个学科，甚至在不久之前，其中的大部分品种名称还都不曾为公众所知。

你会了解到，即便在一家传统的超市，也有可能找到许多富含营养的水果和蔬菜品种。农夫市场、农场货摊、天然食品商店和民族特色市场的选择就更多了。当你直接从农民那里购买果蔬时，除了获得更多的营养，你还能享受到刚刚采摘下来的果蔬的新鲜滋味。

最不常见的果蔬品种一定是用种子种植的。全美拥有自家果蔬园子的家庭有 3500 万，如果你们家是其中之一，这不是什么难事。在自家后院或附近的社区果蔬园子里种植最美味、最有营养的水果和蔬菜，这是未来的潮流。

你还可以学到储存、准备和烹饪水果和蔬菜的新方法，以提升它们的风味，保持或增加它们的营养。这些新方法大都简单易记。每一章的最后都有总结，帮助你回忆本章要点。

本书的信息对任何吃水果和蔬菜的人都是有用的。无论你是杂食者、普通素食者还是严格素食者，你都将发现让你的饮食更有滋味和营养的新方法。如果你正在减肥、控制过敏或者遏制炎症，选择本书推荐的品种将帮助你更好地实现你的目标。如果你为年幼的孩子、口味挑剔的人、胃口不佳的老人或者极其依赖速食或肉类和马铃薯的人做饭，你将学会如何做出有益于自己挚爱之人身体健康的食物，并且神不知鬼不觉地替代他们原来的选择。

最后，如果你自己或者你认识的某个人正在与重病抗争，这些策略可以让你用新的"植物药方"扩充你的"药品箱"。希波克拉底的名言"以食为药，以药为食"不再只是鼓舞人心的话，它将成为你日常生活的方式。

第一部分

蔬　菜

第1章

从野菜到冰山莴苣
在繁育中消除药效成分

※ 冰山莴苣和野生蒲公英

如今，我们终年都能买到新鲜的水果和蔬菜。当某种果蔬在美国的某个地区过季时，可以从其他地区运过来，或者从遥远的外国进口，比如智利或中国。这种无缝供应让我们忘记了植物的季节周期和它们短暂的收获季。我们可以在 12 月买到新鲜绿叶菜，在 4 月买到苹果，全年都能买到葡萄。

　　最先居住在这片土地上的人们就没有这种奢侈的享受了。到了冬天，狩猎—采集者只能依靠自己贮藏的干制肉类、鱼类、根茎类、水果和香草生活。当春天终于到来的时候，他们对新鲜食物已是饥渴难耐了。然而，即使到了春天，他们的选择也是有限的。野生浆果灌丛和果树还没有开花。根茎类植物 —— 例如卡马百合（Camas，百合的一种）、野生胡萝卜、洋葱和野豆（groundnuts）—— 还太小，不能收获。野生禾本科和豆科植物还没有结种子。为了满足对新鲜食物的渴望，他们会食用大量春季野蔬和嫩芽，这是他们本地和应季菜单上唯一的新鲜食材。

野菜——既是食物，也是药物

狩猎—采集者食用的野菜含有极为丰富的植物营养素，不但是他们的食物，也被当作药物使用。从北美洲到非洲，狩猎—采集者都会吃野生藜（*Chenopodium album*）的叶片。它的英文名是lamb's quarters（"羔羊四分之一"），又称 goosefoot（"鹅掌"）或 fat hen（"肥鸡"）。这种野菜可以生吃，用油煎炸，晒干，放进汤里，或者混合肉类食用。生活在加利福尼亚北部的波莫人（Pomo）会将叶片蒸熟，用来治疗胃痛。密西西比河上游地区的帕塔瓦米人（Potawatomi）用藜治疗我们今天所称的败血症，一种由缺乏维生素C 导致的营养缺乏性疾病。易洛魁人（Iroquois）会将新鲜叶片制成糊状，涂抹在烧伤的伤口上，这可以起到减轻疼痛和加速愈合的作用。除了叶片，许多部落还食用藜的种子，虽然这些种子很小而且采收很费力。现在的美国人会吃藜的驯化品种的种子，也就是藜麦。

在 21 世纪，藜同样可以是强有力的疗效食物。最近的研究表明，这种野菜拥有很高的抗氧化活性以及抗病毒和细菌的能力，还能抑制人体乳腺癌细胞的生长。目前，更多的研究正在进行中。

在城市草坪四处泛滥的蒲公英曾经是纳瓦霍人（Navajo）、切诺基人（Cherokee）、易洛魁人和阿帕奇人（Apache）的春季时鲜。叶片可以生吃，蒸熟或煮熟，还可以加到汤和炖菜里。与我们今天的"超级食物"之一菠菜相比，蒲公英的抗氧化剂含量是它的 8倍，钙含量是它的 2 倍，维生素 A 含量是它的 3 倍，维生素 K 和维生素 E 的含量是它的 5 倍。对于狩猎—采集者来说，我们的现代超级食物根本达不到标准。

野菜对我们的健康很有好处，但它们的味道如何呢？我建议你自己试试看。你可以从蒲公英开始。首先，采集一些没有喷洒过杀虫剂并且没有被家庭宠物污染过的蒲公英叶片。用水将一片叶子清洗干净，然后尝一口。你会发现这种叶片相对粗厚柔韧，正面和背面都覆盖着短短的毛。入口后的前一两秒，叶片吃起来相当淡而无味。然后突然之间，一股苦味出现在口腔根部，然后沿着喉咙后部蔓延。如果你细心留意的话，你会注意到自己的舌头和嘴唇都在微微发麻——这是这种植物含有止疼成分无可否认的证据。食品店里的任何东西都无法给你如此丰富多样的感觉。

在一万年的农业生产中，我们的祖先去除了大多数野菜的苦味。当他们去除苦味时，他们还不经意地抛弃了许多极具健康益处的植物营养素，这些物质恰好有苦味、涩味或酸味。例如，我们如今食用的滋味极为温和的冰山（Iceberg）莴苣，它的植物营养素的含量只有味苦的蒲公英野菜的四十分之一。钙的味道也是苦的，所以现代绿叶蔬菜的钙含量也相对较低。这可能是造成如今众多美国老年人罹患骨质疏松症的原因之一。2011 年，4400 万美国人被诊断为低骨密度或患有骨质疏松症，这意味着他们有较高的骨折风险。狩猎—采集者摄入了大量钙含量丰富的野生植物，他们的骨密度比我们高得多，尽管他们不摄入任何乳制品。

与全世界其他地方的人相比，美国人更不愿意吃苦味的绿叶蔬菜。冰山莴苣是目前为止最受我们欢迎的品种，尽管许多厨师、健康饮食者和美食家已经转而选择芝麻菜和混合色拉菜。根据美国农业部的调查，美国人每星期吃掉的冰山莴苣比除了马铃薯之外的所有其他新鲜蔬菜加起来还多。一半美国人从未购买过除了冰山莴苣之外的任何绿色色拉蔬菜。为了满足美国人的需求，加利福尼亚和中部其他一些地区的农场每年会生产四百万吨平淡无味的莴苣。

在饮食中加入更多营养丰富的绿叶菜是开始饮食"偏向野生的一面"的好办法。你可以在超市、自助色拉台和一些餐厅找到许多极具营养的品种。当你在天然食品商店、农夫市场购物或者为自己的园子购买种子时，你还能找到更健康的品种。在这一章，你将学到如何挑选最有营养的绿叶菜。无论你在什么地方买菜，哪怕这些地方没有我们推荐的特定品种，我们也提供了应对之道。你还将学到准备、储存和烹饪的新方法，以提升它们的风味和营养。

莴　苣

当你在一家传统超市选购新鲜水果和蔬菜时，你会看到有些货品的标签上写着它们的品种名，但另一些货品没有。例如，当你买苹果时，通常能看到每个品种的名字。你知道自己买的是'嘎啦''红帅'（Red Delicious）①还是'蜜脆'苹果。一般而言，梨、樱桃、葡萄、鳄梨、橙子、洋葱、李子、蘑菇以及许多其他水果和蔬菜都会列出品种名。然而莴苣和其他绿叶菜就不是这样了。当你选购色拉绿叶菜时，你无从得知货架上陈列的绿色散叶莴苣是'黑籽辛普森'（Black-Seeded Simpson）、'绿冰'（Green Ice）还是'色拉碗'（Salad Bowl）。农产品部的经理很有可能跟你一样一无所知。

幸运的是，用其他方法也可以挑选出最有营养的绿叶菜。让我们从莴苣开始。植物营养素含量最高的莴苣品种有两个容易识别的共同特征。第一个特征是颜色。作为一条普遍规律，颜色最深的色拉绿叶菜拥有最多的植物营养素。颜色不同，营养素含量也有高

———————————

① 即蛇果。——译者注

低之分。颇具讽刺意味的是，超市里最有营养的绿叶菜并不是绿色的，而是红色、紫色或红棕色的。这些特别的颜色来自一类被称为花青素的植物营养素，正是这些物质让蓝莓呈现出蓝色，让草莓呈现出红色。花青素是强有力的抗氧化剂，在促进健康方面有巨大潜力，包括抗氧化、抗癌、降低血压、减缓与年龄相关的记忆力下降速度，以及减小食用高糖高脂食物带来的负面影响。

除了这些颜色，深绿色的绿叶菜也具有丰富的营养。深绿色品种富含一种被称为叶黄素的植物营养素，这种物质同样有很高的抗氧化活性，而且研究表明它有保护眼睛和消炎的作用。作为一般原则，叶片为浅绿色的莴苣品种为你提供的健康益处最少。

第二个值得寻找的特征比较令人意想不到。单枚叶片在莴苣植株上的排列方式对它的植物营养素含量有重要影响。如果某种莴苣的叶片像卷心菜一样紧密包裹，例如冰山莴苣和其他卷心莴苣品种，那么它的植物营养素含量通常很低。像散叶品种那样叶片松散张开的莴苣，其植物营养素含量往往是前者的许多倍。一般说来，同时有张开和包心叶片的品种，其植物营养素含量位于两者之间，如罗马（Romaine）莴苣和比布（Bibb）莴苣。

植物叶片的排列方式为什么会影响它的植物营养素含量呢？原因在于，所有叶片都和阳光有着爱恨交织的关系：它们需要阳光才能生长并制造碳水化合物，但阳光中的紫外线会对它们造成破坏。为了生存，它们必须制造自己的植物"防晒霜"——能够阻隔紫外线有害影响的、带颜色的抗氧化剂。散叶莴苣最容易受到紫外线的伤害，因为它的大多数叶片都暴露在阳光下。因此，这些叶片必须生成额外分量的植物营养素。在食用散叶莴苣时，我们会吸收这些化合物，它们会变成我们自身防御系统的一部分 —— 不光是抵御紫外线，还抵御癌症、慢性炎症和心血管疾病。植物的防御手段变成了我们的防御手段。

当叶片像包心莴苣或罗马莴苣的叶片那样不被阳光照射到时，它们就不会暴露在紫外线下，因此生成的植物营养素会减少。冰山莴苣内部叶片的抗氧化活性只有暴露在阳光下的外侧叶片的百分之一。位置，位置，位置，重要的事情说三遍。

现在你知道了在超市里挑选最有营养的色拉绿叶菜所需的信息。**挑选颜色最深的莴苣 —— 最好是红色或深绿色，而且叶片的排列方式应该是松散的。**红色散叶莴苣是最好的选择。实验室的测试表明，它的抗氧化剂和维生素含量格外丰富。接下来依次是深绿色散叶莴苣、红色或深绿色比布莴苣和罗马莴苣。冰山莴苣和其他包心莴苣或许清脆爽口，但它们提供的植物营养素非常少。叶片为浅绿色和不见光叶片的比例较高是它们营养水平较低的原因。

一般说来，食品店里最有营养的绿叶菜比那些营养价值较低的种类味道更浓烈。有些种类是辛辣的，有些是苦的，有些是酸的。如果某个莴苣品种的味道对你来说有些过于浓烈，可以将它与味道温和的品种，如包心莴苣或罗马莴苣混在一起。想要中和它的味道，你还可以在色拉里添加水果干或新鲜水果。鳄梨也有缓和味道的作用。（脂肪最能消除苦味。）在色拉调味汁里添加少量蜂蜜，也能掩盖浓烈的味道。（见 23 页的"蜂蜜芥末酱"）

挑选最新鲜的莴苣

莴苣和其他色拉绿叶菜的新鲜程度也会影响它们的营养价值。

绿叶菜在运输途中或者在仓库储存或商店陈列耗费的时间越长，它们的抗氧化功效就会越低，味道也会更苦。知道如何在超市挑选最新鲜的绿叶菜，这一点在冬天尤其重要。冬天，美国市面上12%的莴苣是从墨西哥进口的，这导致平均运输时间增加了好几天。

一般而言，整棵莴苣比预先切好和包装好的绿叶菜更新鲜，因为处理这些绿叶菜需要花时间。另外，与整棵莴苣相比，切割后的叶片容易变质得更快。（当整棵植株被分成单独的叶片时，植物会产生一些加速腐败的化学物质。）当你在超市挑选莴苣时，记得挑选那些叶片没有发黄或萎蔫迹象的。莴苣拿在手里应该有沉甸甸的感觉，这说明它保存住了内部的水分，口感脆爽。

为什么有些人喜欢苦味食物，有些人拒绝它们

所有人都不喜欢浓重的苦味、酸味和涩味。这是人类基本生存技能的一部分。这种与生俱来的厌恶感能够保护我们，让我们免于摄入有毒的植物。有毒的植物通常就有这些味道。我们咬一口就会把它们吐出来。

对于适度发苦的植物，我们的反应更加多样化。调查表明，大约25%的美国人喜欢苦味食物并专门寻来食用。还有50%的美国人可以接受苦味食物，但并不偏好它们。剩下的25%认为大多数苦味食物都令人难以忍受。

这些人对苦味高度敏感，最有可能不喝咖啡或者在喝咖啡时加入奶油或糖。绿茶和豆奶在他们看来也不好喝。如果他们喝葡萄酒的话，他们会喜欢白葡萄酒胜过红葡萄酒。白

葡萄柚会让他们觉得发苦，非常不适。即使他们知道自己"应该"吃更多甘蓝、菠菜和西兰花，他们也会更喜欢玉米、马铃薯和豌豆。

对苦味接受程度的这种差异受到许多因素的影响，包括个人成长的文化环境，儿时摄入的食物类型，以及成年后接触过的食物种类。生活在某些文化环境中的儿童喜欢的食物，要是让世界上其他地方的成年人吃，会让后者觉得味道很苦。狩猎——采集者喜爱的某些食物，我们大多数人都会觉得难以下咽。

与其他国家的人相比，美国人更不喜欢苦味。例如，大多数美国人喜欢甜苹果胜过酸苹果，喜欢拿铁咖啡胜过浓缩咖啡，喜欢牛奶巧克力胜过黑巧克力。不过，最能揭示我们美国人不喜欢苦味的，莫过于我们对啤酒的选择。啤酒的苦味使用国际苦味单位（International Bitterness Units，简称 IBU）表示，数值范围是 1~100。数值越高，说明啤酒的味道越苦。来自爱尔兰的品牌吉尼斯（Guinness），其旗下啤酒的苦味数值是 45~60 IBU。德国皮尔森啤酒（Pilsner）的苦味数值接近 100 IBU。百威啤酒（Budweiser）是美国生产的一款拉格淡啤，苦味只有 8 IBU。虽然美国现在有数百家精酿酒厂在制造风味浓郁的啤酒，但是我们销量最好的品牌仍然是百威清啤（Bud Light），IBU 数值仅为 6.4。在喝啤酒方面，我们美国人是全世界最懦弱的家伙。

在对苦味的反应上，有一项生物学方面的原因比其他所有因素更具决定性。我们每个人都遗传了一套独一无二的掌管味觉反应的基因。例如，一系列基因决定了舌头和口腔内膜表面味蕾的大小和数量。如果你的基因决定了你会拥有数量众多的小味蕾，你就会对苦味以及所有其他味道更敏感。生理学家将这样的人称为超级味觉者。

许多超级味觉者会在成长过程中遭受指责，被认为是挑食者，在饮食方面表现得神经质或吹毛求疵。实际上，他们只是对味道的感受能力胜过其他人，只需较少的某种味道就能得到和其他人一样的反应。其他人吃起来稍苦的东西对他们来说会苦得多。

超级味觉者会更难享用有涩味、酸味或苦味但营养丰富的蔬菜。在本书里，我描述了很多掩盖苦味或者预防苦味形成的方法。我还着重介绍了味道温和而且通常富含营养的食物。

预包装绿叶菜

自 20 世纪 90 年代以来，"水洗三遍"的袋装色拉绿叶菜在美国市场上非常流行。如今，加利福尼亚种植的色拉绿叶菜有 40% 会被切割，然后装进袋子里出售。用这种包装好的绿叶菜制作色拉，你只需要把袋子撕开，将绿叶菜倒进色拉碗，然后淋上现成的色拉调味汁。因此人们吃掉了越来越多的色拉。

"加利福尼亚色拉菜"是一系列不同种类的莴苣和其他色拉蔬菜的泛称。它通常装在塑料袋或带盖容器中出售。这种混合蔬菜可能包括辛辣绿叶菜（芝麻菜、菊苣、芥末芽和亚洲绿叶菜）、味道温和的莴苣（比布莴苣、菠菜苗和橡叶［Oak leaf］莴苣）或者两者的结合。某些"加利福尼亚色拉菜"拥有多达 15 种不同的蔬菜，包括不太常见的绿叶菜和香草，例如雪维菜、野苣、甜菜叶和芜菁。无论它们的具体成分是什么，所有袋装混合绿叶菜都比只用冰山莴苣或罗马莴苣制作的色拉含有更多的植物营养素。要想最大限度地获取营养，应该选择那些红色、深绿色或紫色叶片比例最高的混合菜。

　　若想挑选出最新鲜的袋装绿叶菜，应该仔细检查。先看叶片的切口，那里是最先变色的。叶片柔软或发黄是储存时间长的另一个表现。想要确认新鲜度，可以寻找包装上的"可食用期限"。根据法律规定，食物制造商必须列出农产品保持合理的食用品质的最后一天的日期。（注意，"合理"的品质不等于"优良"的品质。）"可食用期限"离现在最远的包装绿叶菜是最新鲜的。在任何时候，你都能找到比其他同类产品新鲜一周或两周的袋装色拉蔬菜。

如何储存莴苣

　　大多数人把买来的绿叶菜储存在他们从商店带回来的塑料袋里。还有人将它们储存在密封袋或密封容器内。这些做法都不能充分保存这些绿叶菜的植物营养素、脆爽口感和风味。如果你花 10 分钟时间为它们做好放进冰箱的准备，再用恰当的袋子储存它们，它们就能在更多的天数内维持脆爽的口感，保持新鲜风味和营养。

　　当你将绿叶菜带回家时，应立即把叶片拽下来，清洗干净，然后放入极冷的水中浸泡大约 10 分钟。冷水会降低它们的温度，从而延缓老化过程。它还能增加绿叶菜的内在水分，让它们在更长时间内保持脆爽口感。接下来用一条毛巾吸干或者放入色拉脱水器中甩掉表面多余的水分。留在表面的水会加速它们的腐败。要想达到最优的储存条件，水分应该留在绿叶菜内部，而不是外面。

下面是一个令人意想不到的储存妙招。如果你在储存莴苣之前将它撕碎，莴苣的抗氧化活性会加倍。活体植物会对这种破坏做出独特的反应，仿佛正在被昆虫或其他动物啃噬一样，它会突然产生一大批植物营养素，以抵御侵犯者。当你食用这样的绿叶菜时，你就会得到更多的抗氧化保护。不过需要提个醒：经过撕碎处理的绿叶菜，应该在一天或两天内吃掉，因为这种处理也会加快它腐败的速度。

在冰箱里储存莴苣和其他绿叶菜时，有一种极其简单的方法可以保存其中的植物营养素。将绿叶菜放进可重复密封的塑料袋里，尽可能多地挤出空气，同时注意不要将叶片压坏。将塑料袋密封，然后用针或者别针在塑料袋上扎出 10~20 个均匀分布的小孔。（1夸脱 ① 容量的塑料袋扎 10 个孔，更大的塑料袋扎 20 个。）将塑料袋放进冰箱的保鲜抽屉里，那里是温度最低、湿度最大的位置。

为什么要扎孔呢？几乎不可见的细小针孔可以让湿度水平和气体交换处于理想状态。水果和蔬菜被采摘下来后，虽然脱离了植物体，但它们并没有真正地死去。它们继续消耗氧气和产生二氧化碳，换句话说，它们仍然会"呼吸"。如果你将绿叶菜储存在没有针孔的严格密封的塑料袋里，袋子里的二氧化碳含量会上升，氧气含量会下降。几天之后，莴苣的叶片就会因为缺少氧气而开始死

---

① 夸脱，容量单位，分英制和美制两种。美制分干量夸脱和湿量夸脱。1 夸脱（干量）约为 1.1 升。——译者注

亡。于是，它们的新鲜风味和大多数植物营养素都会消失。

如果将绿叶菜放进不密封的塑料袋或者不用任何包装直接放进冰箱的抽屉里，就会出现相反的状况。在这种情况下，莴苣暴露在太多氧气之中，这会让它以很快的速度呼吸。当它这样做的时候，就会耗光自身储存的糖分和抗氧化剂，让它们对你而言毫无营养。由于冰箱内部的湿度很低，不能让叶片保持其内在水分，所以莴苣还会变得蔫萎。

解决方案是将莴苣储存在扎了针孔的密封塑料袋里。这样做可以保持较高的湿度，而且可以让这些绿叶菜得到足够的氧气以保持活力，同时又不会让氧气多到让它们的呼吸速度太快。要想再次利用这些塑料袋，可以在上面做标记，下一次就能认出它们（针孔是看不到的）。你将在后面的章节中看到，这种廉价、新颖的储存方法同样有助于保存许多其他水果和蔬菜的营养及新鲜风味。我将在整本书中将针刺密封塑料袋称为"微孔密封袋"。

超市之外

当你在农夫市场或者农场货摊上购物时，可选择的新鲜色拉绿叶菜的种类会比在超市里多得多。另外，你还能买到特定的品种，因为品种名称会展示在这些绿叶菜旁，如果没有的话，农民也能为你提供这个信息。四处看看，你会发现颜色深得像红葡萄酒的散叶莴苣品种，例如名字起得恰如其分的'梅洛'（Merlot）[①]。你还能看到罗马莴苣、比布莴苣和冰山莴苣的红色品种，这些红色品种的抗

———————

①"梅洛"也是一种红葡萄酒品种名。——译者注

氧化剂含量比超市里的传统绿色品种高得多。同样重要的是，这些蔬菜的新鲜程度无可挑剔。大多数农民在收获这些农产品的24小时之内就会把它们带到市场上出售。买菜时可以带上本章末尾的推荐品种清单，帮助你做出选择。

如果你自己有菜园，那你就可以进入莴苣的天堂。有些种子目录列出了50种或者更多品种。浏览这些目录，你会发现许多呼之欲出的传统品种的名字，例如'华丽鲑鱼背'（Flashy Troutback）、'魔鬼的舌头'（Devil's Tongue）和'卷发醉妇'（Drunken Woman Frizzy-Headed）。你还能找到列在26~30页的所有品种。

其他色拉绿叶菜

食品店里某些最有营养的绿叶菜并非莴苣属植物。有些属于十字花科，有些是香草，还有一些是莴苣的近亲。它们当中的许多种有轻微的苦味或辣味，这些味道通常与它们的众多健康益处并存。你往自己的色拉里加得越多，就能获得越多的营养。

芝麻菜

在希腊、意大利南部和法国，野生芝麻菜是最受喜爱的一种春季时鲜。人们会在每年四月带上篮子来到森林采摘这种野菜。野生种类比食品店里出售的品种更有营养，风味也更浓郁，不过就算是超市里的芝麻菜，也含有丰富的植物营养素。芝麻菜（*Eruca vesicaria*）是十字花科的一员，而且像大部分十字花科植物一样，它富含一种被称为芥子油苷（glucosinolates）的植物营养素，这种化合物拥有强大的抗癌功效。芝麻菜有两个英文名，arugula 和 rocket，后者是更通俗的叫法。芝麻菜的抗氧化剂含量高于大多数绿叶莴苣，包括那些深绿色的莴苣品种。在抗氧化方面，只有红色莴苣胜过它。与大多数色拉绿叶菜相比，芝麻菜的钙、镁、叶酸和维生素E 含量也更高。如果你不认识芝麻菜，那你可以在超市的绿叶蔬菜区寻找一种叶片茂盛的深绿色蔬菜，它的叶片有深深的缺刻，就像蒲公英的叶片那样。芝麻菜的储存期限比大多数绿叶菜短，所以应该抓住时机选择商店里最新鲜的芝麻菜。新鲜的芝麻菜质地结实，呈深绿色，几乎没什么气味。这种绿叶菜应装进微孔密封袋，放入冰箱的保鲜抽屉储存。

根据科罗拉多州立大学在 2011 年做的一项调查，在成年人中喜欢芝麻菜的和讨厌芝麻菜的各占一半。芝麻菜有类似胡椒的辛辣味，且辛辣味重于苦味。如果你是超级味觉者（见 12 页）或者不喜欢芝麻菜，可以挑选叶片长度不超过 5 英寸①的幼年植株。它们的味道比成年植株更加温和。将芝麻菜与更温和的绿叶菜混合在一起，还可以进一步调和芝麻菜那突出的味道。生吃这种绿叶菜对健康最有益。你还可以将它们炒一下，或者用它们代替许多食谱中的菠菜，仍然能得到它们的大部分抗癌功效。不过要是你用水煮它们的话，多达 60% 的芥子油苷会流失到水里。

如今，芝麻菜色拉在许多餐厅都是常备菜品。做法通常是将幼嫩叶片与调味汁混合，加入切片水果或蔬菜，然后以菲达奶酪或其他类型的奶酪装饰。自己在家做可以稍加调整，做出不同的版本。可以用煮熟的鸡蛋或洋葱切片代替奶酪，或者在色拉上撒一些葵花

---

① 英寸，长度单位，1 英寸约为 2.54 厘米。——译者注

籽、核桃或烤山核桃。还可以将做熟的甜菜切片并铺在一层芝麻菜上，然后在上面撒些生的红洋葱丁和菲达奶酪或蓝奶酪碎。

如果你自己有园子，或者可以使用社区果蔬园子，再或者你家的露台或消防楼梯平台有足够的空间摆放大盆子，就可以考虑种植芝麻菜。芝麻菜在早春从地里钻出来，像芝麻开花一样迅速蹿高，就像它的英文名"rocket"（意为火箭）一样拔地而起。播种30~40天之内就能享用它的叶片了。然而，播种两个月后，它就会变得非常辛辣，还会开花结籽，即"抽薹"。若想连续不断地收获味道温和的幼嫩芝麻菜，应该每隔几周播种一次。'柔板乐章'（Adagio）是一个新品种，它在其他品种已经结籽很久之后才开花，因此很适合自家种植。

菊 苣

菊苣（*Cichorium intybus*）是菊苣族的成员。欧洲人比美国人更喜欢它那苦苦的味道。这种苦味是有价值的。它的抗氧化剂含量是罗马莴苣的4倍。食用更多菊苣对我们的健康有好处。

菊苣有红色和绿色品种，最常见的品种是意大利培育的'基奥贾红'（Rosso di Chioggia）。这个品种的植株松散结球，叶片呈品红色并分布着白色叶脉，你绝对不会认错。'特雷维索红'（Rosso di Treviso）与'基奥贾红'拥有相同的颜色，但植株不结球。它的植物营养素含量是'基奥贾红'的3倍，是绿色菊苣品种的10倍。

菠 菜

菠菜（*Spinacia oleracea*）是最受我们喜爱的深绿色蔬菜，而且抗氧化剂的含量高于大多数绿色莴苣。和其他深绿色植物一样，它富含叶黄素，这种植物营养素有助于保护我们的眼睛，还有消炎的作用。叶黄素可能还有抵抗衰老的功效。在一项以老年老鼠为实验对象的研究中，每天服用一次菠菜提取物可以提高这些啮齿类动物的力量、平衡感和心智能力。更深入的检测发现，菠菜让它们的脑神经元变得更加灵敏。或许你还记得，大力水手不只是拥有强壮的二头肌，他还是个聪明人，颇有急智。

近些年来，菠菜成了一种很受欢迎的色拉绿叶菜，并因此被人们大量种植。人们通常在菠菜植株幼嫩时收获，然后将叶片包装在袋子里。在觉得成熟的菠菜太苦的人当中，有很多人喜欢菠菜苗。一项消费者调查发现，如果用在汉堡包、墨西哥卷饼和三明治中，大多数人对菠菜苗和莴苣的喜爱程度是一样的。对于口味挑剔的青少年和儿童，你可以用菠菜苗不知不觉地改变他们的食谱。

然而，若想得到最新鲜的风味和最多的营养价值，你应该购买整株菠菜而不是袋装的叶片。菠菜在袋子里储存的时间越长，抗氧化活性就越低。与刚刚收获的菠菜相比，储存一周的菠菜叶片只能提供一半的抗氧化功效。叶片中等大小的菠菜，植物营养素含量比菠菜苗或叶片更大的植株都高。将菠菜从商店买回家之后，可以先用冷水浸泡，然后甩干或拍干多余水分。菠菜变质的速度甚至比莴苣还快，应该尽快食用。如果你打算将买来的菠菜储存几天，可以使用微孔密封袋。

在烹饪菠菜时采用蒸的办法，或者用微波炉烹熟。不要用水煮熟。用水煮 10 分钟，就会让其中四分之三的植物营养素流失到水中。水的颜色越绿，你失去的营养越多。正如下图（图1-1）所示，你倒不如把煮菠菜的水喝了，扔掉叶子。

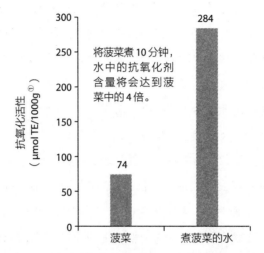

图1-1　水煮菠菜后菠菜和煮菠菜的水抗氧化活性对比图

在色拉台走"野路子"

你可以选用下列食材做出一道营养极为丰富的色拉。色拉的调味汁可以用特级初榨橄榄油和醋或柠檬汁制成。

洋蓟芯

芝麻菜

甜椒，任何颜色

卷心菜，最好是红色

---

① 抗氧化能力单位，表示每1000g样品可吸收多少微摩尔氧化自由基。——译者注

> 樱桃番茄
>
> 散叶莴苣，最好是红色或深绿色
>
> 坚果和种子，而不是油炸面包丁
>
> 洋葱，红色、黄色或绿色
>
> 菊苣，任何品种
>
> 菠菜
>
> 芽菜

色拉调味汁

在浇上调味汁之前，色拉是不完整的。预制色拉调味汁用起来非常方便。不过，在购买之前，先看一看包装上的成分表。大多数调味汁都含有相当多的盐和糖或者高果糖玉米糖浆。要提防"天然风味"这个说法，因为它意味着色拉调味汁中可能含有高达20%的谷氨酸钠，这种化学增味剂是许多人竭力避免摄入的。应该购买使用有益于健康的食材制作并且不含化学添加剂的色拉调味汁。

低脂和零脂色拉调味汁并不像人们曾经认为的那样有益于健康。就在一二十年前，医务人员还建议人们减少摄入所有类型的脂肪，包括色拉调味汁中的脂肪。

饮食达人更是提出了一条响亮的口号："只有脂肪会让你变胖！"将零脂调味汁加入新鲜蔬菜做成色拉，你就会得到一份零脂色拉——可以说是营养的圣杯。一些纯粹主义者甚至只往色拉上洒醋或柠檬汁。

如今我们知道，除非调味汁或者餐食中含有某种类型的脂肪，否则我们无法吸收色拉绿叶菜中某些最重要的营养。根据普渡大学

2012 年进行的一项研究，橄榄油最能让这些化合物被生物吸收利用。几乎需要七倍多的大豆油才能达到同样的效果，而大豆油是商用色拉调味汁最常用的食用油。

我建议你尽可能使用自制色拉调味汁。你可以在五分钟之内调制出一份新鲜、健康、风味十足的色拉调味汁。特级初榨橄榄油是最适合用来做色拉调味汁的油。如果想要获得更多的健康益处，可以选购超市货架上的新品种 —— 未过滤特级初榨橄榄油。我们买到的大多数特级初榨橄榄油都是经过过滤的，这个事实或许有些令人惊讶；"初榨"和"冷榨"这样的词汇往往让人以为这种油没有经过任何形式的精炼。实际上，在美国出售的大部分特级初榨橄榄油都要在装瓶之前经过倾析、离心和过滤。这些步骤会将浑浊的油脂变得透明，以符合美国消费者的期望。将特级初榨橄榄油倒入玻璃杯中并举向光源观察，如果油是透明的，就说明它被过滤过。如今我们知道，特级初榨橄榄油的精炼过程会过滤掉其中一半的植物营养素。这些有益的化合物中包括鲨烯，它已经被证明有抗癌功效，还能帮助皮肤抵御紫外线伤害。

购买未过滤橄榄油的另一个好处是，它保持自身营养价值和低酸度的时间比过滤橄榄油长三个月。原因是未过滤橄榄油含有更多的抗氧化剂，会保护油脂免遭氧化和酸败。如果你所在的区域买不到未过滤的橄榄油，可以在线订购。价格区间从还可以承受到贵得离谱不等。在不久的将来，超市里会出现更多品牌的未过滤橄榄油。这绝对是一种趋势。

苹果醋、红酒醋、意大利香醋（尤其是自然陈酿的香醋）和新鲜的柠檬汁也是抗氧化剂的良好来源。你使用的油和醋的风味最能影响调味汁的整体风味。试着去品尝不同品牌和类型的橄榄油和醋，找出你最喜欢的种类。

橄榄油的储存方法对其新鲜风味和抗氧化剂含量的保持至关重要。购买是第一步，应该只买计划在一两个月内用完的量；橄榄油按加仑①买或许会更便宜，但是容易在用完之前酸败。下一步是将橄榄油储存在阴凉黑暗处的密封容器中。这样做可以隔绝食物中的抗氧化剂所面临的三大杀手——氧气、光和热量。如果你买了优质的橄榄油，要像对待一瓶昂贵的葡萄酒那样对待它。将橄榄油倒进颜色较深的空葡萄酒瓶里，然后用可以抽出瓶中部分氧气的真空瓶塞将它密封起来。这种真空瓶塞在葡萄酒店、厨房用品店和线上平台都有售。

传统的希腊色拉调味汁是调制方法最简单、营养最丰富的调味汁之一。在你的色拉上淋一些特级初榨橄榄油，再挤一点柠檬汁，洒少许盐和胡椒即可。我还要推荐下面这种色拉调味汁，因为它能很好地掩盖苦味绿叶菜的味道。它的两种成分——蜂蜜和黄芥末——能够减轻一些食材的特殊味道。大蒜的辛辣味也可以转移你对绿叶菜苦味的注意力。

蜂蜜芥末酱

你可以更改这份食谱的配料，添加下列任何一种成分：半茶匙甜椒粉、1茶匙碎柠檬或橙皮，或1茶匙干香草，如龙蒿、罗勒、薄荷或牛至。如果你喜欢新鲜香草，使用1茶匙切碎的新鲜香草叶片。

---

① 加仑，容积单位，1 加仑约为3.785升。——译者注

总时间：5~10分钟

分量：一杯^①半

¼杯你喜欢的醋

1~2汤匙新鲜压榨的柠檬汁、来檬汁或橙汁

1汤匙蜂蜜

1~2瓣大蒜，切碎或者用压蒜器压碎

1汤匙制备好的黄芥末或者1茶匙黄芥末粉

¾茶匙盐，依个人口味酌量增减

刚碾碎的黑胡椒末，依个人口味调整用量

1杯特级初榨橄榄油，最好是未过滤的

将除了橄榄油之外的所有配料混在一起并充分搅拌。你可以用汤匙或搅拌机搅拌，或者用食品料理机的中高速档位搅拌10秒钟。然后加入橄榄油，使其缓慢流入混合液中，同时用搅拌机不停地搅拌。如果你使用的是食品料理机，在加入橄榄油时应该用中速。在色拉上倒适量的调味汁，使其盖住绿叶菜即可，不要倒得太多，让调味汁漏到色拉碗的底部。做好之后放入冰箱储存，储存时间可长达两周。使用前放置到室温。

---

① 杯，西餐中的一个非正式计量单位，美国的一杯习惯上是半个品脱，约237毫升。——译者注

关于推荐品种列表

每一章的最后都会以表格的形式列出在美国能够买到的最有营养且最美味的水果和蔬菜品种。每一个推荐品种都曾进行过营养含量测试，而且测试结果发表在经过了同行评议的科学期刊上。就植物营养素含量而言，这些品种排在前 10%。其中的许多品种还含有相对丰富的纤维素、维生素和矿物质，而且升糖指数低。

根据获取的难易程度，这些品种被分成了两大类。每一章的列表，第一部分列出的是能够在大多数超市里找到的水果和蔬菜品种或类型。第二部分列出的品种更有可能在本地农夫市场、特产商店、自采摘农场或者种子目录里找到。我的网站 http://www.eatwild.com 会提供经过更新的推荐品种列表。

如果你想种植某些很不常见的水果和蔬菜品种，你可能会很难找到它们的种子或植株。要想找到它们，应该上网搜索它们的品种名。另外，"地球母亲新闻"（Mother Earth News）网站提供了一个很有帮助的搜索引擎，名叫"种子和植物发现者"（Seed and Plant Finder；http://www.motherearthnews.com/Find-Seeds-Plants.aspx）。输入你要找的品种的名字，程序就会在十几个或者更多的种子目录（包括那些专门做罕见植物的种子目录）中搜索它。

对于本书推荐的大多数品种，我都详细列出了美国农业部设定的植物耐寒性分区。这些分区可以告诉你某种特定植物能否在你生活的地区的典型冬季气候中存活下来。这些区域是根据年均冬季最低温度划分的。区域的代号数字越小，最低平均温度就越低。例如，如果你生活在 5 区，而某种植物的种植区域建议是 6~8 区，那在你生活的地区这种植物就很可能活不过最冷的夜晚。如果你不知道自己所在的分区，可以登录美国农业部的网站，或者查询地图，或者在输入框中输入你的邮政编码。

如你将要看到的那样，在表 1-1 中我没有列出每个品种的详细营养数据。原因在于我是从大量的研究中搜集数据的，而每一项研究使用的都是略有不同的研究方法或者测量单位。正如你不能将苹果和橙子相提并论一样，有时你也不能将苹果和苹果相提并论——如果一项研究使用"每百克干重的酚类物质克数"表示苹果的植物营养素含量，而另一项研究使用的指标是"每升果汁的微摩尔数"的话。提供精确的数字是无意义且令人困惑的。另外，当我们说一种植物的植物营养素含量时，通常并没有将我们能够吸收的量考虑进来。如果你想了解相关详情，可以参考 395~416 页所列出的科学文献。

表 1-1　色拉蔬菜推荐类型和品种

在超市	
品种或类型	描述
芝麻菜	作为十字花科的一员，芝麻菜有一种辛辣的味道，常被添加到色拉中。芝麻菜富含叶黄素，有很高的抗氧化价值。
加利福尼亚色拉菜	"加利福尼亚色拉菜"是一系列不同种类的莴苣和其他色拉蔬菜的泛称。它通常装在塑料袋或塑料盒中。在选购时挑选那些最新鲜而且深绿色、紫色或红色叶片比例最大的。
苦菊（又称裂叶菊苣）	苦菊（Frisée），又称裂叶菊苣（curly endive），是一种味道略苦的裂叶色拉用蔬菜。有叶片光滑和粗糙两种类型。
散叶莴苣	通常而言，营养最丰富的散叶莴苣是拥有红色叶片的品种，然后依次是拥有深绿色叶片和拥有浅色叶片的品种。

续表

在超市	
品种或类型	描述
'基奥贾红'	'基奥贾红'是一个菊苣品种，有品红色叶片和白色叶脉，植株松散结球，形状像一颗卷心菜。抗氧化价值极高。
'特雷维索红'	'特雷维索红'也是一种菊苣，颜色和'基奥贾红'一样，但它不结球。它的植物营养素含量是'基奥贾红'的3倍，是绿色菊苣品种的10倍。是抗氧化明星。

农夫市场、特产商店、自采摘农场，以及种子目录			
品种	类型	描述	园丁注意事项
'黑杰克'（Blackjack 或 Black Jack）	散叶莴苣	叶片边缘略有褶皱，嫩叶呈深酒红色。抗氧化价值最高的品种之一。	不易抽薹。
'西马仑'（Cimarron）	罗马莴苣	同时有绿色、红色和古铜色叶片。比绿色罗马莴苣更有营养。叶脉较硬，但芯部柔嫩。	可以长到10~12英寸高。在炎热和寒冷气候中表现优良。产量高。不易抽薹。
'花结'（Cocarde）	橡叶莴苣	绿色叶片硕大，边缘呈红色或古铜色。叶片表面光滑，几乎呈蜡质，质地细腻。味道甜且滋味浓郁。	不易抽薹。
'理念'（Concept）	巴塔维亚（Batavian）莴苣	叶片呈中等程度的绿色，肥厚多汁。滋味丰富且极少发苦。（巴塔维亚莴苣兼有罗马莴苣和散叶莴苣的特点。）富含叶黄素。	不易抽薹。
'绚烂'（Dazzle）	罗马莴苣	植株矮小的罗马莴苣，外面的叶片呈酒红色，芯部呈淡绿色，脆而甜。一颗菜可做一道色拉。	尺寸较小，很适合种在盆子和窗台种植箱里。

续表

农夫市场、特产商店、自采摘农场，以及种子目录			
品种	类型	描述	园丁注意事项
'爆发'（Eruption）	罗马莴苣	深红色微型罗马莴苣。叶片有光泽，表面卷曲皱缩，口感脆爽，味道温和。比罗马莴苣的绿色品种更有营养。	较小的尺寸让它很适合种在盆子和窗台种植箱里。不易抽薹。抗端灼病。
'火山'（Fire Mountain）	散叶莴苣	叶片大，有褶边，深酒红色。	在炎热天气中不容易变苦。
'火焰'（Flame）	散叶莴苣	滋味温和，叶片尖端呈红色，有光泽，能够为色拉增添色彩。	不易抽薹。
'银河'（Galactic），又称'红银河'（Red Galactic）	散叶莴苣	叶片有光泽，深红色，略有褶边，略苦；质地结实且柔韧，因此很适合包裹食物。花青素和抗氧化剂含量极高。	可以在植株极小时收获，食用幼苗。不易抽薹。
'洛罗红'（Lollo Rosso 或 Lollo Rossa）	散叶莴苣	扇形叶片长达5~8英寸，有褶饰边。叶片呈深品红色，基部浅绿色。口感脆，半肉质，质地较硬，味道温和，稍苦，有坚果味。抗氧化活性超高。	生长缓慢。在温暖的白天和凉爽的夜晚生长得最好。收获外层叶片可以刺激叶片再生。
'梅洛'	散叶莴苣	一种深褐红色莴苣，叶片口感脆爽。花青素含量极高。有点酸。	抗抽薹。
'四季奇迹'（Merveille des Quatre Saisons 或 Marvels of Four Seasons and Continuity）	奶油（Butterhead）莴苣	这个美味的法国传统品种是全世界种植最广泛的莴苣之一，但在美国名气不大。它的外层叶片薄，呈品红色，内部叶片呈浅绿色。	早熟。

续表

农夫市场、特产商店、自采摘农场，以及种子目录			
品种	类型	描述	园丁注意事项
'爆红'（Outredgeous）	罗马莴苣	市面上颜色最红的罗马莴苣之一。叶片直立，有光泽，稍有褶饰边，顶部鲜红色，基部浅绿色。花青素和其他植物营养素的含量比绿色罗马莴苣高得多。	高产莴苣。
'优奖'（Prizehead）	散叶莴苣	外层叶片的尖端呈古铜色，内层叶片为浅绿色，有褶饰边。口感脆爽柔嫩，味甜。一个富含抗氧化剂的传统品种。	生长迅速，很早就能收获。
'红冰山'（Red Iceberg）	包心莴苣	古铜色的外层叶片包裹着绿白色的芯部。中等大小。味道温和。适合用于色拉或三明治。比传统冰山莴苣更有营养。	需要非常肥沃、疏松的土壤。采摘外面的叶片可以实现连续收获。
'红橡叶'（Red Oak Leaf）	散叶莴苣	叶片橡叶状，成熟后呈深酒红色。	整个生长季都维持温和的味道。抗晚霉病。
'红帆'（Red Sails）	散叶莴苣	铜红色叶片重度皱缩。味道温和。在最近的一项研究中，叶黄素和 β-胡萝卜素含量高于所有其他莴苣。	抗端灼病。全美（All-American）精选品种。
'红丝绒'（Red Velvet）	散叶莴苣	叶片表面呈深红色，叶背带少许绿色。口感宜人，有嚼劲。	植物形成松散的叶球，不易抽薹。边缘种植①效果十分显著。
'革命'（Revolution）	散叶莴苣	深红色叶片肥厚且具褶饰边，冷藏后也能保持脆爽口感。	植株高达 10~12 英寸。抗抽薹。

———————

① 边缘种植，一种植物配置方式，指的是将较低矮的植物种在种植区边缘，与内部较高的植物搭配。——译者注

续表

农夫市场、特产商店、自采摘农场，以及种子目录			
品种	类型	描述	园丁注意事项
'冬日红'（Rouge d'Hiver）	罗马莴苣	叶片大而光滑，外层叶片呈中度红色至古铜色。	耐寒，但不耐炎热天气。
'宝石红'（Ruby Red）	散叶莴苣	有精致的褶饰边，浓重的红色在炎热天气下也不褪色。味甜，多汁。是很不错的装饰，可以为色拉增添颜色。	早熟。耐热且抗抽薹。

色拉绿叶菜：要点总结

1.选择红色、红棕色、紫色或深绿色散叶莴苣品种。

最有营养的莴苣品种颜色很深，而且叶片排列方式松散。紧密结球的浅色品种是营养价值最低的。与袋装叶片相比，整颗莴苣叶球更新鲜。

2. 花10分钟处理你的莴苣，就能更好地保存其风味和营养。

将莴苣叶球撕成单独的叶片，或者打开一袋散装叶片，将它们投入极冷的水中浸泡10分钟。接下来用色拉脱水器将叶片弄干，或者用毛巾吸干叶片表面的水。如果你将莴苣叶撕成适合入口的小块，能够增加其中的抗氧化剂含量。但如果你这样做了，一定要在一两天之内把它们吃掉。将处理后的叶片放入已经用针戳刺出10~20个小孔的可重复密封塑料袋里。挤出空气，密封，然后储藏在冰箱的保鲜抽屉里。

3. 用含有更多营养的非莴苣品类丰富你的色拉。

芝麻菜、菊苣、苦菊和菠菜的植物营养素含量高于大多数莴苣品种，能够增加色拉的营养含量。

4.选择叶片颜色最鲜艳、最新鲜的袋装混合绿叶菜。

如果你购买的是袋装绿叶菜，选购包括红色和深绿色品种的混合种类。不要买叶片发黄、变棕或者萎蔫的袋装绿叶菜。查看"可食用期限"以确认新鲜程度。

5.特级初榨橄榄油是用在色拉调味汁中的最好的油之一。

零脂调味汁不利于你吸收色拉绿叶菜中的脂溶性维生素。特级初榨橄榄油很适合做色拉调味汁，因为它会让绿叶菜中的营养更容易被人体吸收。未过滤特级初榨橄榄油效果还要好，因为其中含有更多抗氧化剂，保鲜时间也更长。

6."驯服"苦味绿叶菜的强烈味道。

许多最健康的色拉绿叶菜富含对人体有益但味道发苦的植物营养素。如果你对苦味非常敏感，可以将少量苦味绿叶菜与味道更温和的莴苣拌在一起。还可以加入水果干或新鲜水果。加入蜂蜜芥末酱能进一步掩盖苦味。

第 2 章

葱属蔬菜
令所有人满意

▶ 野生洋葱和现代洋葱

当希波克拉底说"以食为药，以药为食"的时候，他大概正拿着一杯红葡萄酒发表祝酒词，而摆在餐桌上的食物则使用了许多洋葱和大蒜。大蒜、洋葱、火葱、大葱、香葱、韭菜和韭葱——葱属植物——在历史上一直是著名的美味蔬菜、必不可少的调味品，以及拯救生命的药品。

世界各地的狩猎—采集者都敏锐地认识到了葱属植物的多重好处。根据研究北美狩猎—采集者膳食的知名专家丹尼尔·E. 摩尔曼（Daniel E. Moerman）的说法，北美原住民采集的野生葱属植物超过一百种。这些部落使用它们处理伤口感染，恢复食欲，提振精神，驱赶蝎子，舒缓蜜蜂的蜇伤，缓解疝气和喉炎，退烧，此外它们还被广泛地用于治疗感冒、咽喉肿痛和耳痛。

因为葱属植物有这么多的重要用途，所以原住民部落会非常注重保护用于种植它们的农田。五大湖地区的梅诺米尼民族（Menomi-nee Nation）拥有一大片野生大蒜田，位于密歇根湖的最南端。野蒜在这里生长得极为茂盛，它们的气味能传出数英里①之遥。梅诺米尼人将他们这块宝贵的田地称为 Shikako，即"臭鼬地"。这个词引入英语后，一直以 Chicago（芝加哥）沿用到了今天。

与我们今天食用的栽培种类相比，野生葱属植物的味道更加辛辣。为了缓和它们的辣味，狩猎 — 采集者将它们与其他食物混合起来，或者将它们放在汤羹和炖菜中煮，和我们今天的做法一样。他们还会用新鲜的叶片将洋葱包裹起来蒸熟，然后放到火边烤，这会让它们变甜且味道温和。

有趣的是，根据 20 世纪著名人类学家欧娜·冈瑟（Erna Gunther）的说法，一些部落和今天的我们一样担心"洋葱味口臭"的问题。皮吉特湾桑吉斯（Songish）部落的成员会在长途独木舟之旅中食用生洋葱以增加耐力。但是，这位女性人类学家补充道，"只有在独自旅行时"他们才会这样做。

人们相信，最先驯化野生葱属植物的人生活在数千年前的巴基斯坦山区。生长在该地区的野生洋葱的鳞茎很小，大小只相当于我们现代大葱的鳞茎，而且它们的味道非常辣。这种辣味来自一种含硫的营养物质，名为硫代亚磺酸酯，它在我们的身体中发挥着许多有益的作用，包括抗癌及减少阻塞动脉的血栓。和许多其他种类的植物一样，味道越刺激，好处就越多。

随着时间的推移，葱属植物成了生活在世界各地的人们的医疗"武器"。一份来自公元前 1500 年的埃及莎草纸文稿记录了制作 22 种不同的大蒜制剂的方法，用以治疗从疲劳到癌症的各种病症。在

---

① 英里，长度单位，1 英里约为 1.61 千米。——译者注

建造位于吉萨的胡夫金字塔时，工地上的奴隶会吃洋葱和大蒜以增强自己的体力。

葱属植物是第一批用于"增强表现"的物质。在公元前700年左右，参加古代奥运会的运动员们用洋葱增强自己的力量和耐力。在比赛之前，他们会吃掉数磅①的洋葱，饮用洋葱汁，还会将橄榄油和切碎的洋葱揉搓涂抹在自己身上。

在中世纪黑死病大爆发的时代，法国牧师在自己的餐食中增添大蒜和洋葱，希望以此抵御这种恐怖的疾病。教堂记录显示，法国牧师对黑死病的抵抗力高于英国牧师，后者对这些气味不佳的"农民食品"不屑一顾。

美国内战期间，洋葱在北方军队的伙食中是非常重要的一部分。它们还被用于战地包扎。洋葱被切碎后制成泥敷剂，用于处理伤口感染和截肢。洋葱对士兵的福祉非常重要，洋葱的短缺甚至会被视为紧急军情。1864年5月，尤利西斯·S.格兰特将军（General Ulysses S. Grant）发现自己的部队把洋葱用完了。他向陆军部发送了一份紧急电报："没有洋葱，我绝不调动我的部队！"几天之内，满载洋葱的三节火车车厢就把洋葱送达了部队。

第二次世界大战期间，在青霉素尚未得到广泛应用之前，苏联军医用生大蒜处理士兵已经感染的伤口。英国军人开始将大蒜称为"俄国青霉素"。甚至就在最近，2009年，东南欧小国摩尔多瓦共和国的国防部还向军队士兵提供每天1个洋葱和几瓣大蒜的配给，以保护他们免遭H1N1流感的侵袭。

---

① 磅，重量单位，1磅约为0.45千克。——译者注

所有这些用途如今都得到了医药科学的支持。"俄国青霉素"这个词原来使用得如此准确。大蒜的主要活性成分是大蒜素，而1 毫克大蒜素的效果相当于 15 国际单位的青霉素。每瓣大蒜含有7~13 毫克大蒜素，3 瓣大蒜的抗菌活性就相当于一剂标准剂量的青霉素。（当然，吃掉这些大蒜产生的效果不等同于注射这么多青霉素的效果。）还有一个重要的方面，大蒜拥有青霉素无法望其项背的优势。普通细菌对现代抗生素产生耐药性的可能性比对大蒜产生耐药性的可能性高出 1000 倍之多。做出这个发现的研究人员得出这样一个结论："很显然，大蒜符合抗菌剂的所有标准，而且它既便宜又安全。有关大蒜可以'治愈所有人'的古老观点很可能是言之有理的。"

葱属植物还有助于抵御流感。在 2009 年的一项试管研究中，槲皮素（洋葱中的主要植物营养素）对 A 型流感病毒的杀灭效果优于处方药特敏福（Tamiflu），后者是当时最先进的药物。

大蒜还有另一项重大健康益处。在中世纪，人们在脖子周围佩戴大蒜以抵御狼人。对我们来说，癌症就是现代狼人——致命、令人恐惧，而且似乎无法控制。吃更多大蒜或许是抵御这种疾病的最佳自然疗法之一。一项试管研究测试了包括球芽甘蓝、甘蓝、西兰花和卷心菜在内的多种蔬菜的抗癌功效，结果发现大蒜是最有效的。在开展了这项研究的加拿大科研人员看来："大蒜是目前为止最强有力的肿瘤细胞生长抑制剂。"他们报道称，大蒜可以百分之百地阻止胃癌、胰腺癌、乳腺癌、前列腺癌、肺癌、肾癌和脑癌等癌症的癌细胞生长。

因为所有这些已被证明的和极有希望的"抗"性（抗氧化、抗菌、抗病毒、抗血栓和抗癌），大蒜得到了"仙药大蒜素"（Allicin Wonderland Drug）的绰号。

大　蒜

在农业栽培的历史中，没有人尝试过让大蒜的鳞茎变得更大，味道变得更甜或者更温和。正是因为这个原因，它们保留了大部分野生营养。你可以走进一家食品店，购买自己看到的第一个大蒜品种，那绝对是健康之选。

然而，你是否能得到大蒜的全部健康益处，取决于你准备和烹饪它的方式。2001年，一群以色列食品化学家发现，准备大蒜的传统方法会破坏它的大部分健康益处。生大蒜含有生成大蒜素（大蒜中最具活性的物质）的成分，但本身不含这种化合物。当大蒜中的两种物质彼此接触时，它们会发生反应，生成大蒜素。其中一种物质是蛋白质片段，称为蒜氨酸，另一种物质是对热敏感的酶，称为蒜氨酸酶。在一枚完好的蒜瓣中，这两种化合物储存在彼此分隔的空间里，互不接触。直到你切割、挤压或者咀嚼大蒜，破坏它们之间的阻碍，它们才会混合在一起。然后它们就会迅速发生化学反应，生成大蒜素。

这些以色列人发现，将大蒜压碎之后立即加热，会破坏诱发化学反应的蒜氨酸酶，这样就不会产生大蒜素。只需要在煎锅里加热两分钟，大蒜就会变成一种平常的调味品。如果用微波炉加热刚刚切片的大蒜，只要30秒，它就会失去90%的抗癌能力；如果加热60秒，就什么都不剩下了。大蒜最重要的健康益处之一是已得到证实的稀释血液的能力，这种能力也会在加热后减弱。

只要你在准备大蒜时做一个简单的改变, 就能在烹饪大蒜时保留它的全部健康益处。将大蒜切碎、切片或者压碎, 然后**远离热源放置 10 分钟**。在这段时间之内, 大蒜素会充分生成, 因此就不再需要蒜氨酸酶了。之后, 无论是煎、炒、烹、烤, 你都仍然能够得到大蒜的全部风味和药用价值。大蒜拥有如此之多的疗愈功效, 只需等待这至关重要的 10 分钟, 就可以降低你罹患许多疾病的风险。

为了遵循这个 10 分钟的原则, 你需要改动某些食谱。例如, 许多亚洲菜肴的第一步就是将蒜瓣切片, 然后放入热油中煎炸。随着大蒜被煎出香味, 它的健康益处就消失了。为了"抢救"大蒜素, 应该将大蒜切片后放置 10 分钟, 再投入煎锅。同样地, 在将大蒜加入辣椒酱、汤和炒菜之前也应该先放置一会儿。

如果你生吃大蒜的话, 就不用担心大蒜素的生成过程受阻。你可将大蒜切片或弄碎, 添加到不需要烹饪的预制家常食物中, 例如意大利青酱、鹰嘴豆泥、蛋黄酱、蒜泥蛋黄酱、蒜香面包、蒜末烤面包、色拉调味汁、蘸料、莎莎酱和涂抹调味品中。

压还是不压

有些著名厨师很讨厌压蒜器。"压蒜器可以完成任务,"朱莉娅·柴尔德 (Julia Child) 在她 1996 年的电视节目《厨艺大师在朱莉娅的厨房》(*In Julia's Kitchen with Master Chefs*) 中说道,"但是至少对于某些美食行家而言, 他们绝对不会使用压蒜器, 那是不会做菜的外行人才会用的东西。"朱莉娅展示了"真正的"厨师是如何使用厨师刀的宽刃将蒜瓣压扁的, 然后以令人印象深刻的精确性完成了切碎工作。

■ 大蒜和压缩器

我个人十分尊重朱莉娅，不过我建议你在大多数时候还是要使用压蒜器。压蒜器可将蒜瓣压得非常细碎，令大蒜的风味充斥整道菜肴；这一口能吃到蒜末，下一口却吃不到的现象是不会发生的。它也是准备大蒜的最快捷和最简单的方法。出现在美国公共电视网（PBS）的电视节目《美国试验厨房》（*America's Test Kitchen*）中的天才厨师会用最老到的技术将大蒜切碎，但是在大多数时候，他们用的还是压蒜器。

最后，压蒜器能够将蒜氨酸和蒜氨酸酶充分混合，从而生成尽可能多的大蒜素。如果你想得到大蒜的全部功效，记住这个秘诀：**压碎，然后放置**。如果你没有压蒜器或者你的压蒜器很难用，就去买一只容量足够大、手柄足够长的新压蒜器，这样你就能在不用去皮的情况下一次压碎好几个蒜瓣或者一个大蒜瓣。对手部力气小或有关节炎的厨师而言，设计良好的压蒜器可以提供很大的帮助。有些新型压蒜器分为两部分，一侧用来将大蒜压碎，另一侧用来将它切片。

在超市购买大蒜

大多数超市只有一种大蒜，'加州银皮'（California Silver-skin）。对于大多数美国人来说，这种饱满的白皮蒜就代表着"大蒜" 实际上，大蒜还有其他数百个品种，但它们不会出现在普通商店里。银皮大蒜之所以能够统治市场，是因为它是一种非常适合产业化生产的理想大蒜。首先，它很高产——种下一个蒜瓣，就能收获一头拥有 16 个蒜瓣的新大蒜，回报率高达 16∶1。其次，这些蒜瓣有紧密包裹的外皮，外皮不但能防止它们变干，还能提供抵御昆虫和病害的屏障。因此，它们的保存期限很长。

然而，银皮大蒜也有一些缺点。蒜瓣的味道可能非常辛辣，尤其是年末收获的蒜瓣。储存的时间越长，它们的辛辣味道就越强烈。你在 6 月购买的加州大蒜，可能已经在仓库里"酝酿"了 7 个月之久，味道辣得蜇舌头。

另一个缺点是，银皮大蒜的味道不如其他品种丰富。当我第一次比较'加州银皮'与一个名为'西班牙红'（Spanish Roja）的传统品种的味道时，我被二者之间的差别震惊了。'西班牙红'大蒜风味浓郁，辣味程度宜人，让我吃了还想吃。银皮大蒜只有一种味道：辣！咬一口就足够了。

不过，在健康益处方面，银皮大蒜和其他品种是一样的。而且它供应广泛，价格较低。这种葱属蔬菜无处不在，多吃它们可以增强你抵御许多疾病的能力。要想从银皮大蒜中获取最好的风味和最高的食疗价值，应当选择商店里最新鲜的大蒜。寻找被纸质外皮紧密包裹的饱满鳞茎。外皮磨损或松散的鳞茎更有可能变干或发霉。鳞茎应该是紧致的，不应该是潮湿或柔软的，上面不应该有褐斑或霉菌，也不应该有发芽的迹象。

超市之外

当你在超市之外的地方购买大蒜时，你会进入一个全新的并且更加芬芳的世界。特产商店和农夫市场供应颜色、形状和尺寸各异的大蒜，令人目不暇接。它们的辛辣味道也存在广泛差异，有的温和发甜，有的热辣无比。想挑战一下吗？那就咬一口'紫大锅'（Purple Cauldron）的生蒜瓣。在 5 月到 9 月的丰收季，有几十个品种可供选择。想要熟识许多品种，一个方法是参加大蒜节。这种活动大多数举办于 7 月或 8 月。在网上同时搜索关键词"大蒜节"（garlic festival）和你所在的城市、郡县或州的名字，你会得到关于它的更多信息。

在加利福尼亚州吉尔罗伊举办的大蒜节可以说是所有大蒜节的鼻祖，这座城市也自诩为世界大蒜之都。吉尔罗伊大蒜节场面盛大，你会看到名厨、手工艺品，看到烹饪展示、美食档口，还经常能见到靓丽的吉尔罗伊大蒜小姐（Miss Gilroy Garlic）。这场盛事每年吸引超过 10 万人来访，届时人潮如海，到处都排着长队。然而这个节日的主要缺点是，它只庆祝一个大蒜品种的丰收，即'加州银皮'。如果你不想体验那么浓的节日气氛，而是想见到更多品种的话，可以在你所在的地区参加规模较小的大蒜节。

两种大蒜

你会在农夫市场上和种子目录中见到两种大蒜：软颈蒜（*Allium sativum* var. *sativum*）和硬颈蒜（*Allium sativum* var. *ophioscorodon*）。这两种大蒜对你的健康都很有好处，但是通常而言，硬颈蒜略胜一筹。硬颈蒜与野生蒜的遗传关系更近，因此也保留了它们的更多医疗功效。（'加州银皮'是一个软颈品种。）

要想区分这两种大蒜，应当检查鳞茎顶端。硬颈蒜的鳞茎顶端伸出一根中空的蒂，形似小枝。名副其实，它有一根"硬脖子"。

当你掰开鳞茎的时候，你就会发现只有一圈蒜瓣环绕着中央的茎，茎向下延伸到根系。

▓ 软颈蒜和硬颈蒜

软颈蒜乍看上去似乎也有一根茎，但其实它是一束扭曲、柔韧的纸质外皮。鳞茎里面是数圈同心排列的蒜瓣，位于中心的蒜瓣较小。与硬颈品种相比，软颈蒜的蒜瓣数量更多，因此它的重量更重而且也更加饱满。

硬颈品种的价格比软颈品种高，这是由许多原因造成的。种植硬颈品种需要更多手工劳动，它们的成熟速度更慢，它们的亩产量较小，而且它们变质的速度更快。简而言之，它们很不适合大规模生产和运输。由于这个原因，它们的价格比软颈品种贵2~10倍。但是不要被价格吓走。虽然硬颈品种'西班牙红'的价格高达每磅8美元，但每一头大蒜的重量仅有2盎司。花上8美元，你就能买到足够你使用好几个星期的8头大蒜。58~59页的推荐品种在口味和营养方面都很出色。你可以在特产商店、农夫市场、农场货摊和种子目录中找到它们。大蒜很耐运输，所以你还可以在线订购。

方便产品

食品店有多种方便使用的大蒜制品。你可以买到剥好皮的大蒜、大蒜粉、大蒜盐和罐装蒜泥。所有这些产品都比新鲜大蒜贵，而且它们能够节省的时间微乎其微。将一枚新鲜蒜瓣压成蒜泥的时间和在冰箱里翻出瓶装蒜泥的时间相差无几。比较一下新鲜大蒜和预制产品的味道，你就有了使用完整蒜瓣的另一个理由。不妨来试一下。将一小块软化黄油与少量刚刚压碎的蒜泥混合均匀，然后将另一小块软化黄油与少量预制蒜泥混合均匀，并将它们分别抹在饼干或面包上。让你的味蕾当裁判吧。

只有一种预制大蒜是值得购买的——冷冻干燥大蒜。当大蒜和其他葱属植物被冷冻干燥时，它们会保留大部分有益的营养物质。你可以在精选食品店里或者在线平台上找到这种产品。只要将冷冻干燥大蒜储存在密封容器中隔绝湿气，它就能保持效能和风味。不过它比新鲜大蒜贵，所以使用新鲜大蒜仍然是你的最佳选择。

如何储存大蒜

如果你足够注重细节，完全可以将大蒜储存一两个月之久。第一步是选择新鲜的大蒜鳞茎。若想储存在冰箱外面，可以将蒜头装进纱网或者敞开的纸袋里，让空气能够良好地流通。不要让大蒜见光。不要将它们储存在热源附近。一个选择是将大蒜储存在大蒜储存器里，它是一种罐子，四壁有透气孔，还有盖子可以挡光。网上有数百种不同类型的大蒜储存器。

与室温环境相比，大蒜在冰箱里的保鲜时间更长——只要你不把它们放进保鲜抽屉里，那里湿度较高，会像春雨一样，诱使大蒜发芽。应该将大蒜放在架子上。（除非切开，否则大蒜是没有气味的。）有趣的是，在储存过程中，大蒜会比以前辣10倍，大蒜素含量也会增加10倍。随着时间的推移，它对于你的口味而言可能会变得过辣。经过几个月的储存，即使是味道最温和的大蒜，也会变得"桀骜难驯"。

洋　葱

直到大约 70 年前，在美国出售的所有洋葱品种还都是十分辛辣且效力强劲的，为消费者们提供了多种多样的植物营养素和抗氧化保护。大约在 20 世纪中期，糖分更多且药效成分少得多的洋葱新品种引入美国。第一种甜洋葱是一位名叫彼得·皮耶里（Peter Pieri）的法国士兵培育的，他在地中海的科西嘉岛上发现了一种大得不同寻常、味道温和且甜的洋葱。1900 年，他采集了这种洋葱的种子，并携带这些种子来到了自己定居的华盛顿州瓦拉瓦拉谷（Walla Walla Valley）。皮耶里在那里开始了自己的育种计划，让这种来自意大利的进口洋葱更温和，更甜，而且尺寸更大。每一年他都选出最接近自己理想目标的洋葱，然后留下它们的种子用于下一次种植。在他的儿子和其他种植者的帮助下，他在 20 世纪 40 年代终于达到了自己的目标。华盛顿州的人们喜爱皮耶里培育出的甜而多汁的洋葱，这个品种的销量很快就在整个州超过了更传统的品种。20 世纪 60 年代，一位商人给它们取了吸引人的名字'瓦拉瓦拉甜'（Walla Walla Sweets），这种味道温和的洋葱迅速在全美市场大获成功。

在 20 世纪五六十年代，其他味道超温和、体型超大的洋葱品种开始出现在美国的食品店里，包括'维达利亚'（Vidalia）、'得克萨斯 101'（Texas 101）和'百慕大'（Bermuda）。美国人迅速将这些口味温和的葱属蔬菜抢购一空，这也激励了种植者培育更大更甜的品种。如今我们可以吃到名为'特大甜'（Jumbo Sweet）、'甜蜜蜜'（Sweetie Sweet）和'杖糖'（Candy Cane）的洋葱，它们的含糖量高达16%，与我们最甜的苹果的含糖量相当。如果你参加洋葱节，你可以买到浸透焦糖并插在扦子上的生甜洋葱——一款糖渍洋葱甜点。加州一家拥有155座门店的连锁超市在夏天只卖甜洋葱，顾客也并不因此抱怨。实际上，他们愿意以每磅多出30%的价格购买这些洋葱。

我们对温和、味甜的洋葱的喜爱让我们更容易罹患疾病，包括癌症。在2004年的一项试管研究中，味道强烈的洋葱的提取物破坏了人体肝脏和结肠95%的癌细胞；而甜洋葱的提取物只杀死了10%。甜洋葱稀释血液的能力也较弱，所以它们降低心脏病发作和中风风险的能力不如味道强烈的洋葱。

增加洋葱的尺寸是营养学上另一个失策的地方。食品化学家们发现，洋葱越小，其含有的水分就越少，因此植物营养素浓度就越高。对于同样的品种，两个小洋葱提供的抗氧化剂是一个大洋葱的两倍。超甜洋葱温和的味道、高糖分和高水分含量，以及硕大的尺寸共同降低了它们的抗氧化剂含量，如下图（图2-1）所示。最左侧的'西部黄'（Western Yellow）洋葱，其抗氧化剂含量是最右侧的甜洋葱'维达利亚'的8倍。

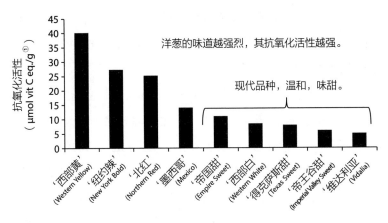

图 2-1 不同洋葱品种抗氧化活性对比图

在超市挑选最有营养的洋葱

　　如果你知道自己要找什么，就能在超市挑选出最有营养的洋葱。浏览一下农产品区，你会见到 6 种或更多不同的洋葱品种，包括白洋葱、黄洋葱、红洋葱、珍珠洋葱、煮食洋葱（boiling onions）[2] 和甜洋葱等。单凭外表，并不总是能够区分味道最强烈的洋葱和超甜洋葱。一些商店会列出品种名，让挑选出最健康的品种变得简单得多。（第 59~60 页列出了推荐品种清单。）然而最有可能列出名字的品种都是甜洋葱，例如'维达利亚''瓦拉瓦拉甜'和'得克萨斯 101'。还有一些商店不列出品种名，但大多数甜洋葱品种的标签上都会标出"甜"（sweet）的字样。

　　虽然与更辣的品种相比，甜洋葱没那么有营养，但是如果你想吃生洋葱的话，它们是很好的选择。如果你将'西部黄'洋葱的切

----

① 指每克样品的抗氧化活性维生素 C 含量。——译者注
② 一种味道温和的小型洋葱，通常整个煮熟食用。——译者注

片塞进一只汉堡包，那么所有其他食材的味道都会无影无踪。黄洋葱品种'帝国甜'在纽约及周边各州很受欢迎，其植物营养素含量高于其他甜洋葱品种（参见图2-1）。

有些红洋葱非常辛辣刺激，但另一些红洋葱则甜而温和。这一次你可以通过形状分辨它们。味道温和的红洋葱——有时称作汉堡包洋葱或三明治洋葱——外形宽而扁。味道辛辣的红洋葱呈球形或椭球形，而且抗氧化剂含量高得多。辛辣品种会让你的眼睛流泪，当你泪眼蒙眬地想要看清眼前的东西时，你就知道自己做出了健康之选。不过有减轻你痛苦的办法。在自来水的冲洗下将洋葱切碎或切片能够最大程度地减少刺激性气味。有些人极度依赖"洋葱护目镜"，这种紧密贴合面部的护目镜可以有效防止刺激气体接触你的眼睛。（在线购物平台有售。）在切洋葱之前，你还可以在案板表面洒一两汤匙的醋。将切片或切丁的洋葱翻转过来，令其表面与醋接触，你的不适感就会减轻。

决定了要购买哪种洋葱之后，你要仔细地检查它们，寻找外皮完整无缺的洋葱。纸质外皮可以使洋葱保持多汁，其中还含有一些可抵御真菌感染和霉菌的天然化合物。如果外皮自然剥落或者被过于热心的生产经理剥去，洋葱受到的总体保护就会减弱，令保存期限缩短。

有趣的是，洋葱皮中的植物营养素浓度很高，这让它成为这种蔬菜最有营养的部位。虽然洋葱皮口感不佳，但你可以将它们保存下来加入汤底中，这样做可以增加汤羹的风味和植物营养素含量。黄洋葱的皮会让汤羹呈现出金黄色。你还可以将洋葱皮碾碎后裹在粗棉布里，或者将它们放进网兜或大茶包里，然后投入汤羹、炖菜或焖烧牛肉中。这样的话，上菜之前很容易将洋葱皮取出。

超市之外

当你在农夫市场购买洋葱或者为自己的菜园购买洋葱种子时，可供选择的品种比在超市多得多。市场摊贩通常会列出自己出售的洋葱的品种名。值得寻觅的品种包括：'红郊游'（Red Walking），它具有一簇紧凑而小巧的深红色鳞茎；'红男爵'（Red Baron），它看上去像是在红色染料里泡过的、过度生长的大葱；还有传统品种'红韦琴斯菲尔德'（Red Wethersfield），鳞茎硕大，呈扁球状，外皮紫红色。值得寻觅的黄洋葱品种包括'纽约辣'和'西部黄'。你在本章末尾的列表中可以找到其他值得购买的品种。

储存洋葱

甜洋葱不是很耐储存，因为与其他品种相比，它们富含水分，而且表皮较薄，防护性较差。应当将它们储存在冰箱冷藏室的架子上，并在一两周内吃完。其他洋葱可以储存一个月或更久。若想将洋葱储存超过两周时间，可将它们装入网兜或纸袋中，储存在凉爽、黑暗、湿度适中的地方，例如地下室的储藏柜或者无供暖的房间。你还可以将洋葱储存在无供暖的车库里，只要气温保持在冰点之上就可以。如果你只有几只洋葱，就将它们储藏在冰箱冷藏室的架子上。保鲜抽屉的湿度太高，不适于储存洋葱。

准备和烹饪洋葱

与大蒜不同的是，洋葱在切片或切碎之后可以立即加热，而不会损失任何健康益处。（大蒜素不是它们营养物质中的重要成分，所以没有必要保护促使大蒜素生成的蒜氨酸酶。）洋葱中最有益的植物营养素是槲皮素，这种化合物的抗病毒、抗菌和抗癌功效正在研究中。研究表明，烘烤和煎炒洋葱能够增加它们的槲皮素含量。水煮是唯一减少槲皮素含量的烹饪方式。等到洋葱完全煮熟的时候，30%的槲皮素会转移到煮洋葱的水里。不过，如果你还要使用烹煮后的汤汁的话，就能收回这部分损失。

将辛辣的红洋葱和黄洋葱品种烹熟还会产生另一个效果——"驯服"它们的辣味。将最辣的黄洋葱油煎5分钟，它的味道就会变得甜而温和。甜味本来就在那里，只是此前被更刺激的味道掩盖了。要想得到最多健康益处，应该在任何时候都使用味道辛辣的品种。你还可以油煎或烘烤味道辛辣的品种，待其冷却后加入色拉和三明治中。这样处理过的洋葱味道温和得像'维达利亚'甜洋葱，但是可以给你的抗氧化保护是'维达利亚'的两倍。另一种选择是将生的辛辣洋葱切成薄至半透明的薄片。（当你切洋葱的时候，应以能透过洋葱片看到刀锋为佳。）将这些洋葱薄片夹进色拉或三明治，它们的辛辣味道就不会那么明显了。

但是我不能吃洋葱！

有些人可以吃烹熟的洋葱和大蒜而不会引起胃部不适，但是当他们生吃这些东西时，他们就会胃痛、腹胀、腹部绞痛或者肠道积气。还有一些人，无论这些葱属蔬菜是做熟的还是生的，吃下去都会出现这些反应。

对于许多人来说，大蒜素是不适感的来源。它会刺激连接食道和胃的瓣膜。吃了含有洋葱、大葱或大蒜的一餐之后，瓣膜会更频繁地打开和关闭，导致部分胃内容物向上流入食道。这就会导致烧心，即胃液反流。甜洋葱的大蒜素含量较低，因此较不容易导致这个问题。

对另一些人而言，痛苦和尴尬的来源是一种称作复合碳水化合物不耐受（Complex Carbohydrate Intolerance，简称 CCI）的症状，即无法消化某些类型的碳水化合物。人体通常将复合碳水化合物分解为单糖。CCI 患者缺乏一种完成消化过程必不可少的、名为半乳糖苷酶的酶，而且这种缺乏会在家族内遗传。未消化的糖进入大肠，在那里发酵并产生气体，引发疼痛和胀气。有些人通过服用非处方药如比诺（Beano）来缓解这种痛苦，这种药含有他们缺少的酶。

火　葱

火葱（shallot，学名 *Allium cepa* var. *aggregatum*）的鳞茎看上去像很大的大蒜，分为 2~4 瓣。与大蒜不同的是，这些鳞茎包裹着色彩缤纷的外皮，呈红褐色、粉红色、灰色或琥珀色。朱莉娅·柴尔德在法国著名厨艺学校蓝带厨艺学院学习期间备受感染，对火葱产生了狂热的崇拜。当她撰写于 1961 年首次出版的《掌握法式烹饪艺术》（*Mastering the Art of French Cooking*）时，由于在美国的超市找不到火葱，她不得不在自己的所有食谱中用大葱来代替火葱。真糟糕！

在美国，火葱仍然只是餐厅主厨以及最热忱的厨师和美食家才会用到的食材。现在该是它们更加为人熟知的时刻了。如今，火葱在大部分大型超市有售。它们温和且复杂的味道让它们很适合加入蛋类菜肴、奶油汤羹、酱汁和炒菜中。将它们用橄榄油煎制，可以作为新鲜三文鱼、大比目鱼或金枪鱼的配菜。

一个鲜为人知的事实是，火葱是营养明星。以同等重量计算，它们的植物营养素含量是典型洋葱的6倍。它们破坏癌细胞的能力仅次于大蒜。生活在公元1世纪的天才博物学家老普林尼（Pliny the Elder）描述了6种不同葱属植物的疗愈功效，并宣称火葱是其中最棒的。两千年后，食品科学家们得到了同样的结论。

火葱相对较贵，这是它们不常被使用的一个原因。然而，如果你在亚洲农产品市场购物，火葱在那里的价格和洋葱是一样的。无论在哪里购买，都要选择外皮紧致、触感结实的火葱。如果将它们储存在凉爽、黑暗、通风良好的地方或者冰箱冷藏室的架子上，它们可以保存大约一个月。

火葱是一种非常适宜在家庭果蔬园子中种植的蔬菜。它们占据的空间很小，而且很容易种植。若要来一场烹饪大冒险，不妨种植'法国灰'火葱（French Gray Shallot，学名 *Allium oschaninii*）。它们稀有而精致，堪称葱属蔬菜中的松露。与其他火葱相比，它们的味道更复杂，而且更不像洋葱，这让它们成了许多欧洲大厨和顶级美国大厨的时尚之选。它们是市面上大众化的蔬菜的对立面。首先，它们不耐储存。其次，它们的个头也较小，亩产量很低，而且种植所需的时间比其他火葱长。最后，它们的样子也很丑。'法国灰'火葱拥有粗糙起皱的灰色外皮。它们不是那种表面完美无瑕的漂亮蔬菜。

'法国灰'火葱之所以看起来土里土气，原因就在于它们没有经过人类的改造。在遗传方面与你在超市里买到的完全相同的火葱，如今还生长在中亚和西南亚的荒野地区。很多人至今仍在采收这些野生火葱。现今栽培的火葱品种在亲缘关系上与野生火葱极为接近，而且它们丰富的营养可以证明这一点。可以将它们当成一种来自数千年前（而不只是一两百年前）的传统品种。按照同等重量计算，它们的槲皮素含量是它们栽培葱属表亲的两倍。我给它们打 10 分——5 分给超凡脱俗的味道，另外 5 分给无与伦比的天然营养。你可以在网上或者从精选种子公司订购火葱。（抓紧点儿，它们很快就会卖光。）有一个古老的法国传统是，冬至种植，夏至收获。如果你没有生活在地中海气候区，那就改在春天种植。

韭　葱

韭葱（*Allium ampeloprasum* var. *porrum*）是一种味道温和的葱属蔬菜，植株很高，长长的茎秆底部是一只细长的鳞茎。它们看上去仿佛是打了生长激素的大葱。尽管味道温和，它们却富含有益的植物营养素。营养物质在叶片和茎秆的绿色部分最集中，然而这却是大部分人丢弃的部分。如果你想使用叶片，应当购买你能找到的最小的韭葱，因为它们的叶片会更柔嫩。若要将韭葱的绿色部分用在炒菜或其他油煎菜肴里，应将它们切成八分之一英寸厚的切片，油煎数分钟后再加入韭葱的白色部分。与洋葱和大蒜不同，韭葱在冰箱里储存几天之后就会丢失大部分抗氧化成分。购买或收获后应尽早烹饪食用。

将韭葱买回家后，许多人不知道如何处理它们。除了一道经典菜肴（韭葱马铃薯汤）外，他们脑中一片空白。下面这道制作起来便捷简易的菜肴也很美味。除了鳞茎之外，它还会用到韭葱的绿色部分。你可以将油煎韭葱当作配菜，将它们加入汤羹或焖烧牛肉里，或者将它们夹入三明治或汉堡包里。还可以将它们用在煎蛋卷、意式菜肉馅煎蛋饼、家禽填料里，或者搭配鱼肉、牛肉、猪肉、家禽肉或羊羔肉食用。我会一次做很多，然后用小号冷冻袋将其中一部分冷冻起来，便于随时取用。

油煎韭葱配黄芥末和孜然

准备时间：10~15分钟

烹饪时间：12分钟

总时间：22~27分钟

分量：2杯

2只中等大小的韭葱

¼杯特级初榨橄榄油，最好是未过滤的

1茶匙孜然籽

2茶匙预制黄芥末

1茶匙蜂蜜

修剪韭葱的鳞茎一端，去除细根。修剪叶片顶端，在白色部分以上留下三英寸长的深绿色部分。将韭葱纵向切成四

等份，然后充分水洗以去除残留的泥土。从根端开始，将韭
葱的白色部分横向切成 ¼ 英寸厚的片，然后将绿色部分切成
更薄的 ⅛ 英寸厚的片。

　　将橄榄油、孜然籽和韭葱的绿色部分一起放入中等大小
的煎锅。开中小火油煎 2 分钟，然后加入韭葱的白色部分，再
煎 8 分钟。油煎的过程中经常翻动。加入黄芥末和蜂蜜，再小
火加热 2 分钟。可热食或冷食，或者放置至常温食用。

香葱和韭菜

　　英文中的 "chive" 包括两种蔬菜，一种是 "onion chive"，即
香葱（*Allium schoenoprasum*），另一种是 "garlic chive"，即韭菜
（*Allium tuberosum*）。它们是所有葱属蔬菜中个头最小的，也是仅
有的两种在旧世界和新世界都有原产地分布的葱属蔬菜。它们很受
园丁的青睐，因为它们紫色的花会吸引蜜蜂，而它们的根和茎会赶
走不受欢迎的昆虫。

　　在美国，我们最熟悉的是香葱。香葱有长而细的管状叶，味
道像温和的洋葱。它们很适合加入煎蛋卷或乳蛋饼中，而且还能
成为汤羹中鲜艳的绿色装饰。烤马铃薯配酸奶油和香葱是一道经
典美式菜肴。放香葱时不要吝啬。若要制作被称为 "香草奄列"
（fines herbes）的传统法式调料，应将等量的新鲜的香葱、龙蒿、香
芹和雪维菜切碎混合。

韭菜拥有扁平的带状叶片。与在西方国家相比，它们在亚洲更受欢迎。通常而言，香葱是生吃的，但韭菜需要煎炒。韭菜是春卷、炒菜、酸辣汤以及许多肉类和海鲜菜肴的主要食材。韭菜在日语中的罗马字拼写是"nira"。韭菜爆炒肝尖就是一道很流行的日式菜肴。韭菜还是日式煎饺中的常见食材，这道菜应该更合美国人的口味。在亚洲市场可以用最低廉的价格买到最新鲜的韭菜。

以同等重量计算，韭菜的抗氧化剂含量比最辣的红洋葱还高。它们之所以拥有如此强大的效力，是因为它们全都是绿色的叶片和茎秆，没有鳞茎。长久以来，中医一直用韭菜治疗各种病症，包括身心疲惫，以及肾脏、肝脏和消化道功能的失调。韭菜的种子还曾被用作春药。

它们的催情功效能够经受住科学的检验么？上海市某机构决定一探究竟。在2009年的一项研究中，实验室里的雄性大鼠被喂食了40天的韭菜种子。每隔10天，这些雄性大鼠可以接触到愿意交配的雌性大鼠。在实验的最后，与投喂这种香草之前的情况相比，喂食韭菜种子的雄性跨骑雌性的频率提高了一倍。没有投喂韭菜种子的雄性，其"性趣"水平保持不变。该机构还资助了一项新的研究，看看雌性大鼠是否也会受到同样的影响。目前还没有类似的基于人类的研究。

一旦买到或采摘下韭菜，最好马上食用它们。如果你计划将它们储存一些天，应将其放入微孔密封袋，然后放进冰箱的保鲜抽屉储存。一些杂货店出售韭菜的活植株。（你要确定你买的是韭菜而不是麦苗，它们长得挺像的。）把它们买回家，你就能连续数日享用它们新鲜的风味了。自己种韭菜还要更棒一些。当你收获韭菜时，将它们剪短至大约 4 英寸，它们很快就会长回来。你可以在一个夏天之内收获数次。和所有香草一样，韭菜种得离厨房越近，就会越常被使用。

大　葱

除了 "scallion" 这个名字之外，大葱 (Allium fistulosum) 还有许多英文名，包括 "green onion"（青葱）、"spring onion"（春葱）和 "salad onion"（色拉葱）。它们有细长的白色鳞茎、深绿色的管状叶片和一丛须根。和香葱一样，大葱也应该在购买或收获后尽快吃掉。如果你打算将它们储存一些天，应将它们放入微孔密封袋中。

尽管外表有几分相似，但大葱并不是微型洋葱（Allium cepa），而是自成一个物种。新的研究发现，与普通的白洋葱相比，它们的植物营养素含量竟然高达前者的 140 倍。与白色的鳞茎相比，绿色部分是植物营养素更集中的地方。这种富含营养的葱属蔬菜有降低患癌风险的潜力。根据 2002 年的一项调查，每天摄入至少三分之一盎司（约 10 克）大葱的男子，罹患前列腺癌的风险会降低 50%。有趣的是，大葱在外表和营养方面都与野生洋葱十分接近。最富含植物营养素的水果和蔬菜品种常常与它们的野生祖先极为相似——从本质上说，功能往往与形态相关。

你可以在大多数菜肴里用大葱代替洋葱。如将切碎的大葱混进肉馅，做成汉堡包里的肉饼。还可以将它们加入意大利面、汤羹、蛋类菜肴、比萨馅料、莎莎酱、三明治和蘸料中。如果你在最后一分钟将大葱加入烹饪好的菜肴中，大葱会为菜肴增添一抹宜人的脆爽口感。

表2-1 大蒜推荐类型和品种

在超市	
类型	描述
所有类型	超市出售的所有种类的大蒜都很有益于健康。选择那些对你而言味道最好的种类即可。最常见的品种是'加州银皮'，一个富含大蒜素的软颈品种。它很耐储存，但储存后味道会变得格外辛辣。

农夫市场、特产商店、自采摘农场，以及种子目录			
品种	类型	描述	园丁注意事项
'智利银' (Chilean Silver)	软颈蒜	味道均衡但颇为辛辣。颜色洁白。富含大蒜素。每个鳞茎包含15~18个蒜瓣。耐储存。	你可以种植很多，因为它可以储存长达一年。很适合编织成大蒜辫子。
'因切利厄姆红' (Inchelium Red)	软颈蒜	多次尝味测试的获胜者。味道辣，但不过于强烈。鳞茎硕大，直径长达3英寸，含9~20个蒜瓣。粗厚的外皮让它在收获后可以储存很长时间，最长可达7个月。	可以在旺季收获。
'音乐' (Music)	硬颈蒜	蒜瓣非常大，每个鳞茎4~6个蒜瓣。味道浓郁、辛辣。可储存长达9个月。	可以在旺季收获。产量高。植株健壮，耐寒。可原地越冬，不用挖出。
'波斯明星' (Persian Star)	硬颈蒜	表皮有品红色条纹。味道强烈。有10~12个容易剥皮的蒜瓣。可储存长达6个月。	耐寒。

续表

农夫市场、特产商店、自采摘农场，以及种子目录			
品种	类型	描述	园丁注意事项
'粉音乐' (Pink Music)	硬颈蒜	与'音乐'品种类似，但蒜瓣外皮为粉色。味道浓郁而刺激。每个鳞茎 4~6 个蒜瓣，蒜瓣大，易剥皮。可储存长达 9 个月。	可以在旺季收获。产量高。非常耐寒。
'罗马尼亚红' (Romanian Red)	硬颈蒜	生吃味道辛辣刺激。蒜瓣硕大饱满，每个鳞茎只有 4~5 个蒜瓣。大蒜素含量极高。非常耐储存。	长势健壮，耐寒。
'西班牙红'	软颈蒜	尝味测试的获胜者。辣度中等。表皮有紫色条纹，漂亮有光泽。生吃或烧烤都很好。每个鳞茎有 8~10 个大蒜瓣。容易剥皮。储存期 2~3 个月。	生长健壮。在冬季寒冷的地区生长得最好。

表 2-2　洋葱（及其近缘物种）推荐类型和品种

在超市	
类型或品种	描述
红色且辛辣	所有红色辛辣的洋葱品种都有很高的抗氧化价值。烹饪后味道会温和得多。
黄色且辛辣	所有黄色辛辣的洋葱品种都有很高的抗氧化价值。烹饪后味道会温和得多。
'西部黄'	这个黄色辛辣洋葱品种含有极为丰富的儿茶素，一类非常重要的植物营养素。生食味道强烈，但烹饪后会变得温和。
'帝国甜'	在常见甜洋葱品种中抗氧化价值最高，但低于所有辛辣品种。味道温和。
'纽约辣'	一种黄色辛辣洋葱，是抗氧化活性最高的品种之一。生食味道强烈，但烹饪后会变得温和。
大葱，所有品种	大葱是洋葱的所有近缘物种中营养最丰富的之一。

农夫市场、特产商店、自采摘农场，以及种子目录		
品种	描述	园丁注意事项
'卡门'（Karmen），又称'红卡门'（Red Karmen）	球形鳞茎中等大小，扁平，看上去仿佛蘸过朱漆。甜度适中。生吃或烧烤都不错。烹饪后会丢失一些颜色。富含槲皮素。耐储存。	在 65~70 天内成熟。北方长日照洋葱。（长日照洋葱需要每天一定时长的日照才会开花成熟，通常大于 12 小时。因此，它们最适合在美国北方各州种植。）
'紫珍珠'（Purplette）	簇生小洋葱，表皮紫色。鳞茎直径 1~2 英寸。味道温和清淡。	在 60~65 天内成熟。
'红男爵'	味道温和的小洋葱，鳞茎呈鲜艳的酒红色，并且能在整个生长周期保持鲜艳的颜色。植物营养素含量很高。耐储存。	在 60 天内成熟。北方长日照洋葱。可以在仲夏时节作为叶用青葱收获，也可以越冬后在第二年春天形成直径 3~4 英寸的鳞茎。
'红韦琴斯菲尔德'，又称'深红美人'（Dark Red Beauty）或'红美人'（Red Beauty）	辛辣程度适中。鳞茎硕大，呈扁球状，有紫红色外皮。切开能看到红色同心环。耐储存。	在 100 天内成熟。北方长日照洋葱。
'红翼'（Red Wing 或 Redwing）	红皮，中等大小。味道辛辣。切开能看到红色和白色交替的圆环。生吃、烧烤或煎炒都不错。抗氧化活性高。	在 100~120 天内成熟。北方长日照洋葱。

葱属蔬菜：要点总结

1.大蒜富含营养，而且具有许多很有前景的健康益处。

寻找蒜瓣饱满、紧致，外皮完好无损并紧密包裹的大蒜。若想得到尽可能多的大蒜素，应该在将大蒜切片、切碎或压碎后先放置10 分钟再加热。若想购买最好的品种，应该在农夫市场和特产商店选购，你常常可以在那里找到风味和辛辣程度差异广泛的硬颈蒜品种。

2. 味道强烈的洋葱对你的健康最有益。

洋葱的味道越辛辣，它对你越有好处。味道强烈的红洋葱和黄洋葱提供的健康益处最多。烹饪过程会"驯服"它们的火辣，诱发出甜味，并增加其营养含量。以同等重量计，小洋葱含有的营养多于大洋葱。

与味道更辛辣的品种相比，味甜且温和的超大洋葱营养价值较低。用水煮方式烹饪洋葱会让许多养分转移到烹煮后的汤汁中。

3. 火葱味道温和但营养丰富。

与大多数洋葱品种相比，火葱更有营养。它们的味道更温和，很适合添加到蛋类菜肴、奶油汤羹和酱汁中。可以去亚洲市场以最低的价格买到火葱，也可以自己种植。它们在园子里占据的空间很小，而且种植起来很简单。

4. 用韭葱烹饪时，鳞茎和绿色部分都要用到。

与白色部分相比，韭葱的绿色部分更有营养。韭葱失去抗氧化剂的速度非常快，所以要在买回家几天之内将它们吃完。

5. 多吃香葱和韭菜。

香葱的叶呈管状，且大多数超市有售。韭菜的叶呈扁平的带状，较不常见。在亚洲市场可以买到种类最多、价格最低的韭菜。在买回家几天之内就要吃完，或者将它们储存在微孔密封袋里。

6. 大葱比其他大部分葱属蔬菜更有营养。

大葱在外表和营养方面最接近野生洋葱。大葱的绿色叶片比细长的白色鳞茎含有更丰富的营养。储存方法同韭菜。

第3章

棒子上的玉米
超级甜!

▓ 类蜀黍和现代玉米

我们今天食用的玉米看上去一点也不像它的野生祖先——墨西哥类蜀黍（*Zea mexicana*）。墨西哥类蜀黍是一种茂密的禾草，原产于墨西哥中部。它的每个"穗"只有 5 英寸长，而且只有 5~12 枚谷粒，排成一列。每一枚三角形谷粒都包裹在如同橡子一样坚硬的外壳里。将一枚谷粒的外壳敲开，你会发现一小粒干燥且充满淀粉的可食之物。你绝不会把墨西哥类蜀黍煮熟或者放到烧烤架上烤熟当作夏日野餐。然而，费尽力气收获这些种子的狩猎—采集者得到的回报是丰富的营养：墨西哥类蜀黍的蛋白质含量是我们现代玉米的两倍，而淀粉含量却低得多。

人类花了 7000 年时间将墨西哥类蜀黍改造成了今天这样尺寸巨大的现代玉米，每个穗上有数百颗多汁、无壳且超甜的谷粒。这种改造包括几个自发性突变、数百代的人工选择，还有最近诞生的基因操作技术。在所有这些变化的作用下，我们的现代玉米与其自然祖先的差异之大，超出了任何其他食用作物。它还变得非常美味且高产，全世界人口所消耗的热量中有 25% 是玉米提供的。

　　然而，在创造更大、更甜、更柔软多汁的玉米的狂热中，我们或许走得有点过头了。我们的现代超甜玉米含糖量高达 40%，为"玉米糖"（candy corn）[①] 这个词增添了新的含义。此外，还有一个问题，与最早的农民种植的品种相比，现代玉米的植物营养素含量低得多。蓝色玉米数千年来一直被霍皮人（Hopi）和美国西南部的其他印第安民族视为圣物，其花青素含量极高，因而其抗氧化价值是我们的现代白色玉米的 30 倍。彩色"印第安"玉米也含有相当多的花青素。

　　存在于蓝色玉米中的一种花青素，矢车菊素 -3- 葡萄糖苷（cyanidin-3-glucoside，简称 CG3），有望带来显著的健康益处。在动物实验中，CG3 可减缓结肠癌的发展，抑制炎症，降低胆固醇和血糖水平，甚至还可减少高脂肪饮食导致的体重增加。另一方面，白色和黄色玉米品种不含 CG3 和其他花青素。在美国，如今大多数颜色鲜艳的玉米是用来做装饰的，而不是给人吃的。

　　某些南美国家的人们还在大量食用紫色玉米，他们将其称为"maíz morado"[②]。他们还将它用在一种名为"紫奇卡"（chicha morado）的传统酿造饮品中，这是一种无酒精饮料，用紫玉米、菠萝皮和肉桂制成。这种深紫色饮品的白藜芦醇含量比红葡萄酒还高。（白藜芦醇是一种植物营养素，有稀释血液、平抑炎症和阻止肿瘤细胞生长的功效。）它的花青素含量也比大多数蓝莓高几倍。这种南美超级食物的潜在健康益处已经在美国扬名，使得美国市场产生

---

① 一种形似玉米粒的软糖，字面意思直译为"糖玉米"。——译者注
② 西班牙语，字面意思为"紫色玉米"。——译者注

了对这种饮料的需求。你可以在健康食品商店购买到紫奇卡，价格大约为一瓶10美元。但是，在购买之前要先看产品标签。在某些品牌中，糖排在配料表的第一位。传统紫奇卡是不添加糖的。

从自然突变到用原子弹轰击

如果玉米没有经历一系列随机突变（自然创造新品种的方式），我们今天就不会吃到这种食物了。DNA研究专家告诉我们，墨西哥类蜀黍在数千年的时间里经历了四五次关键突变。每次突变只涉及一个基因。这些看上去十分微小的改变共同作用，带来了非凡的变化。这种植物原本呈矮小的灌丛状，有多枝茎秆，穗小，而且每个穗轴上只有十几颗谷粒；后来它变成了一种高大的植物，只有一或两枝茎秆，穗大得多，每个玉米棒上有一百颗或者更多谷粒——所有这些都没有人类的干预。

最早的农民很快就发现了这种自然发生的变化，他们开始大量种植这种玉米。在大约5000年前，墨西哥中南部的农民种植了大量的玉米，这种谷物成了他们的主食。它取代了许多坚果、根茎、绿叶菜甚至野味的位置，而这些食物都曾经是他们狩猎—采集食谱中必不可少的部分。

在长达数千年的时间里，玉米向墨西哥的北方和南方扩散，最终成了全美洲的主食作物。克里斯托弗·哥伦布（Christopher Columbus）是遇到这种新世界谷物的第一批欧洲人之一。当他抵达古巴时，当地人给了他一块用玉米面做的饼。哥伦布在他1492年的日记中写道，这种谷物"烘焙干燥并制成面粉后的味道很不错"。

如今，每天都以玉米薄饼为食的数千万人一定会对此表示赞同。

当英国殖民者在 16 世纪末 17 世纪初抵达北美东海岸时，他们遇到的原住民族群种植了大量的玉米，这种他们不认识的谷物。马萨诸塞湾殖民地（Massachusetts Bay Colony）的第一任总督约翰·温思罗普（John Winthrop）在他的日记中写道，马萨诸塞（Massachusett）、瑙塞特（Nauset）、万帕诺亚格（Wampanoag）等部落种植的玉米色彩丰富："自然之手欣然为这些玉米增添了极为多样的色彩……他们种植着白色的玉米，黑色的玉米，樱桃红色的玉米，还有黄色的、蓝色的、秸秆色的、泛绿的和带斑点的玉米。"

玉米对于第一批殖民者的生存至关重要。在抵达新世界的头几年，所有的早期定居者都面临着极为艰难的处境。经常发生数百人死亡、整个殖民地消失的情况。定居在普利茅斯（Plymouth）的殖民者境遇较好，这在很大程度上归功于他们从当地部落那里获得的玉米。一部分玉米是当地部落送给他们的，一部分是他们以物易物换回来的，剩下的则是他们偷过来的。一个鲜为人知的事实是，如果不是一群正在挨饿的殖民者在万帕诺亚格人的一个定居点发现了后者储藏的一批玉米种子和豆类种子并将其运走的话，普利茅斯这个殖民地很可能不复存在了。普利茅斯殖民地的第一任总督威廉·布拉德福德（William Bradford）在他的书《记普利茅斯殖民地》（*Of Plymouth Plantation*）中讨论了这件事的重要性："在这里要提到上帝的一次特别恩赐，一次对这些悲惨之人的巨大怜悯，他让他们得到了在第二年种植玉米时所用的种子，否则他们就只能挨饿了，因为他们没有一粒种子，也不可能在今年结束之前得到任何种子。"没有这些偷来的种子，普利茅斯殖民地或许就会像其他几个早期殖民地一样，成为历史的注脚。

最终，普利茅斯的殖民者掌握了种植玉米的技术。这要归功于一位北美原住民的指导，他的名字叫提斯夸恩图姆（Tisquantum），但他的绰号斯夸恩托（Squanto）更有名。斯夸恩托告诉殖民者何时播种以及如何播种。他还告诉他们，应该在每一株玉米下面埋一条死鱼。他说，如果没有死鱼，玉米就"什么也结不出来"。试图不使用这种天然肥料种植玉米的殖民者发现，他说得对。当殖民者们开始大量种植他们自己的玉米时，他们就不再担心饥荒，可以减少对当地部落的依赖了。他们对自己的成功欣喜万分。玉米的亩产量可以达到他们在欧洲种植的任何一种谷物的两倍。玉米种植起来也比其他谷物容易，因为播种前不需要犁地。在他们眼中，乃至最后在全世界眼中，玉米是一种神奇的植物。

第一种甜玉米

在玉米进化过程中的某个节点（或许是在两千年前），又一个自发性突变的发生让玉米更加符合人类的口味。任性的自然改变了控制谷粒中糖和淀粉含量的基因。在正常的玉米穗中，一个名为糖胚乳基因（sugary gene）的基因会随着玉米穗的成熟将糖转化为淀粉。淀粉会为谷粒提供萌发并长出第一对叶片所需的能量。拥有突变糖胚乳基因的玉米拥有较少的淀粉和较多的糖，这让它味道变得更甜，但仍然含有植物生存所需的足够淀粉。早在殖民者抵达之前，易洛魁人的许多部落就在种植这种甜玉米。

易洛魁人的甜玉米和我们今天的甜玉米一点也不像。它的玉米穗只有 8 行谷粒 —— 不像我们的现代玉米那样有 14~16 行谷粒，而且玉米芯本身是鲜红色的。易洛魁人叫它"帕蓬"（papoon），意思是给宝宝吃的玉米，因为它非常甜、非常柔软，所以他们会用玉米粒做成粥给儿童吃。

直到美国独立战争之前，来自欧洲的定居者一直都没有发现这种新玉米品种。然后在 1779 年，乔治·华盛顿（George Washington）命令约翰·沙利文将军（General John Sullivan）对易洛魁人发起攻势，以惩罚他们站在英国人那边。士兵们摧毁了印第安人的定居点，烧掉了他们的玉米田和仓库。有一名士兵在那里偶然间尝到了帕蓬玉米的味道，难忘的甜味让他将一些种子带回了马萨诸塞州的普利茅斯。四十年后，帕蓬玉米出现在索伯恩公司（G. Thorburn & Sons）的种子目录上，向东海岸各地的种植者出售。甜玉米来了。

然而，美国人很快就不满足于帕蓬玉米了，他们想要经过改良的新品种。首次有记录的玉米育种计划是在 19 世纪 30 年代由诺伊斯·达林（Noyes Darling）开始的，他不但是康涅狄格州纽黑文市（New Haven）的市长，也是一位乡绅和农场主。他的育种目标简单扼要。他想要创造一种"新的白色甜玉米，而且在 7 月 18 日之前就适合下锅煮熟"。他不满足于 7 月 4 日才长到膝盖高的玉米，他想要一个仅仅两周后就能食用的品种。

在六年辛勤的杂交育种后，达林实现了自己的目标，培育出一种纯白色的超早熟玉米。尤其让他感到自豪的是，他消除了玉米的"黄色这一不利性状"。但是他不知道，当他通过育种消除黄色性状时，他还消除了 β - 胡萝卜素。直到一百年后，营养学家才发现"黄色这一不利性状"对人的身体健康相当有利。

到 19 世纪 80 年代末，美国种植的大部分玉米不是白色的就是黄色的，而达林培育的突变甜味品种成了全美最受欢迎的玉米。最初的低糖分玉米降级为所谓的"大田玉米"（field corn），并作为饲料喂给动物。根据一本写于 1915 年的关于玉米的书，"在为家庭果蔬园子做规划时，差不多每个美国家庭都想添加这种优质蔬菜的几个品种。实际上，除非园子里有甜玉米，否则他们就会认为园子是不完整的"。

基因改造

20 世纪 30 年代，科学家们开始在植物遗传学这一全新的领域通过操纵玉米的基因做实验。他们的目的是增加对基础遗传学的了解，而不是培育新的玉米品种。

在刚开始进行这些遗传实验的时候，研究者们搜集了数千棵野生玉米植株和驯化玉米植株，以研究它们的基因。他们对经历了一次自发突变的玉米植株尤其感兴趣，因为这些不同寻常的植株拥有其他植株所没有的一系列新颖的基因。对它们的研究或许能让他们更深入地了解关键基因的基本功能和正常序列。

随着时间的推移，这些遗传学家变得更有野心了。除了搜集自然母亲创造的突变之外，他们还开始自己创造突变。为了实现这一点，他们拿来正常的玉米种子，然后将它们暴露在 X 光、紫外线、有毒的化学物质和钴的辐射之下。然后，科学家们会播种发生突变的种子，看看自己创造出了什么东西。许多植株变得不再像玉米。一些植株变得矮小，细长纤弱，或者拥有分裂的叶片。有些植株的穗状雄花序像圣诞树一样四处分叉。还有几棵植株的玉米棒像香蕉一样悬挂着，簇生在一起。然而，无论这些玉米的外观如何，或者长得有多好，都是遗传学家感兴趣的。

然后，在 1946 年，遗传学家们决定利用一种更有把握的方式诱使玉米种子发生突变 —— 用原子弹轰击它们。这是"玉米之王"的传奇中的爆炸性篇章，直到现在才大白于天下。这一系列古怪的实验发生在马绍尔群岛的比基尼环礁（Bikini Atoll），它们是军事科研项目"十字路口行动"（Operation Crossroads）的一部分，该项目的首要目的是研究大型军事舰艇能否在核战争中幸存。第二个目的是研究强烈辐射对动植物的影响。这不只是一次学术活动。第二次世界大战接近尾声时，原子弹在广岛和长崎的爆炸开启了核战争时代，并带来了无法预知的后果。在第一次爆炸之前的一周，生物学家将山羊、猪和若干袋玉米种子运到几艘船上，它们的抛锚停泊处与爆炸点的距离恰到好处，既能让它们保持漂浮，又能让它们遭受到辐射。

实验结果收录在 AD473888 号政府档案中，标题是"原子弹爆炸对玉米种子的影响"。虽然这篇报告是 1951 年写的，但直到 1997 年才被解密。根据档案的记录，一旦能够安全登船，军方就立即取回被辐射过的种子，然后种植在华盛顿特区附近的一个安全的政府基地里。和更早的辐射实验一样，大多数玉米种子长成了怪异且短命的植株。不过，全部有活力的谷粒样本都被搜集起来，被送往一个名为"玉米遗传学合作种质资源中心"（Maize Genetics Cooperation Stock Center）的中央种子银行供未来研究之用。这个突变仓库的规模还在快速增长，遗传学家和植物育种学家都可以查看其中的样本，容易得就像在图书馆里查看一本书。那里的绝大多数种子都来自原子弹实验。

约翰·劳克南（John Laughnan）的皱缩玉米

我们的现代超甜玉米就来自这批以非常手段获得的种子。一位名叫约翰·劳克南的遗传学家从玉米遗传学合作种质资源中心订购并播种了一些种子。1959 年的一天，他正在给收获的一只玉米穗剥壳。这个品系长出的玉米有皱缩的玉米粒，代号为"皱缩 2 号"（shrunken-2，缩写为 sh2）。劳克南漫不经心地将几粒玉米丢进了自己口中，然后就被它们超甜的味道震惊了。sh2 的突变将一个普通玉米基因变成了制糖工厂！实验室测试表明，这些外表奇异的玉米粒比他那个时代所谓的甜玉米甜十倍。

劳克南是一位遗传学家，不是植物育种专家，但他一夜之间就变成了一位野心勃勃的创业者。他立即意识到，自己撞见了一座金山。他以尽可能快的速度种植 sh2，研究其生长规律和适口性。收获第一批玉米时，他的兴奋有增无减。这些玉米粒不但超甜，而且可以在相当长的一段时间里保持甜味。普通甜玉米中的糖会在采摘仅仅数小时后转化成淀粉，一半的糖分会在 8 小时内流失。为了保持甜味，人们会在收获数小时内将它们煮熟。有些"狂热分子"甚至会在采摘玉米之前先把水烧开。劳克南意识到自己的 sh2 玉米将摆脱所有这些麻烦和问题。采用适当的方法冷藏处理，这种玉米的甜度可以保持 10 天！sh2 将为玉米产业带来革命。这样一来，种植在中西部地区的玉米可以在抵达缅因州或洛杉矶的食品店时甜得令人垂涎欲滴，这是有史以来头一遭。在中部地区的超大农场种植玉米并将玉米运输到各地，这将会使玉米生产比以往任何时候都有利可图。

然而，在劳克南能够将 sh2 玉米推向市场之前，他必须先找到让这些种子更容易发芽的办法。它们的含糖量高得不自然，而且缺乏淀粉，所以很难萌发。它们在十分关键的前几周生长得也很差。如果没有更多的人为干预，他的突变玉米永远也不可能存活。劳克南花了几年时间纠正这个问题。通过将 sh2 与几个传统甜玉米品种杂交，他最终获得了成功。虽然这些新的杂种不如 sh2 甜，但它们仍然比市场上的任何玉米甜几倍。

1961 年，劳克南开始推销自己的首个超甜玉米品种——'伊利尼超甜'（Illini Xtra-Sweet），此外还推出了流行品种'金色杂交班塔姆'（Golden Cross Bantam）的一个超甜版本。消费者们都为之倾倒。1962 年，佛罗里达州园艺学会帮助劳克南对这种新玉米进行了推广，他们向佛罗里达州盖恩斯维尔市（Gainesville）的 2000 名消费者每人免费提供 3 个'伊利尼超甜'的玉米棒。虽然这些玉米是至少五天前采摘的，但人们都说这是他们吃过的最好吃的玉米，并且迫切地想知道在哪里能买到它们。我们的父辈和祖父辈挚爱的老式甜玉米即将从市场上消失。

我们的下一个"把戏"——双重和三重突变

劳克南不是碰见甜玉米品系的唯一一位遗传学家。20 世纪 60 年代末，伊利诺伊大学的教授阿什比·M. 罗兹（Ashby M. Rhodes）发现了另一个超甜突变。这种玉米的表现优于 sh2。它不但味道超甜，而且口感超柔嫩。这个新的突变品系被命名为"高糖强化"（sugar-enhanced，缩写为 se）玉米。20 世纪 80 年代末，首个 se 玉米品种开始出现在市场上。

　　最近，植物遗传学家一直在使用先进的遗传工程技术将多个突变"堆积"在单个玉米品种中，从而创造出一个新品种，这个品种被称为增强超甜玉米。增强超甜品种拥有全部的卖点：它们味道超甜，口感超嫩超柔滑，而且能在许多天之内保持甜味。对于大多数消费者而言，这就是终极玉米。

　　在仅仅 60 年的时间里，植物遗传学这门新颖的科学改造了整个玉米产业。在如今种植的甜玉米中，95% 都带有劳克南的 sh2 突变、阿什比的 se 突变，或者表现为更复杂的两种突变的结合。美国人非常热爱这些人造品种，如今，美国人的新鲜玉米消费量比几十年前高 30%。打造一种更甜的蔬菜 —— 无论是以何种方式，消费者都会趋之若鹜。

　　值得一提的是，在封存于玉米遗传学合作种质资源中心的数千粒突变玉米种子中，成功地登上我们餐桌的品种只是那些超甜和超柔软的玉米，而且颜色不是黄色就是白色。在这批种子里，有些玉米粒的蛋白质、花青素或 β - 胡萝卜素含量高得异乎寻常。而所有这些更有营养的品种都被忽略了，因为人们喜欢更甜、更柔嫩的玉米。

我们为什么喜爱甜食

　　我们热爱糖不是因为嗜甜的口味，而是因为深埋于我们大脑之中的奖赏中枢。当我们尝到某种甜味的东西，舌头和口腔内壁的感受器会立刻向这些中枢发送信号，触发释放让人感觉良好的化学物质，包括多巴胺和内啡肽等。当人们在竞争和赌博中获胜，进行购物狂欢或者性活动的时候，人体也会释放同样的化学物质。只要大脑的这部分被激活，人们就会对自己正在做的事情有很棒的感觉，非常有动力重复这件事。

使用名为功能性磁共振成像（functional magnetic resonance imaging，简称 fMRI）的先进技术，神经系统科学家们如今可以在不使用侵入性操作的情况下监控大脑活动。志愿者在吃甜食的同时接受扫描，结果发现，他们大脑的快乐中枢变得更加活跃了。在成像屏幕上，这些区域会呈现出更明亮的颜色。在至今接受过测试的所有食物类型中，糖导致的明亮区域最大。甚至光是想到自己最喜欢的甜点就能点亮屏幕。

有趣的是，另外一些扫描结果显示，就算我们的味蕾会被蒙骗，我们的大脑仍然能分辨出糖和人工甜味剂的区别。在一项研究中，品尝糖或不含卡路里的甜味剂三氯蔗糖的健康志愿者接受了 fMRI 扫描。尽管志愿者很难分辨出这两种化合物的味道，但他们的大脑很清楚其中的区别。当他们品尝糖的时候，他们的大脑有 10 个区域变成了明亮的颜色。当他们品尝三氯蔗糖的时候，只有 3 个区域被激活，剩下 7 个区域还是黑暗的。

为什么我们天生喜欢甜味呢？作为狩猎—采集者，我们的祖先活动量非常大，因此需要吃含有大量脂肪、淀粉和糖的食物才能生存。这种类型的食物在荒野中极为稀少，必须四处搜寻才能找到。自然为我们提供了坚持这项任务所需的化学奖励。尽管现在高能量食品泛滥成灾，但我们进化过缓的大脑仍然会在我们放纵时奖励多巴胺。虽然我们彻底改变了自己的食物供应，但我们还没有重新设置渴望食糖的大脑。

在超市选择最有营养的玉米

在对低营养的超甜玉米进行了几十年选育之后，现在我们必须远离糖，选择更健康的方向。第一步是选择购买彩色玉米。然而，你不会在传统超市见到红色、蓝色或紫色玉米，但是你可以选择谷粒黄色最深的玉米穗。深黄色品种含有的总类胡萝卜素（β-胡萝卜素和相关化合物叶黄素及玉米黄质 [zeaxanthin]）高达白色玉米的 58 倍（参见图 3-1）。叶黄素和玉米黄质可以降低罹患两种眼病的风险。如果与黄色玉米相比，你更喜欢白色玉米的味道，可以多品尝一些黄色玉米品种。黄色品种有好几十个，每个品种都有自己的风味和口感。你应该能找到不止一个符合你口味的品种。

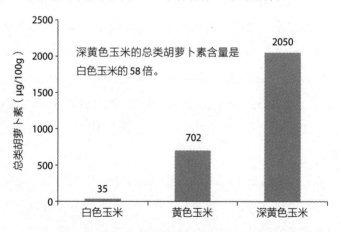

图 3-1　白色 / 黄色 / 深黄色玉米总类胡萝卜素含量对比图

有机玉米

常规甜玉米的杀虫剂残留相对较少。事实上，在 2012 年，甜玉米在环境工作组（Environmental Working Group）的 "15 种无公害果蔬"名单中名列第二。超甜玉米就是另一回事了。消费者不但想要味道甜美、软嫩柔滑的超甜品种，而且还希望它们是毫无瑕疵的。根据美国农业部农业研究服务局（USDA Agricultural Research Service）的调查结果，这种对完美的追求正在导致种植商更频繁地使用更多化学药剂。"由于美国市场的消费者对甜玉米果穗受损的零容忍，"美国农业部在最近的一篇公告中宣称，"美国南方的种植者们每个生长季喷洒杀虫剂的次数达到了 25~40 次之多。合成杀虫剂在农业中的这种大规模应用令人担忧，因为这会影响劳动力和消费者的安全，还会造成环境污染。"购买有机种植的超甜玉米可以消除所有这些问题。有机玉米比传统玉米含有更多营养吗？若干研究（但并非所有研究）表明的确如此。在 2003 年的一项调查中，有机玉米的植物营养素含量比常规种植玉米高 50%。更多测试正在开展中。

超市之外

　　蓝色、紫色、橙色、黑色和红色玉米品种都含有丰富的营养，但它们很难找到，即使是在农夫市场也不例外。不过，在农夫市场购买玉米的一个优势是，你能够买到传统品种。这些品种都是在 20 世纪 60 年代之前创造的，没有经过基因改造。有些传统品种拥有深黄色的玉米粒，而且味道甜，足以称得上美味，但又不会过甜，导致你的血糖飙升。与超甜品种相比，它们的"玉米味儿"更足，而且玉米粒的口感更柔滑。（常规甜玉米富含一种名为"植物糖原"的淀粉，这种淀粉质地柔滑。在大多数超甜品种中，植物糖原被转化成了糖，失去了玉米的柔滑口感。）实际上，传统品种的一些拥趸将超甜玉米称为"棒子上的甜糊糊"。当你在农夫市场买玉米时，摊贩可以告诉你他们的玉米的品种名，以及这些玉米是属于常规甜玉米，还是超甜玉米。

种植玉米

如果自己种植玉米，你的选择空间最大。然而，一般的种子目录中绝大多数品种是超甜玉米。它们的名字说明了一切：'糖小面包'（Sugar Buns）、'蜜糖'（Honey）、'甜蜜三重奏'（Triple Sweet）、'糖玉米'（Kandy Korn）和'多甜蜜'（How Sweet It Is）。如果想购买非超甜玉米的品种，那就去寻找标签上写着"老式"或"传统"（old-fashioned，heritage 或 heirloom）等字样的品种，或者查看专门收录传统植物品种的特别种子目录，例如存种交易所（Seed Savers Exchange）或南方种子交易所（Southern Exposure Seed Exchange）发布的种子目录。

在一些种子目录中，你还可以根据基因突变的具体性质选择玉米品种，这种性质会以代码的形式在每个品种旁边列出来。如果你理解这种代码，就能从中得到大量信息。在所有被称为超甜玉米的品种中，最甜的那些品种被标记为"sh2"。（这是劳克南发现的品种。）sh2 系列比老式甜玉米甜 4~10 倍。高糖强化玉米（代码为"se"）非常甜，但没有 sh2 甜。老式甜玉米的代码是"su"或"sugary"。83 页的表格（标题为"解码玉米代码"）提供了更详细的信息。

无论你收获的玉米来自自采摘农场还是你自己的园子，都要尽快将你采摘下来的玉米穗冷藏起来，然后在当天吃掉。（当你在农场收获玉米时，记得带上一个里面有冰的冷藏箱。）如果你等到第二天再吃玉米，就会有大量糖分转化成淀粉。

如何烹饪玉米棒

烹饪玉米棒最常见的方式是剥去玉米穗的外壳，拔掉玉米须，然后将整根裸露的玉米棒投进一锅沸水中煮熟。这种残忍的做法必须停止。水煮玉米和其他蔬菜会将它们的大部分水溶性营养溶解在烹煮用的水里。玉米和水的接触越少，玉米粒内保留的营养就越多。

你可以用炉子或者用微波炉将玉米蒸熟。如果你留着玉米穗的壳微波烹饪玉米，就不会有水接触玉米，于是它的全部营养就会保留下来。使用这种烹饪方式之前，需要先将伸到外面的玉米须切除，因为它们很容易烧起来。不要切割或者打开玉米穗的外壳。将玉米均匀摆放在微波炉里，开高火烹饪。微波炉的功率不一，所以烹饪时间会有所差异。大致而言，烹饪一只玉米穗需要 3~4 分钟，两只玉米穗需要 5~6 分钟，如果多于两只玉米穗，每只再加 1~2 分钟。若要检查熟了没有，应该小心地揭开玉米穗外壳的顶端部分查看。如果玉米没有熟，就合上外壳，再加热一两分钟。如果熟了，让玉米穗冷却 5 分钟，然后剥去外壳和玉米须。浓郁的玉米香味会让你食欲大增。你还可以带壳烧烤玉米穗。将从外壳里伸出的玉米须切除，将玉米带壳烤 5 分钟，记得在烧烤的过程中翻转几次。去除外壳和玉米须，然后将玉米穗重新放回烤架。翻转玉米，直到所有方向都略微烤焦。（烧烤时间取决于你的烤炉的火力大小。）烤熟的玉米可以直接吃，也可以加黄油和盐。如果想更加精致，可以淋一些柠檬汁，并用辣椒粉或胡椒酱调味。

彩色玉米面

与新鲜玉米相比，美国人食用的玉米面、玉米糁、玉米粥、玉米薄饼和炸玉米片更多。所有这些产品都是用黄色或白色大田玉米制作的，而不是使用甜玉米制作的。玉米被晒干、碾碎，然后精加工，或者如一种标签上写的那样："去皮、去胚芽以降低变质的概率。"更"真实"的标签应该这样写："为了延长玉米面的保质期，我们去除了玉米粒（富含维生素 E 的）胚芽和（富含纤维素和抗氧化剂的）表皮。在这个过程中，味道和营养产生了重大损失。"

幸运的是，虽然彩色玉米棒非常稀少，但是找到彩色玉米面却容易得多；我们可以从它们身上找回在过去的数百年里丢失的部分植物营养素。尽可能选择全谷粒的黄色玉米面，某些大型超市和大多数天然食品商店有售。食用全谷粒的黄色玉米面，你会得到更多纤维素、抗氧化剂、镁、磷、钾、胆碱，以及一种名为甜菜碱的植物营养素。因为全谷粒玉米面使用了含油的胚芽，所以它的变质速度比精制玉米面快。一次只购买你在一个月左右使用的量，密封在容器或塑料袋中，然后储存在冷藏箱或冰箱里。这样既能保存营养，也能阻挡虫子进入。

与黄色或白色玉米面相比，使用蓝色、红色和紫色玉米制作的玉米面含有多得多的植物营养素。你可以在大型超市、民族特色市场、天然食品商店买到这些产品，也可以在线订购。多找几家店，你还能找到用来制作蓝色玉米面煎饼和松饼的预混玉米粉。

外出吃饭时，可以选择使用彩色玉米面制作的菜肴。使用蓝色玉米面的菜肴如今出现于全美各地的餐厅，而不局限于新墨西哥州、得克萨斯州和亚利桑那州。你可以在芝加哥买到蓝玉米薄饼鸡肉卷，在曼哈顿买到蓝玉米脱脂牛奶华夫饼，在俄勒冈州的波特兰买到蓝玉米辣椒奶酪肉馅卷饼，在阿拉斯加买到蓝玉米屑包裹的鳕鱼。

下面的彩色玉米面包食谱对传统玉米面包做了颇受欢迎的改动。蜂蜜是唯一的甜味剂，而且玉米面包色泽鲜艳，口感湿润。做的量可以加倍，将部分面包冷藏起来留着以后吃。你可以在网上订购蓝色、红色或紫色玉米面，或者在比较大的超市购买。

彩色玉米面包

准备时间：10~15分钟

烹饪时间：20~25分钟

总时间：30~40分钟

分量：6人份

1杯紫色、红色或蓝色全谷粒玉米面

1杯通用面粉

2茶匙发酵粉

½茶匙小苏打

½茶匙盐

2只大鸡蛋

⅓杯蜂蜜

3茶匙融化的无盐黄油

⅔杯原味零脂、低脂或全脂酸奶

⅔杯脱脂、低脂或全脂牛奶

> 将烤箱预热到220℃。在8英寸或9英寸的方形烤盘中涂抹油脂。
>
> 将干配料放入中等大小的搅拌钵中。用勺子在配料中间挖一个坑。
>
> 将其他配料放入小碗搅拌均匀。将混合均匀的液体配料倒进干配料中央的坑里，搅拌均匀。将面糊倒进准备好的烤盘，然后将烤盘放在烤箱中央的架子上。
>
> 烘烤20~25分钟，或者烤到玉米面包的顶部呈金棕色，触摸中央时可以弹回为止。略微晾凉，切成6~8块。趁温热或凉至室温食用。

罐装玉米和冷冻玉米

大多数人认为，与新鲜水果和蔬菜相比，罐装产品的营养价值较低。这种看法不无道理，因为罐装过程中的高温会破坏维生素C和其他对高温敏感的维生素。然而，来自食品实验室的新发现正在修正这种观念。如今我们已经很清楚地认识到，对于大多数水果和蔬菜而言，维生素C只能提供很小一部分抗氧化活性。大部分抗氧化活性来自植物营养素。和维生素C不同，许多植物营养素在加热后仍然能保持抗氧化活性。有些植物营养素的效力甚至会在加热后提高，因为高温将它们转变成了更具活性的形式，或者让它们变得更容易被吸收。正因为这一点，罐装玉米的类胡萝卜素含量比新鲜玉米的还**高**。当然，罐装玉米的味道不同于新鲜玉米，但营养价值是一样的，甚至更高一些。如果你赶时间，就选择罐装玉米吧。杂货店的货架上有罐装的白色和黄色玉米。罐装黄色玉米的营养丰富得多。

在过去，大多数生产商会在罐装玉米中加糖以吸引消费者。超甜玉米的出现让这种做法不再有必要，因为超甜玉米本身就够甜了。食品公司很快就为它们的罐装超甜玉米打上了"不添加糖"的标签，用以吸引那些试图降低糖摄入量的人。消费者看到这些字眼，还以为这种玉米是更健康的产品，但其实其中含有的糖和从前的加糖罐装玉米一样多。唯一的区别是，糖存在于玉米本身而不是罐头液体中。

冷冻黄色玉米拥有和新鲜玉米同样多的营养。然而，市面上的大多数冷冻玉米是用超甜品种制作的，所以其升糖指数相对较高。为了保留最多的营养，冷冻玉米应该不解冻而直接蒸熟。水煮会将它们的可溶性营养物质析出。

表 3-1　解码玉米代码

类型和代码	描述	园丁注意事项
老式甜玉米 代码：su	比大田玉米甜，但不如大多数现代品种甜，后者的含糖量可高达44%。口感非常柔滑，有传统的"玉米味"。玉米粒中的糖在采摘后1~2天内转化为淀粉。需在收获数小时内烹饪。	种植地点应当距离sh2品种至少250英尺[①]。su玉米可以留种，因为与杂交玉米不同，它们结出的玉米几乎与亲本植株完全相同。与超甜玉米相比，老式甜玉米更适合种植在冷凉气候区。
高糖强化玉米 代码：se	比老式甜玉米更甜更嫩，含糖量为14%~25%。收获后立刻冷藏，甜味可保持2~3天。	种植地点应当距离sh2品种至少250英尺。不如su玉米耐寒。需要更多水分才能发芽。

① 英尺，长度单位，1英尺约为0.31米。——译者注

续表

类型和代码	描述	园丁注意事项
超甜玉米 代码：sh2	遗传学家约翰·劳克南发现的突变种。某些品种比 su 玉米甜 10 倍，含糖量高达 28%~44%。若处理得当，可以储存长达 10 天而不损失糖分。	种植地点应该距离所有其他品种至少 250 英尺，防止杂交授粉，否则玉米会积累大量淀粉。在土壤温度至少为 16~18℃ 而且土壤湿润但不饱和时播种。种植深度应小于其他品种。产量相对较低。
增强甜玉米 代码：au	带有额外突变，令玉米粒格外柔嫩的 sh2 类型。含糖量差异极大。	在土壤温度至少为 16~18℃ 而且土壤湿润但不饱和时播种。种植深度应小于其他品种。
协同玉米 代码：se/sh2 或 sy	协同玉米是 se 和 sh2 玉米的杂交种类。（含糖量高达 40%。）在同一个玉米穗中，一些玉米粒是 se 类型，而另一些玉米粒是 sh2 类型。当你吃这种玉米的时候，它们的味道和口感会混合在一起。大部分双色玉米是协同玉米。	种植时要与 sh2 和 au 玉米隔离。不需要与 se 或 su 玉米隔离。耐寒性好于其他含糖量高的玉米。播种时间比其他早熟品种晚 7~10 天。

表 3–2　玉米推荐类型和品种

在超市	
类型	描述
黄色玉米	与玉米粒呈白色或淡黄色的品种相比，所有玉米粒呈深黄色的品种都含有更多的 β–胡萝卜素。然而，超市里的大多数黄色玉米品种都是超甜玉米，含糖量很高。

农夫市场、特产商店、自采摘农场，以及种子目录			
品种	类型	描述	园丁注意事项
'蓝玉' (Blue Jade)	老式甜玉米（su）	穗小，玉米粒为银蓝色。种子很难找到。	70~80 天内成熟（超早熟）。植株低矮，3~4 英尺高。适合种植在冷凉气候区。
'重红甜' (Double Red Sweet)	老式甜玉米（su）	玉米粒呈深红色或紫色。若在完全成熟之前采摘并在采摘数小时内烹熟，味道是甜的。成熟后收获，可以制成质量很好的玉米面。富含花青素。稀有。	85~100 天内成熟。植株高 6~7 英尺。
'弗洛里安尼红'（Floriani Red）	硬粒玉米（不含糖）	玉米粒表面深红色，内部黄色。可以做出风味十足的玉米面包、玉米粥和玉米糁。稀有。（硬粒玉米又称印第安玉米。）	100 天内成熟。植株高 7~10 英尺。
'金色班塔姆'（Golden Bantam）	老式甜玉米（su）	玉米粒为深黄色。传统玉米风味。可以整个玉米棒一起冷冻，适合烧烤。	85 天内成熟。
'霍皮蓝'（Hopi Blue）	大田玉米（不含糖）	古老品种。玉米穗呈银蓝色，硕大（8~10 英寸），如果趁幼嫩采摘并烧烤，味道有些甜，但最有名的是能制造高蛋白玉米面和玉米粉。	75~110 天内成熟。植株高 5 英尺，结两只玉米穗。
'印第安之夏'（Indian Summer）	超甜玉米（sh2）	玉米穗大，玉米粒为黄色、白色、红色和紫色。烹饪后颜色会加深。生吃味道很好。蒸熟或微波烹熟（红色玉米粒会在水煮后变成棕色）。拥有彩色玉米粒的少数超甜品种之一。	79 天内成熟。为了防止杂交授粉，种植时应与其他品种保持 500 英尺的距离，或者调整种植时间，使它的成熟时间比其他品种提前或推迟 2 周。

续表

农夫市场、特产商店、自采摘农场，以及种子目录			
品种	类型	描述	园丁注意事项
'红皇后'（Ruby Queen）	高糖强化玉米（se）	玉米粒呈红色，传统风味。有漂亮的红色穗状雄花序和茎秆。蒸或微波烹饪后颜色会加深。幼嫩时采摘最甜。稀有。	75天内成熟。想要生长得最好，应与其他se品种种在一起杂交授粉。
'塞内卡红秆'（Seneca Red Stalker）	大田玉米（不含糖）	玉米穗大（8~9英寸），玉米粒为白色、黄色、红色、蓝色和黑色。紫红色茎秆很美观。最初由塞内卡民族种植。稀有。	100天内成熟。古老品种。
'白鹰'（White Eagle），又称'切诺基白鹰'（Cherokee White Eagle）	大田玉米（不含糖）	玉米穗大，红色玉米芯上长着白色和蓝色（有时全部是蓝色）的玉米粒。适合制成玉米面，或者在幼嫩时摘下烧烤。切诺基民族种植的古老品种。	110天内成熟。

玉米：要点总结

1.选择彩色玉米。

与浅黄色或白色玉米相比，深黄色、红色、蓝色、黑色或紫色的——或者它们的任意组合——品种会为你提供更多植物营养素。

2. 选择老式甜玉米或者甜度适中的玉米。

选择老式甜玉米或者甜度适中的玉米品种，可以帮助你维持最佳血糖水平。若想吃到最新鲜的玉米，应当在农夫市场或自采摘农场购买玉米。

3.蒸、烤或者微波玉米。不要用水煮。

当你用水煮玉米时，珍贵的营养会流失到煮玉米的水里。蒸、烤或者微波烹饪可以将这些营养保留下来。

4. 罐装玉米和冷冻玉米可以和新鲜玉米一样有营养。

玉米罐装后维生素 C 含量减少，但植物营养素不会被破坏。冷冻对玉米的营养价值影响极小。然而，冷冻和罐装超甜玉米的升糖指数相对较高。

5. 使用全谷粒玉米面烹饪。

购买全谷粒黄色玉米面，因为麸皮和胚芽也含有营养，有益于健康。将玉米面冷藏保存。如果想要更多的营养和花样，可以使用红色、蓝色或紫色全谷粒玉米面烹饪。

6. 购买有机玉米以减少与杀虫剂的接触。

种植在美国部分地区的超甜玉米品种使用了大量杀虫剂。你可以在天然食品商店和农夫市场找到有机甜玉米和有机超甜玉米。

7. 自己种植玉米。

选择彩色的超甜玉米品种，或者种植老式甜玉米。如果你选择后者，应在收获后数小时内烹饪，防止糖转化成淀粉。

第 4 章

马铃薯
从野生到炸薯条

▦ 野生马铃薯和现代薯条

美国购物中心（Mall of America）—— 拥趸简称其为MOA——
是一座位于明尼苏达州布卢明顿（Bloomington）的超大型购物中
心，占地面积420万平方英尺[①]。每年有4000万人在这里购物。正
如你所料，购物者在美国购物中心是不会挨饿的。MOA拥有超过
25家快餐连锁店和几十家独立餐馆。马铃薯是这里最受欢迎的食
物之一。购物者可以吃到法式薯条、芝士薯条、薯片、炸薯角（jo-
jos）、炸鱼薯条、炸薯饼、蒜香土豆泥、土豆色拉、炸土豆皮和烤土
豆，并搭配十几种不同的调味料食用。

　　在这座购物中心以外的地方，马铃薯也同样受欢迎。平均而
言，一个美国人每年吃掉130磅马铃薯 —— 这个数字是20世纪60
年代的两倍。消费量的迅猛增长归功于20世纪70年代快餐连锁店
的兴起，它们让美国人对薯条着了迷。美国人每年吃掉75亿磅法

---

① 平方英尺，面积单位，1平方英尺约为929.03平方厘米。——译者注

式薯条 —— 也就是说每个美国人每年吃掉 30 磅这种油炸小吃。美国人在超级碗^①决赛日当天就要吃掉 1800 万磅薯片。青少年摄入的蔬菜里，有三分之一来自薯条。加工成多种形式的白马铃薯在美国人食用的所有蔬菜中占 32%。相比之下，美国人对深绿色和十字花科蔬菜的摄入量不到 1%。淀粉为王。

在美国购物中心开业的四百年前，它占据的土地属于苏族（Sioux Nation）。苏族人在周边地区搜寻并捕猎鹿、马鹿和北美驯鹿，还采集野生水果和蔬菜。他们最喜欢的根茎类蔬菜是美洲土圞儿（*Apios americana*），这种野生蔬菜有许多俗名，包括"印第安土豆"（Indian potato）和"马铃薯豌豆"（potato pea）。块茎大小不一，小的只有豌豆大，大的像一颗葡萄柚，而且它们沿着细细的根生长，就像串在项链上的大珠子。聪明的苏族人发现了采集它们的便利方法：他们搜索田鼠挖掘的洞，这种动物会将美洲土圞儿的块茎藏在洞里，储量高达十七八公升。

在美洲土圞儿已经从菜单上消失了几百年之后，科学家们开始好奇它们能为我们提供些什么。他们发现美洲土圞儿的蛋白质含量是我们的现代马铃薯的 3 倍，和同属豆科的大豆一样，它们也是植物营养素木黄酮（genistein）的丰富来源。木黄酮被认为能够降低乳腺癌和前列腺癌的发病率。（有趣的是，苏族人会将用美洲土圞儿制成的药膏直接涂抹在皮肤肿瘤上。）美洲土圞儿对心血管系统可能也有益处。在一项动物研究中，这种被遗忘的根茎将患有高血压的老鼠的血压降低了 10%。然而，尽管有这么多好处，美洲土圞儿却绝不会出现在美国购物中心。首先，它们生长得太慢了：它们

---

① 超级碗（Super Bowl）是美国职业橄榄球大联盟的年度冠军赛。——译者注

需要三年才能长出大得足以吸引当代消费者的块茎。更重要的是，美洲土圞儿不适合做法式薯条和薯片。没有任何切片机能应付它们不规则的大小和形状。由于缺乏商业价值，美洲土圞儿如今被归类为入侵性的有害杂草。

我们今天吃的个头硕大、方便切片、生长快速的块茎是马铃薯（*Solanum tuberosum*），在美国俗称"爱尔兰马铃薯"（Irish potato）。然而，它们原产于智利和秘鲁，而不是爱尔兰或美国。它们的原产地是安第斯山脉上海拔12000英尺的山区高原。数万年来，这些野生块茎顽强地生存下来了，尽管那里土壤贫瘠，风力强劲，温度有时会降至 -20℃。

野生马铃薯多达5000种，有的只有卵石大小，有的像足球一样大。除了白马铃薯之外，还有黑色、黄褐色、红色、紫色、蓝色、棕色、黄色、橙色和绿色品种。将这些充满异域风情的块茎和我们整齐划一的浅棕色'赤褐'马铃薯放在一起，它们会显得既多瘤粗糙，又鲜艳多彩。

大约8000年前，秘鲁的第一批农民开始在安第斯山脉两翼的灌溉梯田上种植野生马铃薯。秘鲁人选择最甜、最大、苦味和纤维含量最低的马铃薯栽培。然而，选择味道温和的马铃薯不只是为了迎合自己的味蕾，还事关生存。马铃薯和其他茄科植物含有名为糖苷生物碱（glycoalkaloids）的有毒化合物，其致命程度可以和马钱子碱相当。

和如今的大多数农民不同，秘鲁人不会只种一两个品种——他们种几十个品种。即使在今天，某些生活在高海拔地区的农民也会在一年之内种植多达45个不同品种。一种常见做法是将5个不同品种栽在同一个洞里。数千年的经验让他们知道，种植多个品种可以保证，即使在最恶劣的条件下，也会有一部分马铃薯存活下来。遗传变异就是他们的收成保险。

在漫长的岁月中，安第斯山脉的农民发明了许多种准备和储存马铃薯块茎的方法。时至今日，住在偏僻村庄里的人仍然在使用这些传统方法。例如，为了将马铃薯储存很长一段时间，他们会将成熟的马铃薯挖出来，铺在地面上。这些马铃薯会在寒冷的夜晚被冰冻，又在白天的日晒下变干。这种冷冻和干燥过程持续数周。最终，这些马铃薯会干得像粉笔一样脆。这些"冻干"马铃薯一部分整个储存起来，另一部分则制成名为"巧纽马铃薯"（chuñu）的薄片。为了做巧纽马铃薯，他们将干燥后的马铃薯堆放起来，然后在上面重重地踩。如果将巧纽马铃薯储存在冷凉、干燥的地方，它可以完好地保存十年之久。食用时加水即可，就像我们在干制土豆中加水制作即食土豆泥一样。

朝鲜战争期间，美国军方的食品专家拜访了这些农民，观察这种简单而机智的储藏方法。这种方法给科学家们留下了深刻的印象，他们回国后利用这种古老的方法制造出了一种即食马铃薯制品，添加到战斗部队的口粮里。

改良马铃薯

经过改良的马铃薯新品种如今种植在全世界的一百多个国家。它们的野生祖先的所有"缺陷"都得到了修正。如今，大多数马铃薯的尺寸都是中型到大型，而且整齐划一得像是机器生产出来的。它们含有的糖苷生物碱已经通过育种消除了很大一部分，所以你不再需要担心死于吃了有毒的马铃薯。然而，最大的成功是令人瞠目的产量增长。亩产量在过去的80年里增长了6倍。如果你将一块足球场大小的地犁好，用硫酸铵施肥，在土里埋进一些马铃薯种苗，按照需要浇水，然后等待4个月，你就能收获多达45000磅马铃薯。马铃薯已经成为全世界最高产的作物之一。

然而在营养价值方面，马铃薯数百年来一直在走下坡路。在从安第斯山脉的高原走向爱达荷州和华盛顿州的过程中，许多营养都消失了。彩色马铃薯的减少是马铃薯营养价值下降的主要原因。'紫秘鲁'马铃薯（Purple Peruvian potato，学名 *Solanum tuberosum* subsp. *andigena*）是一种栽培历史长达数千年的小而多瘤的马铃薯。将它称作传统品种实在是太轻描淡写了，就像将玛士撒拉（Methuselah）[①] 称为老年人。丰富的花青素含量让它成为所有品种中最有营养的品种之一。按照同等重量计算，它的植物营养素含量是我们最流行的马铃薯品种'赤褐伯班克'（Russet Burbank）的28倍，是'肯纳贝克'（Kennebec）白马铃薯的166倍（参见图4-1）。

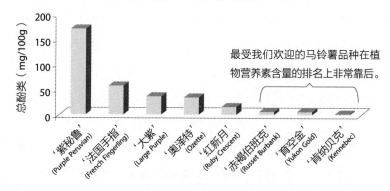

图4-1　不同马铃薯品种总酚类含量对比图

———————————
[①] 一位据说活了969岁的族长。——译者注

和我们今天食用的品种相比，野生马铃薯还含有较少的糖和较少的迅速消化的淀粉。我们大多数现代马铃薯品种都是高升糖指数食物，这意味着我们消化其中糖类的速度非常快，会导致我们的血糖迅速升高。我们的身体不能很好地应对这种快速的血糖输入。长期摄入高升糖指数食物的人——许多美国人就是这样的——更容易罹患前驱糖尿病。前驱糖尿病又称代谢综合征，它会引起二型糖尿病。（见下面阴影部分的文字。）二型糖尿病是美国人致盲，截肢，患上神经系统疾病和心血管疾病的主要原因。患有糖尿病或者有糖尿病早期迹象的人应当限制自己对马铃薯的摄入。

淀粉和糖如何破坏你的新陈代谢

当你吃精制糖和碳水化合物时，你的消化系统会将它们分解成一种名为葡萄糖的单糖并释放到你的血液中。葡萄糖对你的生存至关重要。它是身体所有细胞的主要能量来源，也是大脑的唯一能量来源。

要想保持最好的身体状态，你应该摄入低升糖指数食物，它们会在数个小时之内慢慢向你的血液释放糖，而不是瞬间大量释放。随着葡萄糖慢慢进入你的血液，你的胰腺会释放相应分量的胰岛素。这种激素会连接在你的脂肪和肌肉细胞的受体上，促使它们接纳葡萄糖，要么将它作为燃料用掉，要么储存起来供以后使用。如果没有足够分量的胰岛素，就不能从你的血液中清除葡萄糖。这就像一场精心编排的舞蹈。

高升糖指数食物含有大量消化迅速的碳水化合物和糖。

如果你吃了具有高升糖指数的一餐，你的血糖会剧烈升高，这就要求你的胰腺释放大量的胰岛素。如果一切正常，额外释放出来的胰岛素会将额外的葡萄糖从你的血液中清除出去，重新恢复正常的血糖水平。

如果你习惯吃高升糖指数食物——就像大多数美国人一样，你的脂肪和肌肉细胞可能不再会对胰岛素做出反应。用医学术语说，它们有了胰岛素抗性。由于这种不正常的反应，高水平的葡萄糖滞留在你的血液中，导致长期高血糖。

在某个时刻，你的胰腺可能无法再应付对胰岛素的持续不停的需求。于是就会有更多葡萄糖积聚在你的血液中。如果你的空腹血糖在两次连续的血液检测中都高于 126 mg/dL，你就达到了二型糖尿病的诊断标准。我们富含淀粉和糖的高度精制的西方饮食正在将数千万成人和青少年推向这一"致命地带"。

我们的天然饮食升糖指数较低。当我们选择食用更多低升糖指数食物时，我们是在为身体提供它们天然就能应对的食物类型。因此，我们就不容易肥胖或者得糖尿病，也不必承受它们造成的许多不利结果。

隐藏的杀虫剂

一年又一年，马铃薯总是会入围美国环境工作组每年列出的美国食品供应中的"12种最脏水果和蔬菜"。马铃薯在田野里生长时人们会喷洒杀真菌剂和杀虫剂，在储藏时还会使用发芽抑制剂处理。

这些化学制品中有一部分可溶性极强，会渗透到马铃薯的表皮之下。擦洗马铃薯只能去除这些隐藏的化合物的25%。削皮可以去除70%，但其余的部分会留在马铃薯内部，成为你的烤土豆和土豆色拉中不受欢迎的成分。

虽然给马铃薯削皮能够去除许多污染物，但是削下来的皮是这种蔬菜中最有营养的部位。把皮去掉，你就会损失马铃薯中全部抗氧化剂的50%。你还会损失膳食纤维，这种膳食成分可以降低葡萄糖进入血液的速度。摆脱这种两难困境的方法是购买有机马铃薯并且带皮吃。只要四处找找，你就能找到只比传统方式栽培出来的马铃薯贵20%~30%的有机马铃薯。

正如你将在下面几页看到的那样，还有其他方式可以让马铃薯成为你的饮食中更健康的一部分。选择富含营养的品种是最有效的方式之一。你可以在当地超市中找到至少一个推荐品种，在农夫市场上能找到更多。如果你自己种植，就可以选择健康益处和野生马铃薯几乎一样多的品种。选好马铃薯品种之后，你可以用特定方式处理和烹饪它们，以保存它们的营养并进一步减少它们对你血糖的影响。即使你超重、有糖尿病或者前驱糖尿病，马铃薯也可以在你的饮食中成为有营养的一部分。

在超市购买马铃薯

典型的超市都会供应多个马铃薯品种。最常见的是浅棕色的'赤褐伯班克'马铃薯、红色和白色新马铃薯（new potatoes）、白色烘烤马铃薯和'育空金'马铃薯。令人惊讶的是，最受我们欢迎的

'赤褐伯班克'含有的植物营养素最多。它还是钾和维生素C的良好来源，而且维生素B2、维生素B3和叶酸的含量高得异乎寻常。它的主要缺点是升糖指数也非常高。

新马铃薯指的是还处在生长季就提前收获并且很快卖掉的马铃薯。它们的块茎口感柔滑，因此很适合用来做土豆色拉和砂锅炖菜。新马铃薯的常见品种包括小小的红色或白色马铃薯，还有煮马铃薯。老马铃薯（old potatoes）指的是完全成熟后收获并且至少储存几周才上市出售的马铃薯。（它们从前被称为"储藏马铃薯"。）老马铃薯——如'赤褐'——的皮比新马铃薯厚，而且质感更疏松，更干。大多数人将老马铃薯用于烘烤、煎炸，做成土豆泥和法式薯条。

与老马铃薯相比，新马铃薯使血糖升高的幅度较小——有时只有老马铃薯的一半。它们的皮也比较薄，让人更有可能带皮一起吃。欧洲人吃掉的新马铃薯比老马铃薯多，和我们美国人的习惯正好相反。效仿他们会给我们带来好处。

一些大型超市已经开始出售彩色马铃薯了，这样做主要是为了增添新颖的种类。此类马铃薯的营养远远超出了人们的认识。拥有红色、蓝色或黑色表皮且果肉颜色深的马铃薯，其植物营养素的含量接近它们的野生祖先。如果你不知道果肉的颜色，可以让超市农产品部的经理为你切开一个。一只马铃薯可能同时拥有蓝色的外皮和白森森的果肉。一些商店出售袋装混合品种，你可以通过购买这种产品来确认自己喜欢的是哪些品种。

超市之外

当你在农夫市场购买马铃薯，或者购买自己种植的马铃薯种苗时，你的选择是最多的。本章最后的推荐品种列表将有助于你做出选择。农夫市场上的大多数摊贩都会展示出售品种的名字，或者能够告诉你它们是什么品种。推荐品种列表上的三个品种——'山蔷薇'（Mountain Rose）、'紫帝'（Purple Majesty）和'全蓝'（All Blue）——是专门为了增加其营养含量而培育出来的。育种者使用传统育种技术而非基因改造的方法，培育出了这些营养价值很高的品种。在一项动物研究中，'山蔷薇'对移植到老鼠体内的人类乳腺癌细胞表现出了强有力的抑制作用。每份①'紫帝'至少含有235毫克花青素。据育种者介绍，这个数字"是任何其他水果或蔬菜的两倍"。2012 年的一项研究认为，食用'紫帝'马铃薯能够降低高血压人群的血压。这种降压效果足以将中风风险降低34%，将心脏病突发的风险降低21%。虽然志愿者在他们的日常饮食中额外增加了这种土豆，他们的体重却没有增长。

'红法国手指'（Red French Fingerling）——或称'法国手指'——是各个时代的所有品种中我最喜欢的之一。这种传统马铃薯拥有粉红色的皮和奶油黄色的果肉，与'育空金'的果肉很相似，但抗氧化剂的含量是后者的 10 倍。皮薄得你都不想削。我每年都种，而它已经成了家人和朋友们最喜欢的一种蔬菜。用它做的土豆色拉非常漂亮。

---

① 每份相当于成年人一个拳头的大小。——译者注

储存马铃薯

新马铃薯不耐储存，因为它们薄薄的皮不能抵御水分流失和病害。应当将它们储存在冰箱里，并在购买后的一周内吃完。老马铃薯的呼吸速率很低，可以储存数月而不损失任何营养价值。它们的厚皮还能防止水分流失。

不要将老马铃薯储存在冰箱里超过一或两周。低温会增加它们本来就很高的含糖量，让它们在烹饪时变色。土豆还会释放乙烯，这种气体会缩短其他蔬菜的储存寿命。理想的做法是将它们储存在凉爽、黑暗、通风良好的地方。理想的储存温度是 7~10℃。这样的条件在大多数家庭都有地窖的时候很容易实现，现在就很难满足了：冰箱太冷，有供暖设施的空间太热。一种可行的妥协之法是将马铃薯放进网兜、开口的纸袋或者有硬币大小通风口的盒子里。如果你没有地下室或车库，就在需要的时候再去商店买。

如何完美体现马铃薯的风味和健康益处

你可以用一个妙招"驯服"马铃薯带来的血糖飙升。如果你将马铃薯做熟，然后**冷藏大约 24 小时再吃**，它们就会神奇地变成低升糖或中升糖指数蔬菜。低温将马铃薯的快速消化淀粉转变成了更"有抗性"的淀粉，后者分解的速度更慢。从简单的土豆色拉到高档的尼斯色拉，所有土豆色拉都是中升糖指数食物——只要你在吃之前将它们冷藏过夜。

当你烹饪马铃薯并将它们冷藏过夜后，你可以重新加热，它们会保持较低的升糖指数。当天烘烤土豆，当晚将它们冷藏，第二天吃晚餐时将它们加热后再食用，你的血糖升高幅度会降低 25% 之多。如果你或者你的家人超重，有高血糖、前驱糖尿病或者糖尿病，你值得试一试这一额外的步骤。只需要一天的冷藏，你就能克服绵延数千年的选择性育种对人体健康带来的不利影响，这种漫长的育种过程将一种低升糖指数的块茎变成了肥胖、糖尿病和心血管疾病的诱因。

　　在马铃薯中添加脂肪，或者用脂肪烹饪马铃薯，也会降低它们的消化速度。因此，法式薯条引起的血糖升高幅度比烤或蒸马铃薯低。在薯条上洒醋（一项英国传统）还能进一步减慢它们的消化速度。

　　下面这份土豆色拉食谱使用了所有这些技巧。马铃薯带皮烹饪并冷藏过夜，调味汁同时含有油和醋。这是一道美味的色拉，每个人都会喜欢，而不只是那些关心自己血糖的人。想要最大程度地促进健康，就使用蓝色、红色或紫色马铃薯，不过也可以使用传统品种。

土豆色拉配晒干西红柿和黑橄榄

准备时间：15 分钟

烹饪时间：20~45 分钟，取决于方法

冷藏时间：24 小时

分量：5 杯（4~5 人份）

　　2 磅不去皮的新马铃薯或者不去皮的烘烤马铃薯，最好是果肉呈红色、蓝色或紫色的品种

　　½ 杯油浸晒干西红柿，倒掉汤汁，然后切碎或切丝

　　½ 杯切成细丝的红洋葱或者切碎的大葱（包括白色和绿色部分）

⅓ 杯特级初榨橄榄油，最好是未过滤的

3 茶匙红葡萄酒醋或白葡萄酒醋

1 茶匙糖

1~2 个蒜瓣，用压蒜器压碎

½ 茶匙芥末粉或 1 茶匙预制芥末酱

½ 杯去核、切碎的黑橄榄

⅓ 杯切碎的意大利熏火腿或者切成丁的熟培根（可选）

　　带皮蒸或微波烹饪马铃薯，直到它们变软。冷却后放入冰箱储存至少24小时。将冷藏后的马铃薯切成四等份，然后再切成¼英寸厚的片，放入大搅拌钵中。不要去皮。

　　将剩下的所有原料放入小碗搅拌均匀，然后浇在马铃薯上。摇晃搅拌钵，让其他原料均匀地覆盖在马铃薯上。趁凉吃或者放至室温食用。

表4–1　马铃薯推荐类型和品种

在超市	
类型或品种	描述
所有新马铃薯品种	所有新马铃薯（或称"软马铃薯"）对血糖造成的冲击都弱于老马铃薯（或称"烘烤马铃薯"）。
'赤褐伯班克'	抗氧化剂含量相对较高。烘烤，冷藏过夜，然后重新加热，这样做可以减少对你的血糖造成的影响。
色彩鲜艳的"新品"马铃薯	表皮和果肉呈蓝色的马铃薯最有营养，其次是表皮和果肉呈红色的马铃薯。（见下面对特定品种的描述。某些超市有售。）

农夫市场、特产商店、自采摘农场，以及种子目录		
品种	描述	园丁注意事项
'全蓝'	花青素含量非常高。中等大小的椭球形块茎有深蓝色的皮和近乎紫色的果肉。适合烘烤以及用烤箱烤薯条。	在 90 天内成熟。中熟品种。
'全红'（All Red），又称'蔓越莓红'（Cranberry Red）	中型至大型马铃薯，有鲜红色的皮和带有粉红色漩涡的果肉；烹饪后皮和果肉都不变色。质感精细湿润，适合做土豆色拉。耐储存。	在 80~95 天内成熟。中熟品种。
'山蔷薇'	内外都是红色。适合烘烤、做土豆泥和做土豆色拉。	在 70~90 天内成熟。早熟至中熟品种。
'Nicola'（尼古拉）	黄色的皮和果肉。适合做土豆泥、烘烤和做色拉。质感柔软，有类似坚果的味道。低升糖指数。不常见。	在 95 天内成熟。中熟品种。
'奥泽特'（Ozette）	手指马铃薯，表皮颜色浅，果肉呈奶油黄色，有稍带土味的坚果味道。起源于南美的古老传统品种。	在 120~130 天内成熟。晚熟品种。
'紫帝'	外形均匀整齐，椭球形，内外都是紫色。适合煎炸、烘烤以及做成土豆色拉。耐储存。花青素含量很高。	在 85 天内成熟。早熟至中熟品种。
'紫秘鲁'	深紫色的皮和果肉。小型至中型块茎，表面有许多芽眼。有土味。适合煎炸或烘烤。花青素含量很高。来自秘鲁的古老传统品种。稀有。	在 100~120 天内成熟。晚熟品种。
'漫游者赤褐'（Ranger Russet）	长，稍扁，有粗糙不平的棕色皮和白色果肉。适合烘烤、做土豆泥和煎炸。抗氧化活性比'赤褐伯班克'高。	在 120 天内成熟。晚熟品种。
'红新月'	纤细的手指马铃薯，只有2~3英寸长，皮薄且呈玫红色。黄色果肉柔嫩。适合做土豆色拉和烘烤。带有土味和坚果味。	在 120 天内成熟。晚熟品种。

农夫市场、特产商店、自采摘农场，以及种子目录		
品种	描述	园丁注意事项
'赤褐诺科塔'（Russet Norkotah）	块茎大，椭球形，有赤褐色的粗糙表皮和白色果肉。植物营养素含量高于'赤褐伯班克'。耐储存。	在 60~75 天内成熟。早熟至中熟品种。

马铃薯：要点总结

1. 选择彩色马铃薯。

选择表皮和果肉颜色最深的马铃薯。蓝色、紫色和红色马铃薯为你提供的抗氧化剂比黄色马铃薯多。'赤褐伯班克'马铃薯的植物营养素含量高于大多数白色马铃薯，不过它们的快速消化碳水化合物含量也很高。

2. 吃皮。

马铃薯的皮含有整个马铃薯 50% 的抗氧化活性。皮的纤维素含量很高，会降低淀粉和糖的消化速度，从而降低马铃薯的升糖指数。

3. 在超市之外购买。

当你在农夫市场、天然食品商店和特产商店挑选马铃薯时，寻找 102~104 页列出的推荐品种。某些最有营养的品种只能在这些地方和精选种子目录中找到。

4. 购买有机马铃薯，以减少和杀虫剂的接触。

按照传统方法种植的马铃薯会喷洒大量杀虫剂和其他化学药剂。擦洗和去皮不能去除对人体不利的全部化合物。购买有机马铃薯可以减少摄入有毒物质的风险，如果带皮吃的话，强烈建议你这样做。

5. 将马铃薯储存在凉爽、黑暗、通风良好的地方。

新马铃薯可以在冰箱里储存一至两周。老马铃薯最好储存在冰箱外面黑暗、凉爽的地方，理想的储存温度是 7~10℃。将它们储存在网兜、开口的纸袋或者带有硬币大小通风口的盒子里。

6. 克服血糖的飙升。

和老马铃薯相比，新马铃薯不会让人的血糖升得那么高。除了带皮吃之外，你还可以通过下面的方式降低马铃薯的升糖指数：（1）搭配某种类型的脂肪一起吃；（2）烹熟后冷藏 24 小时；（3）用醋调味。

第 5 章

其他根茎类蔬菜
胡萝卜、甜菜和番薯

■ 野生胡萝卜和现代迷你胡萝卜

对于大多数狩猎 — 采集者而言，从依赖野生植物为生到自己种植大部分食物的转变需要数百年的时间。然而，当一个部落接触到某种富含碳水化合物的作物时，这种转变可以在仅仅一两代人之内完成。生活在亚马逊雨林西北角的一个名叫玛库（Maku）的印第安部落就是如此。这个地区非常偏远，直到进入 20 世纪之后，这个部落才与外界有所联系。1927 年，一位人类学家对他们进行了研究。这位人类学家观察到，这个部落以鱼类、野生植物和昆虫为食，还会用弓箭和蘸取毒液的飞镖捕猎小型猎物。他没有看到任何农业的迹象。

在仅仅 45 年后的 1972 年，一位名叫彼得·西尔弗伍德－科普（Peter Silverwood-Cope）的人类学家遇到了这个部落。他惊讶地发现，他们当时在大量种植木薯，一种富含淀粉的根茎类作物 —— 木薯粉就是用木薯的根做成的。这个部落已经从附近的一个农耕部落那里学会了如何种植它们。虽然玛库人种植木薯的历史只有两代人，但那时这种植物为他们提供的能量占全部食物的80%之多。西尔弗伍德－科普报道称，玛库人仍然记得如何采集野生植物，他们会和他谈论他们祖父的时代，那时候所有的食物都来自森林。然而，一旦得到稳定的淀粉供应，就再也没有回头路了。事实上，当吃光自己的木薯之后，他们会大声抱怨自己"没有食物了"，尽管他们的烘干架上还堆放着肉类和野果。在绝望之中，他们会向附近的部落乞求木薯，或者不惜长途跋涉，徒步走到木薯种植场，用肉干和果干换取淀粉丰富的木薯。野生植物和野生动物曾在数不清的漫长世代里维持着玛库人的生存，最后却沦为他们追求更多碳水化合物的交易筹码。

如今，木薯是全球大约5亿人的主食。这种蔬菜的蛋白质和维生素含量很低，但是其在每亩土地上产生的碳水化合物超过了全世界除甘蔗和甜菜之外的任何作物。

美国的根茎类蔬菜

美国最重要的根茎类蔬菜 —— 常见的马铃薯除外 —— 是胡萝卜、甜菜和番薯。正如所有的根茎类作物一样，它们在罐装和冷冻时代到来之前最受欢迎，因为它们可以储存在户外的地窖里，需要的时候再拿出来端上餐桌。地窖可以保护植物的根茎免遭冰冻，使其不易脱水、腐烂和发芽。我们的现代冰箱却做不到这些。

正如我们的所有农产品一样，胡萝卜、甜菜和番薯有许多品种，营养价值和风味各不相同。应该选择哪些品种以及如何准备它们，知道与否对你的身体健康而言意义重大。例如，研究发现，如果选择食用某些特定的甜菜品种，你能够跑得更快，走路更不费力，甚至还能降低中风风险。

胡萝卜

在北美，最常见的野生胡萝卜是一种被称为"安妮女王的蕾丝"（Queen Anne's lace）的植物的主根。或许你见过它生长在开阔的田野上。它是一种高至大腿的野草，有由数百朵小花组成的伞状花序。某些品种在花序中央还会开一朵深红色的花。昆虫研究专家说，这朵红花对昆虫的吸引力就像红唇之于情人。这种植物的根又细又长，呈奶油色，看起来一点也不像我们今天吃的胡萝卜。不过，如果你将这种根弄碎，嗅一嗅它，你就会闻到那熟悉的气味——这毫无疑问是胡萝卜的香味。

许多北美原住民部落采集野生胡萝卜，还会将它们储存起来供冬季使用。纳瓦霍人用晒干的野生胡萝卜和芹菜做蔬菜汤。生活在太平洋西北地区的克拉勒姆（Klallam）部落将新鲜的胡萝卜摆放在铺着烧得炽热的石头的大坑里，然后在上面盖上海藻。这些胡萝卜会在又热又咸的"桑拿室"里蒸两天之久。上面还会加更多海藻。

被驯化的胡萝卜

我们今天食用的胡萝卜的野生祖先是一种拥有紫色主根的植物，原产于阿富汗。它在数千年前首次得到人类的栽培。到14世纪时，紫色胡萝卜已经在西班牙、法国、德国和荷兰种植了。两个突变类型——白色胡萝卜和黄色胡萝卜——也开始得到栽培。16世纪的欧洲人种植 4 种颜色的胡萝卜——红色、黄色、紫色和白色。

　　你或许已经注意到了，橙色胡萝卜还没有被提到。实际上，橙色胡萝卜直到 400 年前才出现，它是荷兰的两位植物育种者使用一种来自非洲的黄色突变品种与本地的一种红色胡萝卜杂交得到的。尝试这种植物杂交的动机颇为有趣，两位育种者想向奥兰治家族（House of Orange）①致敬，这个亲王家族领导了 16 世纪中期荷兰人反对西班牙的起义。

　　这种新颖的蔬菜最初被称为"长长的橙色荷兰胡萝卜"。它在当时非常受欢迎，荷兰商人将它与当时极度风靡的郁金香球茎一起销往国外。在两百年的时间里，橙色胡萝卜成了西方世界最常见的品种。虽然紫色胡萝卜仍然出现在埃及、印度、日本和中国的食品市场上，但是美国的大多数商店都只出售橙色胡萝卜。

　　对我们而言，遗憾的是奥兰治家族的名字不是"紫色家族"（House of Purple）。几百年前的一点民族主义精神让我们的胡萝卜就此"尘埃落定"。和大多数蔬菜一样，胡萝卜的颜色是植物营养素含量及种类的良好指标。紫色胡萝卜富含花青素，这种化合物的抗氧化活性高于橙色胡萝卜中的 β - 胡萝卜素，有潜力带来更大的健康益处（图 5-1 可见紫色胡萝卜的总酚类含量比橙色胡萝卜的高得多）。你会在本书后面的内容中发现，我们不只是在消除紫色玉米和紫色胡萝卜，我们还在消除许许多多水果和蔬菜的紫色品种，包括西兰花和花椰菜。在我们超市的货架上大行其道的都是绿色、黄色、橙色和白色品种，它们的疗愈功效根本比不上它们的紫色和红色祖先。

---

① 奥兰治意为"橙色"。——译者注

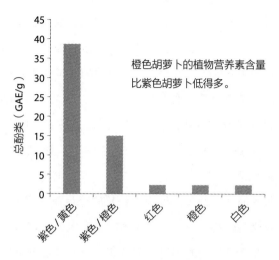

图 5-1　不同颜色胡萝卜总酚类含量对比图

从橙色胡萝卜中获取最多营养

　　虽然橙色胡萝卜预防疾病的潜在功效不如紫色胡萝卜，但它们仍然是营养丰富的蔬菜。"把你的胡萝卜吃了"，这是一句很好的忠告。胡萝卜脂肪含量低，纤维素含量高，热量低，还是 β-胡萝卜素的良好来源。它们的大部分卡路里来自糖，但一份胡萝卜中的糖不足以让你的血糖剧烈波动。

　　然而，只需要一些简单的改变，你就能将自己从橙色胡萝卜中获取的营养增加到原来的 3 倍，同时增强它们的风味。首先，在购买所谓的"迷你胡萝卜"之前三思而行。这些装在塑料袋里的方便小零食是预先经过切边和刷洗的。这样你才可以直接把手伸进袋子里，抓起一些小胡萝卜，然后就吃起来。实际上，迷你胡萝卜是畸形的成熟胡萝卜，只是被切削成更小更统一的尺寸了。食品科学家们已经证明，被扔掉的外面的部分比留下的里面的部分有营养得多。正如大多数水果和蔬菜一样，营养最丰富的部分是皮和皮下面的组织。这很说得通，因为植株最表面的一层是抵御紫外线、霉菌、食草动物、真菌等的第一道防线。最外层含有的植物营养素越多，它就越能为自己提供防护。切掉胡萝卜表面的部分，就会把它三分之一的抗氧化活性丢掉了。将普通的成熟胡萝卜切成条，你会得到更有营养的零食。

　　若要享受最新鲜和最甜的味道，应该购买带有绿色叶片的胡萝卜。它们最多只生长了几周，而不带绿色叶片的胡萝卜可能已经生长了几个月了，这让它们有一种令人不快的苦味。（放进冰箱冷藏之前需要将叶片切掉，以保存胡萝卜中的水分。）

　　一些蔬菜在冷冻后和新鲜时一样有营养，而胡萝卜并非如此。胡萝卜在冷冻之前经历的去皮和加工过程，以及冷冻和解冻过程本身，会损耗一半的抗氧化价值。新鲜胡萝卜需要额外烹饪 15 分钟。当我们试图在做饭时节省时间，我们常常是在欺骗自己，还让自己损失了一些有益健康的营养物质。

　　某些食物生吃更有营养，但烹饪后的胡萝卜对你的身体更好。高温会分解胡萝卜强韧的细胞壁，让它们的部分营养更容易被生物体吸收利用。1998 年的一项研究发现，与摄入生胡萝卜的试验者相比，摄入等量烹饪后的胡萝卜的试验者吸收了 3 倍的 β - 胡萝卜素。在中国古代，大夫凭直觉就知道这一点。他们在很久之前就建议病人烹煮胡萝卜以提高其医疗价值。

胡萝卜的烹饪方法也很重要。水煮会让胡萝卜的许多水溶性营养物质析出到水里。煎炒或蒸胡萝卜可以保留它们的更多营养价值，因为胡萝卜与水接触较少。

最近还有一项发现你需要知道。如果你烹饪整根胡萝卜并在烹熟之后切片或剁碎，你获得的营养比先切然后再烹饪要多。与切片的胡萝卜相比，整根胡萝卜的烹饪时间的确更长，但它们会保留更多营养。当胡萝卜做熟之后，你就可以切割它们，而不造成任何营养流失。

食用经过烹饪的整根胡萝卜甚至能减低你的患癌风险。胡萝卜含有一种名为镰叶芹醇（falcarinol）的抗癌化合物。纽卡斯尔大学的英国研究人员发现，与先切段再烹饪的胡萝卜相比，整根烹饪的胡萝卜含有的镰叶芹醇多出25%。还有一项额外福利，这样烹饪的胡萝卜会保留更多天然的甜味。在一百名志愿者参与的盲品试验中，80% 的志愿者更喜欢整根烹饪的胡萝卜的味道，因此这是双赢的局面。

最后，胡萝卜搭配某种油脂或脂肪一起吃对你的身体最好。β-胡萝卜素是一种脂溶性营养物质，需要包裹在脂肪里才能得到最好的吸收。将这四个简单的步骤结合起来——（1）选择完整的胡萝卜而非迷你胡萝卜；（2）整根烹饪；（3）蒸或者油煎而不是用水煮；以及（4）搭配某种油脂或脂肪食用——你能得到的 β-胡萝卜素是生吃迷你胡萝卜时的 8 倍（参见图 5-2），而且不用额外付出任何成本。

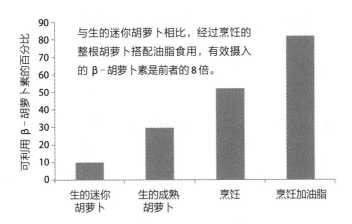

图5-2 不同烹饪方式的胡萝卜可利用 β-胡萝卜素含量对比图

彩色胡萝卜的回归

终于，始于荷兰的对橙色胡萝卜的迷恋开始渐渐消退。在农夫市场、天然食品商店、种子目录和一些富裕社区的大型超市看一看，你会找到黄色、红色和紫色的胡萝卜。不要将它们当作新潮食品或者功能食品，相反，它们是对传统烹饪和营养的回归。

如112页的图所示，紫色品种比所有其他颜色的胡萝卜更有营养。紫色来自花青素。与橙色胡萝卜相比，紫色胡萝卜还含有更多 β-胡萝卜素和一种名为 α-胡萝卜素的相关化合物，有研究表明后者与近15年内所有原因造成的死亡率降低都有关。

一些动物研究表明，紫色胡萝卜可能是"挽救"标准美式饮食（Standard American Diet，简称"SAD"）的完美解药。在澳大利亚的一项研究中，科学家用与如今大多数西方人的饮食类似的高脂肪高碳水化合物的饮食喂养一群健康大鼠。研究人员没有遗漏任何细节，他们甚至把这些啮齿类动物的饮用水换成了果糖浓度高达25%

的溶液，这正是使用含有大量果糖的玉米糖浆增甜的百事可乐或者可口可乐的果糖浓度。

在采取这种不健康的饮食方式仅仅两个月后，这些大鼠就和许多超重的中年美国人一样出现了许多身体问题。它们的体重增加了，尤其是腰部周围的重量。它们心脏的内壁变厚了，这表明它们的心脏正在承受更大的压力。它们的血压升高，脂肪渗入肝脏。除此之外，它们的细胞还有了胰岛素抗性，血液中甘油三酯和胆固醇的含量也升高了。所有这些症状都是代谢综合征的一部分。医生在面对病人的这些症状时会开出血压调节药物和降胆固醇药物，并对脂肪肝和不正常的肝功能导致的后果提出严峻的警告。

科学家们又用这种不健康的饮食方式喂养了这群大鼠8周。然而这一次，其中一半大鼠除了饮用含有大量果糖的水之外，还得到了紫胡萝卜汁。在仅仅两个月的时间里，它们的心脏和肝脏功能就得到了改善。它们的体重减轻，肚子也缩小了。它们的慢性炎症减少了，血压降低了，胆固醇、血糖反应和甘油三酯也都回落到了正常水平。**尤其难得的是，在发生所有这些变化时，这些啮齿类动物仍然在摄入高脂肪、高碳水化合物、高果糖的饮食**。正是紫色胡萝卜带来了全部改变。

如果你需要更大的激励才会尝试紫色胡萝卜，那么我可以告诉你，它们比橙色胡萝卜更甜。职业食品尝味师说，它们的"汽油"味儿也较轻。如果你是一名园丁，可以寻找下列紫色胡萝卜品种：'宇宙紫'（Cosmic Purple）、'深紫'（Deep Purple）、'紫雾'（Purple Haze），还有'紫雨'（Purple Rain）。目前，'深紫'是花青素含量最高的品种。

储存胡萝卜

和大多数根茎类蔬菜一样，胡萝卜的呼吸速率很低，可以储存数周而不损失营养。不过，最好在储存时远离产生乙烯的水果和蔬菜。乙烯会诱导苦味化合物在胡萝卜中合成。产生乙烯的植物包括苹果、罗马甜瓜（cantaloupe）、大葱、西红柿、李子、马铃薯以及其他几十种水果和蔬菜，其中有许多都会储藏在冰箱里。为了防止胡萝卜接触乙烯，可以将它们放入密封塑料袋，然后储藏在冰箱的蔬果抽屉或者其他黑暗、凉爽和湿润的环境中。（它们的呼吸速率非常低，储存在密封塑料袋里不会影响它们的味道。）

狩猎—采集者有多健康

狩猎—采集者摄入的富含植物营养素的食物比今天我们摄入的多得多。这如何影响他们的健康和寿命？虽然摄入了大量的营养素，而且很少接触高糖高脂肪食物，但是狩猎—采集者的寿命并没有比今天的我们更长。据人类学家估计，出生在一万年前的狩猎—采集部落的婴儿，预期寿命只有25~35岁；而2012年出生在美国的婴儿，预期寿命则有75~80岁。

但是，我们的长寿应该归功于什么呢？不是饮食或生活方式的进步，而是过去250年医疗和公共卫生的迅猛发展。将时钟调到18世纪70年代中期，许多欧洲人的平均寿命与大多数狩猎—采集者相仿。1750年生活在瑞典的人，预期寿命仅为34岁。不久之后，我们开始制造十分有效的疫苗，大大降低了传染病的死亡率。公共卫生的改善终结了曾经夺去无数人生命的霍乱流行。20世纪初出现了青霉素，其他高效抗生素也接踵而至。如今，我们拥有所有这些优势，此外还有精细的诊断工具、先进的手术技术、种类多样的药品、专业的创伤治疗和数不清的其他医疗进步。如果没有这些优势，我们的寿命或许不会比一万年前或更久之前的人类长多少。

另一点也值得考虑。虽然我们的寿命长得很，但我们的"健康寿命"（health span）却在迅速缩短。如今美国的绝大多数人都是超重或肥胖的。

2600万美国成年人有二型糖尿病，这种疾病在65岁及以上人群中的发病率高达30%。此外，还有7900万成年人有高血糖症状，这让他们有罹患糖尿病的风险。根据美国心脏病学会的数据，超过7600万美国人有高血压，它是导致心脏病发作和中风的因素之一。直到20世纪末，这些健康问题还只限于成年人；如今它们也开始在青少年和年龄更小的儿童中诊断出来。

从所有可用的证据来看，狩猎—采集者似乎相对缺少这些苦恼，无论他们的年纪如何。我们是如何知道这一点的？我们不可能穿越到过去，给那些生活在数千年前的人做医学检查，于是，人类学家和医学研究人员给出了次优解：他们研究了一直生存到19世纪和20世纪的超过50个部落的狩猎—采集者的健康状况。这些部落的人生活的地方非常偏僻，他们与外界的联系极少或者说压根就不接触外部世界；他们是我们原始生活方式的活生生的遗物。

　　医学检查的结果令人震惊。绝大多数部落成员的血压处于或低于我们的黄金标准 120mmHg/80mmHg。另外，他们的血压不会随着年龄的增长而增长。七十多岁的人还可低至 105mmHg/60mmHg。没有发现癌症或者心血管疾病的证据。肥胖根本不存在。大部分成年人的体重指数低于今天的理想值 22。虽然身形瘦，但是狩猎—采集者并不脆弱或者憔悴。实际上，体质测试的结果表明，他们的耐力和力量相当于今天的精英运动员。

　　现在，我们第一次可以同时享受两个世界的好处。只要避开精制食品，并且用一系列精心挑选的水果和蔬菜来恢复我们的膳食中丢失的营养，我们可以降低自己的患病风险。增加身体活动也会让你的身体更健康。当这些生活方式的变化与 21 世纪最好的医药相结合时，我们就有潜力成为曾在这颗星球上生活过的最健康的人。

甜　菜

　　现代甜菜的野生祖先是沿海甜菜（*Beta maritima*），原产于地中海的沿海地区。如今它们依然生长在那里，外表更像瑞士甜菜（Swiss chard），而不是拥有硕大根部的甜菜。事实上，它们的根小得不值得食用。我们的农业祖先在大约 6000 年前开始驯化甜菜，但是在几千年里，人们只吃叶片，基本上就像我们吃瑞士甜菜的叶片并将根丢弃一样。甜菜根过去主要用来制作染料、茶叶、膏药，还被用来治疗肠胃不适。

古罗马时代，人们经过精心选育已经创造出了球根更大更甜的甜菜，而且球根开始和叶片一起被食用。甜菜继续被当作有疗愈功效的食物，甚至被用来恢复性欲。它们被用作催情剂的证据可见于当时的罗马医生和博物学家撰写的作品，还可见于距今更近的考古发掘，这些发掘工作令公元79年维苏威火山爆发后被火山灰掩埋的古城镇重见天日。城镇中的建筑有着令人诧异的细节，墙壁上甚至有颜色鲜艳的壁画。更加撩人的一个发现是，妓院在那个下流的时代十分常见。考古学家之所以能够确定哪些建筑是妓院，是因为它们的墙壁上挂着一串串甜菜根。

甜菜或许真的有催情功效。它们富含硼元素，直到最近，人们还只知道这种元素有促进骨骼生长的功效。1987年，一项小规模的人体研究发现了硼的另一个功效：硼"显著提升了"男性和女性体内睾酮水平。无论男女，更高的睾酮水平都与更旺盛的性欲相关。吃甜菜还能放松并扩张血管，让更多血液流通。甜菜显示出了成为蔬菜"伟哥"的潜力。

随着农民创造出更大更甜的甜菜根，这些根最终变成了主菜，而叶片变成了小菜。如今我们吃掉的甜菜叶非常少。消费者吃的罐装甜菜比新鲜甜菜多，而大部分新鲜甜菜在出售时都是不带叶片的。即使甜菜是带叶片出售的，大多数人也会在回到家后立刻把叶片切掉。我们有必要再次吃甜菜的叶片。研究表明，甜菜叶片的抗氧化活性比甜菜根要高。我们的祖先做得很正确。

即便不带叶片，甜菜也仍然是我们的所有食用蔬菜中最健康的蔬菜之一。它们的味道是甜的，但是它们对血糖的影响却低得令人惊讶。它们还是纤维素、叶酸和钾的良好来源。然而，直到1991

年，它们最了不起的功效才被发现：**除了洋蓟、红叶卷心菜、甘蓝和甜椒，甜菜的抗氧化功效胜过食品店里的所有其他常见蔬菜**。它们的抗氧化活性是西红柿典型品种的 9 倍，是橙色胡萝卜的 50 倍。

大多数红色水果和蔬菜的颜色要么来自花青素，要么来自番茄红素。甜菜的深红色来自名为甜菜红素（betalains）的植物营养素。甜菜红素被证明有良好的抗癌功效。在 2009 年的一项试管实验中，甜菜汁抑制了 85%~100% 的人类胰腺癌、胃癌、前列腺癌、肺癌和脑癌癌细胞的生长。膳食调查表明，与不吃甜菜的人相比，经常吃甜菜的人罹患癌症、心脑血管疾病、糖尿病、肥胖症和消化道疾病的风险都比较低。

运动员们注意了：甜菜中的硝酸盐能够以两种不同的方式提升你的运动表现。（虽然添加到肉类制品中的硝酸盐和亚硝酸盐与癌症风险的升高有关，但硝酸钠是绿叶菜、甜菜和其他几种蔬菜的天然成分。当硝酸钠以蔬菜中的天然成分的形式被摄入时，它有促进健康的功效。）首先，硝酸盐可以降低你的血压，从而增加流向肌肉的血液。其次，它能减少运动时肌肉的需氧量。为了测试甜菜对运动表现的影响，英国埃克塞特大学的科学家为身体健康的志愿者提供了一杯甜菜汁。喝下甜菜汁后，志愿者在跑步机上锻炼到精疲力竭。与得到安慰剂饮料时相比，志愿者坚持锻炼的时间多出了 15 分钟。

喝甜菜汁对久坐不动的人也有好处。在同一项研究中，与得到安慰剂果汁时相比，志愿者走完固定距离所消耗的体力减少了 12%。研究人员认为，这样的差异足以改善老年人或者有心肺问题的人的身体状况。

2012 年的一项研究发现，如果健康的男子和女子每天都吃一份完整的甜菜，连续数天之后，他们的跑步速度会比每天吃其他蔬菜时更快。这种速度的差异会在 5 公里跑中拉开 41 秒的时间，这足以决定胜负了。受到这些研究的启发，参加 2012 年夏季奥林匹克运动会的许多英国运动员都在自己的比赛开始前用甜菜汁代替佳得乐运动饮料，其中包括赢得男子 5 公里跑和 10 公里跑金牌的莫·法拉赫（Mo Farah）。在本书写作期间，甜菜还没有被视为提升运动表现的非法兴奋剂。用甜菜汁加油吧。

在超市选择最有营养的甜菜

要想得到甜菜的健康益处，你需要选择正确的品种。某些甜菜不含能够降低癌症和心血管疾病风险的甜菜红素。然而，很少有超市会列出甜菜的品种名，所以你只能根据颜色挑选它们。颜色最深的红色品种是最值得买回家的。如果列出了品种名，找找有没有'底特律深红'（Detroit Dark Red）和'红色王牌'（Red Ace），它们是超市里最受欢迎、营养最丰富的品种。带有白色和金色旋涡状花纹的'基奥贾'（Chioggia）甜菜所含的甜菜红素少得多。不过，黄色甜菜是另一种有益植物营养素——叶黄素的良好来源。白色甜菜是突变品种，没有叶黄素和甜菜红素。它们成名的唯一原因是，当你将它们和其他蔬菜一起烹饪时，它们不会让其他蔬菜染色。

深红色的"束状甜菜"（bunch beets）是在超市里的另一个好选择。束状甜菜是带叶片出售的幼嫩甜菜。甜菜的叶片是很久很久之前这种植物唯一被吃掉的部分，它们是商店里最健康的叶菜。它们的抗氧化活性是罗马莴苣的 7 倍，与甘蓝旗鼓相当。可以将甜菜叶添加到色拉里，用甜菜叶代替菠菜，或者将甜菜叶与甜菜根搭配使用，如 124~125 页的食谱。

　　购买束状甜菜还有一个原因 —— 它们应该是商店里最新鲜的甜菜。甜菜在衰老过程中叶片会萎蔫变黄。因此，农产品部经理必须把不新鲜的甜菜剔除。不带叶片的甜菜可能在收获后摆放了几周之久，因为它们显露自己真实衰老程度的速度慢得多。束状甜菜在美国的大部分地区都是季节性蔬菜，所以要注意在它们上市的时候就去购买。

　　和玉米一样，甜菜在罐装后不会损失营养价值。事实上，它们在某种程度上会变得更有营养。罐装甜菜的滋味不如新鲜烹饪的甜菜浓郁，颜色也没有后者鲜艳，但是它们具有更高的抗氧化价值。

超市之外

　　当你在农夫市场购买甜菜，或者为你的园子选择甜菜种子时，可以参考 130~131 页的推荐品种列表。表中的两个品种'牛血'（Ox Blood）和'红色王牌'颜色深红，营养格外丰富。'牛血'曾凭借浓郁且丰富的甜味在许多尝味测试中脱颖而出。另外，寻找植株茂盛的品种，以便得到大量叶片。'早奇高'（Early Wonder Tall Top）和'公牛血'（Bull's Blood）是很好的选择。'公牛血'品种的叶片呈深酒红色，可以为你提供更多的甜菜红素。它们还能与其他色拉绿叶菜的深绿色相映成趣。

储存和烹饪甜菜

　　如果你购买的是束状甜菜，应该将叶片和根分开储存。将叶片切下清洗，用脱水器或者毛巾弄干，然后储存在微孔密封袋里。它们变质的速度很快，所以要在两天之内吃完。甜菜根不用包装，直接放进冰箱的果蔬抽屉，并在一两周内用完即可。下面的食谱同时使用了叶片和根。

甜菜根在蒸、微波或烘烤后会变得更有营养。将甜菜根擦洗干净，带皮烹饪。皮会将可溶性营养物质留在甜菜根内。做熟之后晾凉再剥去皮。如果你不想把手指染成紫色，就戴上橡胶手套。甜菜根还会将木质案板染色。

蒸甜菜根配清炒甜菜叶、蓝奶酪和意大利黑醋

准备时间：10 分钟

烹饪时间：40~60 分钟

总时间：50~70 分钟

分量：4 人份

2 束红甜菜（8~10 只中等大小的甜菜），带叶片

2 个蒜瓣

¼ 杯特级初榨橄榄油，最好是未过滤的

¼ 杯切碎的辛辣红洋葱或黄洋葱

½ 杯意大利黑醋

⅔ 杯蓝奶酪碎

1 个柠檬，磨碎备用

修剪甜菜根，球根两侧的茎和细根各留一英寸。（这样做，可以在烹饪时将更多营养保留在甜菜根里。）将叶片放在一旁备用。将甜菜根擦洗干净，放入盛有热水的蒸锅内的蒸格中。盖上锅盖开始蒸，使用能够稳定产生高温蒸汽的火力。如有需要，可加入更多水。蒸到甜菜根变软，可以用叉子扎进去，根据甜菜根的大小，这一过程需要 40~60 分钟。将蒸好的甜菜根从蒸格里拿出来晾凉。

在蒸甜菜根的时候，将大蒜压碎或切碎备用。将甜菜叶清洗干净，甩掉多余的水，然后将叶片从叶脉上扯下来，撕成大约 2 英寸长的小片。叶脉弃置不用。将叶片放入两层厨房纸巾之间或者色拉脱水器中去除多余的水，放到一边备用。

将橄榄油和切碎的洋葱放入中等大小的平底煎锅，中高火煎 3~4 分钟，时不时翻动，直到洋葱变软。加入大蒜和甜菜叶。翻炒甜菜叶，使它们被油裹住，盖上锅盖并用中小火加热大约 5 分钟，直到甜菜叶变软但仍然呈鲜绿色。放置一旁备用。

将意大利黑醋倒入小炖锅，开中火慢煮。煮的时候打开锅盖，直到剩下大约 ¼ 杯，这个过程需要 4~5 分钟。

修剪晾凉的甜菜根，将茎和细根剪去，然后剥皮。将它们切成大约 ¼~⅓ 英寸厚的匀称切片，然后平均分配在四个色拉盘中。将煎炒过的甜菜叶和洋葱铺在片状甜菜根上，然后淋少许黑醋浓缩汁。最后洒奶酪碎和柠檬屑。趁温热或凉至室温食用。还可以放入冰箱冷藏，享受冷凉的口感。

为什么有的人不喜欢甜菜

虽然拥有甜味和丝滑质感，但是甜菜在美国并不十分受欢迎。美国人吃掉的白马铃薯的数量是甜菜的40倍。某些人不喜欢甜菜的一个原因是，它们含有大量名为土臭素（geosmin）的化合物，这种物质有泥土的气味和味道。（"*Ge*"在希腊语中是"泥土"的意思，geosmin的意思是"泥土的气味"。）下雨之后，空气中就弥漫着土臭素的气味。我们人类对土臭素的气味极为敏感，能够在低至万亿分之五的浓度中察觉出它们来。不喜欢这种气味的人在吃甜菜时会觉得不舒服。

土臭素对你的健康没有影响，正面和负面的影响都没有；不过，要是你不喜欢土味，可以选择土臭素含量低的品种，例如'底特律深红'和'克罗斯比绿叶'（Crosby Green Top）。（你可以在农夫市场或者种子目录中找到它们。）避开容易辨认的'基奥贾'甜菜，因为它们的土臭素含量是'底特律深红'的两倍，而且如前文所述，它们的甜菜红素也不如后者多。

无论买的是什么品种，你都可以用适宜的调味品来减轻甜菜的土味。意大利黑醋酸甜混合的风味能够掩盖土臭素的味道。此外，还可以使用味道强烈的调味品，例如黄芥末和辣根。已知最早的厨艺书之一，撰写于公元1世纪的《烹饪的艺术》（*De Re Coquinaria*）就推荐用黄芥末、油和醋做成的调味汁搭配煮熟的甜菜。我们的味觉敏感性几乎没有改变。

你大概已经知道，甜菜有一种不同寻常的副作用：吃它们会让你的尿液和粪便变成红色，而尿液变成红色这种现象也被称为"甜菜尿"。不要担心。10%~15%的人经历过这种无害的状况，它是甜菜中的红色色素引起的。你的基因决定了你是否会产生甜菜尿。甜菜的红色色素需要某种化合物才能被分解，而特定的基因组合才能制造这种化合物，某些人缺少这种基因组合。

番　薯

虽然都有一个"薯"字，但马铃薯和番薯不是亲缘关系很近的物种。[①]番薯（*Ipomoea batatas*）属于旋花科，而不像马铃薯（*Solanum tuberosum*）那样属于茄科。番薯起源于中美洲或南美洲北部，而马铃薯起源于秘鲁。当克里斯托弗·哥伦布在新世界登陆时，番薯是西印度群岛的主食之一。植物学家认为，这种块根植物当时已经在那里栽培了几千年了，而且属于所有植物中最早被驯化的一批。哥伦布带回西班牙的番薯并不十分甜，吃起来更像胡萝卜而不是我们的现代番薯。不过，这些块根仍然受到了热情的欢迎。在16世纪来到西印度群岛的西班牙探险家发现了一个更甜的品种，原住民称之为"babatas"。这个品种很快在整个欧洲南部取代了之前的品种。

在今天的非洲、太平洋地区和加勒比海地区，数以百万计的人以大量番薯为食。相比之下，一位典型的美国成年人，每年只吃3~4磅番薯。糖渍番薯只是应景地出现在感恩节和圣诞节的菜单上，南方人仍然会做番薯馅饼吃，但这种蔬菜在美国人饮食中的重要性微乎其微。

---

① 马铃薯在英语中叫作"common potato"或"Irish potato"，或简称"potato"，而番薯叫作"sweet potato"。——译者注

多吃番薯对我们的身体有好处。虽然味道是甜的，但番薯的升糖指数比白马铃薯低得多 —— 前者是 45，后者高达 75~100。这是重大的差异。选择低升糖膳食方式的人可以不受限地食用番薯。与马铃薯相比，番薯的抗氧化剂含量也更高。烘烤番薯的抗氧化活性几乎是烘烤'赤褐'马铃薯的两倍。另一个优势是，番薯的烹饪时间只有马铃薯的一半。

在大多数超市里，你会发现两种类型的番薯，一种的果肉为黄色，另一种的果肉颜色更深，肉质更软，在市场上被称为"yam"（薯蓣，即山药）。尽管名字不同，但这些所谓的"薯蓣"只是另一个品种的番薯。真正的薯蓣是另一个完全不同的物种，而且除了民族市场之外，在美国极少有售。（为了避免混淆，我将不会用"yam"这个词指代除了这种不常见蔬菜之外的任何东西。）

番薯果肉的颜色越深，其抗氧化剂的含量就越高。与那些果肉为黄色或浅黄色的番薯相比，果肉颜色浓郁如珠宝的番薯对你的身体更好。当然，你在食品店看不到番薯里面的颜色。如果农产品部的经理也不知道它们里面的颜色，那就买皮的颜色最深的番薯。

当你在农夫市场购买番薯，或者为你的园子购买番薯种苗时，你可以买到特定品种。参考 131~132 页的推荐品种列表。'斯托克斯紫'（Stokes Purple）富含花青素。'卡罗来纳红'（Carolina Ruby）果皮为紫红色，果肉为深橙色，湿润，极甜，抗氧化价值高。

储存和烹饪番薯

番薯在室温下可以储存一周。如果你将它们放入不封口的袋子里，储存在黑暗、凉爽（10~15℃）、通风良好的地方，它们还可以保存更长时间。冷藏生番薯会让它产生一种异味。蒸或烤都能使其抗氧化活性加倍，但水煮会令其降低。按同等重量计算，番薯的皮比果肉更有营养，所以建议将番薯的整个块根全部吃掉。

表 5-1　胡萝卜推荐类型和品种

在超市	
类型	描述
橙色胡萝卜	深橙色胡萝卜含有的 β–胡萝卜素最多。带叶片出售的胡萝卜比修剪后的胡萝卜更新鲜。袋装迷你胡萝卜失去了自身的大部分营养。
蓝色、紫色、黄色和红色胡萝卜	一些超市现在有蓝色、紫色、黄色和红色胡萝卜，有的是单独包装，有的是混合装在袋子里。大多数品种的抗氧化剂含量高于传统的橙色胡萝卜。

农夫市场、特产商店、自采摘农场，以及种子目录		
品种	描述	园丁注意事项
'原子红' (Atomic Red)	渐尖的根（长 9 英寸）生的时候为浅粉色，但烹饪后会变成鲜红色。烹饪可以改善质感和味道。富含番茄红素。	70~80 天内成熟。适合秋季种植。帝王型（Imperator）。
'波列罗' (Bolero)	甜而脆，有 7 英寸长的渐尖的根。富含镰叶芹醇。	70~80 天内成熟。产量高。留在地里不易变质。南特型（Nantes）。
'卡洛' (Carlo)	橙色胡萝卜，肉质根形态一致，表面光滑，尖端圆钝。富含镰叶芹醇。	90~120 天内成熟。耐寒。产量高。可能很难找到种子。南特型。
'宇宙紫'	根长长的，有深紫色的皮和橙色的果肉。辣而甜。适合切片和榨汁。富含花青素和 β–胡萝卜素。2005 年引进市场。	65~75 天内成熟。在冬季气温不降至 -4℃ 的气候区可以生长一整个冬天。

农夫市场、特产商店、自采摘农场，以及种子目录		
品种	描述	园丁注意事项
'深紫'	除了颜色较浅的小小的芯部，从内到外都呈紫色。肉质根长 12~14 英寸，渐尖。味道温和，适合切片、榨汁和生吃。富含花青素。抗氧化剂含量是其他一些品种的 10 倍。	70~80 天内成熟。帝王型。
'营养红'（Nutri-Red，又称 Nutri Red）	肉质根长 9 英寸，从内到外都呈红色。烹饪后呈深红色。味道浓郁，但是不甜。按同等重量计算，番茄红素含量是西红柿的两倍。	70~80 天内成熟。耐寒。白天气温在 8~25℃ 时生长得最好。帝王型。
'紫雾'	皮为紫色，中央为橙色；根长 10~12 英寸，渐尖。味甜，口感嫩脆。长时间烹饪会导致褪色。抗氧化剂含量是'宇宙紫'的两倍。	70~80 天内成熟。帝王型。

表 5-2　甜菜推荐类型和品种

在超市	
类型	描述
深红色或紫色甜菜	在超市购买时，选择根为深红色或紫色的甜菜。金色、白色和多色甜菜如'基奥贾'的营养价值较低。带叶片的甜菜比修剪过的甜菜更新鲜。

农夫市场、特产商店、自采摘农场，以及种子目录		
品种	描述	园丁注意事项
'公牛血'	肉质根中可见交替的红色圆环与深粉色圆环。深紫红色叶片味甜可口。嫩叶可加入混合色拉中，提升味道，增强色彩对比。	65 天内成熟。作为迷你甜菜根，提前收获时美味柔嫩。颜色随着成熟而加深。

农夫市场、特产商店、自采摘农场，以及种子目录		
品种	描述	园丁注意事项
'圆柱'（Cylindra）	深红色圆柱状甜菜根。味甜，质感细腻；适合生吃、罐装、冷冻和腌渍。容易剥皮和切片。叶片比其他甜菜品种的甜。	60天内成熟。种植间距应比其他甜菜品种小，因为它们会生长得更高而不是更宽。留在土壤中不易变质。不会变得坚硬或纤维化。
'底特律深红'	最常见的品种之一。根为球形，直径约3英寸。甜而柔滑，质感细腻，皮和果肉都呈深红色。幼嫩的茎叶用在色拉和配菜中的味道很好。土臭素含量低，所以没有土味。	58天内成熟。适合在小园子种植，因为地上部分相对较小，所以能够近距离播种。
'红色王牌'	根甜而柔嫩，口感滑腻，红色色素的含量比标准甜菜高50%。有光泽的鲜绿色叶片适合用在色拉和配菜里。根适合切片、切丁，或者整个食用，尤其是幼嫩的时候。	55天内成熟。杂种优势让这个品种萌发良好，春季生长速度快，肉质根外形整齐划一，还有很好的抗病性。

表5-3　番薯推荐类型和品种

在超市	
类型	描述
深色果肉品种	与马铃薯相比，番薯的升糖指数较低，抗氧化价值较高。最有营养的品种拥有橙色、深橙色或紫色果肉，而且常常顶着"yam"的名字销售。

农夫市场、特产商店、自采摘农场，以及种子目录		
品种	描述	园丁注意事项
'博勒加德'（Beauregard）	块根椭球形，表皮深橙红色，果肉柔软湿润，味甜，呈现出鲜艳的橙色。富含β-胡萝卜素。最流行的品种之一。	90天内成熟——对于番薯而言是早熟。适合冷凉气候。

续表

农夫市场、特产商店、自采摘农场，以及种子目录		
品种	描述	园丁注意事项
'卡罗来纳红'	表皮红色，果肉橙色。抗氧化剂含量比'博勒加德'高。	115~125天内成熟。耐干旱。种植时需要很多空间。喜温暖或炎热的生长环境。
'黛安'（Diane），又称'红黛安'（Red Diane）	表皮橙红色，果肉橙色。	105天内成熟。
'夏威夷'（Hawaiian），又名'冲绳'（Okinawan）	原产日本的冲绳岛。表皮土褐色，果肉则呈鲜艳的紫色。花青素含量高于蓝莓。与'斯托克斯紫'相比，质感较干，颜色较浅。	100天内成熟。
'斯托克斯紫'	花青素含量比'夏威夷'番薯高。表皮棕色，果肉深紫色，几乎为黑色。味道浓郁，有红酒味。稀有。某些农夫市场有售。	100天内成熟。专利品种，只有主要位于加利福尼亚州利文斯顿（Livingston）的几家公司有生产许可。

根茎类蔬菜：要点总结

1. 从橙色胡萝卜中获取最多益处。

要想从橙色胡萝卜中获取最多的健康益处，应该选择完整的新鲜胡萝卜而不是所谓的迷你胡萝卜。仍带有茎叶的胡萝卜，味道比其他胡萝卜更新鲜。烹饪过的胡萝卜比生胡萝卜更有营养。在含有胡萝卜的菜肴中加入一些脂肪或油脂。如果将它们整根蒸熟或烤熟后再切割，胡萝卜滋味更足，更有营养。

2. 紫色胡萝卜比橙色品种更有营养。

紫色、红色和黄色胡萝卜见于某些超市和农夫市场。紫色品种是你最健康的选择，因为它们富含花青素。在一项动物研究中，紫色胡萝卜中的花青素能够逆转许多与高脂肪、高碳水化合物和高果糖相关的健康问题。

3. 多吃甜菜和甜菜叶。

红色的甜菜根富含甜菜红素，一种可以降低癌症和许多其他疾病风险的植物营养素。甜菜汁可以减轻跑步或走路的疲劳感，带来更好的运动表现。甜菜叶甚至比根更有营养。当你购买束状甜菜时，将叶片与根切开，单独储存。叶片储存在微孔密封袋里，根不用包装，储藏在冰箱的保鲜抽屉即可。烤、蒸或微波都能增加它们的抗氧化活性。若想掩盖土臭素造成的土味，可以用黄芥末、辣根或醋调味。

4. 与马铃薯相比，番薯对健康更有好处。

番薯和马铃薯是不同的物种。与普通马铃薯相比，番薯的抗氧化剂含量更高，升糖指数较低。最有营养的品种果肉为红色、深橙色或深黄色。美国超市出售的所谓"yam"并不是真正的薯蓣，而是另一种番薯。如果你将番薯储存在冰箱里，它们会产生异味。应该将它们存放在凉爽、黑暗的地方。摄入更多番薯并减少对传统马铃薯的摄入是一种健康的选择。

第6章

西红柿
重现它们的滋味和营养

现代西红柿和野生西红柿

西红柿在美国极受欢迎。一个典型的美国人每年会吃掉95磅西红柿，其中一半是以番茄酱、比萨酱、意大利面酱、汤、西红柿膏和罐装西红柿的形式吃掉的。虽然我们吃掉的马铃薯比西红柿多，但我们其实更喜爱西红柿。19世纪20年代，一位名叫米凯莱·费利切·科尔内（Michele Felice Cornè）的意大利画家这样说道："马铃薯生长在黑暗中，细长的根颜色很浅；它没有味道，它在地下生长。但西红柿生长在阳光下，它呈现出精美的蔷薇色，味道精致；它是有益健康的，而且做成汤之后令人喜欢。"

今天还有谁会为我们超市里的西红柿写颂歌呢？它们大多看上去成熟饱满，颇为诱人，却不能令人满意。与园子里新鲜采摘的西红柿相比，它们的味道和香气都很黯淡。虽然消费者还在购买它们，但那种兴奋之情早就已经消失了。食品制造商也注意到了味道的损失。在设计含西红柿的产品时，他们会添加一种名为"天然西红柿味"的化学调制品，以弥补缺失的味道。西红柿的味道不再存在于西红柿中，它成了我们添加到这种化学调制品中的东西。

虽然味道的损失显而易见，但植物营养素的损失就只能通过昂贵、先进的科技手段才能觉察了。实验室检测表明，超市里的大多数西红柿都不能达到期望。某些传统品种的营养含量同样很低。如果你不知道应该买哪些品种的西红柿，你可能会把非常昂贵而且健康益处极少的西红柿买回家。在这一章，你将了解营养丰富而且十分美味的现代和传统西红柿品种。你还会发现提升它们营养价值和味道的新方法。

西红柿的两千年改造史

要想理解我们对西红柿做了什么，我们需要追溯它们的起源。我们现代西红柿的野生祖先原产于南美洲的干旱高原，高原的一侧是太平洋，另一侧是安第斯山脉。只要你有时间和资源，如今也可以亲手采摘这些活着的珍宝。下面就是你要做的。首先，坐飞机去秘鲁的首都利马。抵达机场后，雇一名知道去哪儿找野生西红柿的当地向导。租一辆四轮驱动越野车，在陡峭、狭窄、坑坑洼洼、布满水沟的山路上爬坡行驶许多个小时，穿过多个海拔 5000 英尺的山口。在风尘仆仆地抵达目的地后，你从车上下来，开始在岩石遍地的山上搜索一种植物，它那与现代西红柿相似的小叶片生长在长长的藤蔓上。

当你找到西红柿藤的时候，你一眼就能看出它们和你后院里的西红柿植株是不一样的。大多数现代西红柿是定高的，定高的意思就是说它们长到一定高度之后就会停止生长，这是它们进入文明状态的明证。野生西红柿是不定高的，它们整个夏天都在生长，而且会无情地嘲笑你试图将它们绑在立桩上或者限制在笼子里的尝试。弯下腰更仔细地观察这些藤蔓，你会看到成串的小小西红柿。这些西红柿非常小，看上去像红莓果。有些野生西红柿的大小和蓝莓一样，重量还不到半克。450 个这种小小的西红柿才相当于一个现代牛排西红柿的分量。

野生西红柿尺寸如此微小是有道理的，因为所有的西红柿都属于水果，而不是蔬菜。（如果一种"蔬菜"有种子或果核，那它就是水果。）西红柿被进一步归类为浆果。出现在我们三明治里的西红柿厚片实际上是巨大的浆果。

近些年来，几支研究团队长途跋涉来到秘鲁，想要更深入地了解这些小小的果实。到目前为止，他们鉴定出了 8 个不同的物种。最有营养的物种是深红色的醋栗西红柿（*Lycopersicon pimpinellifolium*）。这些微小的西红柿与我们的现代西红柿之间的营养差异令人震惊。按照同等重量计算，它们的番茄红素含量是我们在商店里买到的切片西红柿的 **40 倍**。它们还是微型味道"炸弹"。吃下一颗，它美味的汁液就会在你的口腔中流淌，带给你更新鲜的西红柿风味。

第一批西红柿品种

两千年前或更久之前，南美洲的农民开始将野生西红柿的种子留下来，并播种在他们阶梯式的山坡菜地里。至于他们种植的是哪些品种，我们知之甚少；不过，要说他们是如何食用它们的，我们的确有一些线索。现存最古老的西红柿食谱是用象形文字书写的，会使用西红柿、辣椒和盐——这就是最初的莎莎酱。

　　在接下来的一千年里，西红柿扩散到中美洲、墨西哥和加拉帕戈斯群岛，最有可能的扩散方式是以种子的形式被迁徙鸟类、海龟和搬迁到新土地上的农民运输到各个地方。直到大约 500 年前，西红柿还仅仅分布在新世界。1519 年，西班牙征服者埃尔南·科尔特斯（Hernán Cortés）航行到尤卡坦半岛，开始了与玛雅人的战争。在大肆劫掠之余，他还抽时间品尝了一些当地西红柿。一位名叫贝尔纳迪诺·德萨阿贡（Bernardino de Sahagún）的西班牙牧师当时恰好生活在这个地区。在西班牙国王的请求下，他撰写了在村庄市场上出售的这些西红柿的详细描述。他写道，街道上的商贩提供"大西红柿、小西红柿和叶西红柿"，此外，还有"大毒蛇西红柿"和"乳头形西红柿"。他描述了它们颜色上的细微差异："相当黄，红，非常红，相当红润，红润，鲜红，泛红，还有朝霞一样的红色。"他还评论了它们的味道。他报告称，有些西红柿的味道是苦的，甚至会"抓挠人的喉咙，或者让人口中发干，流不出口水"。其他一些西红柿"让喉咙产生灼烧感"。很显然，当时并非所有西红柿都适合人们敏感的味蕾。

　　科尔特斯和他的手下肯定发现了一些他们喜欢的品种，因为他们将西红柿种子和他们掠夺来的翡翠和黄金等财宝一起带回了西班牙。他们选择的种子很有可能来自最甜、最多汁的西红柿，而将那些烧喉咙和令人"流不出口水的"（涩的）西红柿抛在身后。最终传播到整个欧洲的西红柿就来自他们精心挑选的那些品种。

　　这些种子抵达西班牙仅仅 20 年，西红柿就在西班牙、意大利和法国的园子里种植开来。16 世纪中期，意大利医生兼博物学家彼得罗·马蒂奥利（Pietro Mattioli）在日记中提到，自己的同胞用橄榄油、盐和胡椒涂抹在西红柿切片上食用。在提到西红柿的厨艺书中，第一本印刷版书于 1692 年在那不勒斯发行，其中有一道制作西班牙风格番茄酱的食谱。法国人十分喜爱西红柿，他们甚至将西红柿叫作 "pommes d'amour"，即 "爱之果"。

西红柿在北欧的待遇就冷淡多了。这些警惕的北欧人看了一眼西红柿的植株，认为它长得很像许多有毒且可能致死的茄科植物，包括致命的颠茄（*Atropa belladonna*）、风茄（*Mandragora officinarum*）和曼陀罗（*Datura stramonium*）。西红柿的确属于这个恶毒的科，但是它们并没有其他成员那样的毒性。然而，西红柿并没有享受到疑罪从无的待遇。很多人认为它们同样邪恶——这就是连坐定罪了。直到几百年后，西红柿才得到大部分北欧人的接纳。

西红柿抵达美国

托马斯·杰斐逊（Thomas Jefferson）是一位狂热的美食家和园丁，18 世纪 80 年代，他在担任美国驻法大使期间知道了西红柿。他爱上了这种奇特的果实，并将种子带回自己位于蒙蒂塞洛（Monticello）的巨大的果蔬园子里种植。根据杰斐逊的园艺笔记，他种植了一种 "矮小西红柿" 和一种硕大、有肋纹的 "西班牙西红柿"。据他描述，后者 "比常见种类大得多"。每一年，他都会记下第一批西红柿 "走上餐桌" 的日期。多亏了杰斐逊和其他爱好美食的旅行家，数十个欧洲品种很快抵达了美洲海岸。然而，它们当中的大多数只来自一个物种——西红柿（*Solanum lycopersicum*），其他七个物种仍然默默地生长在南美洲，包括营养极为丰富的醋栗西红柿。

和北欧人一样，许多美国人接受这种新果实的步伐也很慢。一开始，人们只是将西红柿当作观赏植物种植，而不拿来食用。托马斯·杰斐逊和其他人鼓励人们接受这种味美可口的果实，然后它才开始出现在更多的家庭果蔬园子里。不过，即使已经过了 40 年，仍然有人将西红柿视为怪异之物。曾任康涅狄格农业局秘书长的西奥多·塞奇威克·戈尔德（Theodore Sedgwick Gold）写道："我们在大约 1832 年种植了第一批西红柿，但只是将它们当作一种奇异的植物，并不加以利用。不过，我们听说法国人是真的吃这些果实的。"

创造完美的西红柿

跟大多数水果和蔬菜一样，西红柿在 19 世纪和 20 世纪也经历了重大改造。美国西红柿育种者有三个主要目标 —— 让它们更高产、更整齐划一和更漂亮。果实外观受到很大重视。在我们曾祖辈时代种植的那些品种和我们今天光滑饱满的圆球一点儿也不一样。当时的一些品种果皮如砂纸般粗糙。大多数品种是圆盘形或者有肋纹的。部分品种有硬核或者有毛，而且很多品种有巨大的空腔，就像灯笼椒一样。少数品种多瘤，甚至被形容为长着"猫脸"。

来自俄亥俄州雷诺兹堡（Reynoldsburg）的"播种者"亚历山大·W. 利文斯顿（Alexander W. Livingston）用一己之力清除了这些缺陷。他的目标是创造出最好的新品种，不但味道可口，而且拥有更整齐和更漂亮的外观和更容易控制的生长习性。不能再有四处伸展的藤蔓了！作为一名完美主义者，利文斯顿花了二十年时间培育出了数百个新品种，直到他终于创造出一个符合自己所有标准的品种，他将其命名为'典范'（Paragon）。1879 年推向市场的'典范'被盛赞为全世界第一种果实完美地生长成均匀一致形态的实心西红柿。继'典范'之后，利文斯顿又推出了'巅峰'（Acme）、'皇家红'（Royal Red）、'最爱'（Favorite），以及其他几十个品种。

利文斯顿培育的品种，如今几乎没有人种植了，但是他和其他育种者为后来培育的所有西红柿设立了标准。20 世纪初，美国消费者希望在商店里看到硕大、光滑、皮薄、多汁的实心西红柿，而且不要有硬瘤和肋纹。同样重要的是，西红柿必须从上到下颜色均匀一致。

直到一个世纪之后，人们才知道创造颜色均匀一致的西红柿在营养学方面的后果。美国农业部的研究人员在 2012 年的《科学》（Science）期刊报道称，这些新品种之所以颜色均匀，是因为它们拥有一个突变基因，这个基因使得它们的成熟过程步调一致。这个基因有一种无法预见的负面效果：它会降低西红柿的番茄红素含量，以及它们的整体营养价值。时至今日，几乎所有的现代西红柿品种都携带这个突变基因，它们的番茄红素含量因此降低了。

提前收获使西红柿淡乎寡味

到 20 世纪 00 年代中期时，西红柿生产已经高度工业化。美国大多数西红柿种植在加利福尼亚或者佛罗里达的超大农场，或者种在北部地区的温室里。西红柿第一次被装船运往数百甚至数千英里之外的市场。有些新鲜水果和蔬菜可以长途运输到目的地并且不会受损 —— 马铃薯、洋葱、胡萝卜和冰山莴苣名列其中。然而，完全成熟的西红柿不能承受长途航运。就算再小心谨慎地将它们放进包装箱，这种果实也会在运输过程中开裂或者碰伤。即使在抵达目的地时能够保持完整的外表，也很可能过熟或者处于腐烂的边缘。

西红柿产业找到了解决这些问题的方法：在果实成熟之前采摘。通过试错，生产商们发现，如果他们在西红柿果实刚刚显色时，也即所谓的"破色期"（breaker stage）采摘，它可以在接下来的大约两周内变成红色。然而，如果再提前几天采摘，它就永远不会成熟了。这就导致可供采摘的时间很短。如果一切顺利，西红柿在运输过程中会足够结实，而在抵达商店时则呈现出恰到好处的成熟度，红艳动人。

如今，西红柿的生产是一项价值十亿美元的产业，其成熟过程已经成为一门精确的科学。西红柿仍然在破色期采摘，但它们会被运往各地仓库，在那里用精确剂量的乙烯催熟。乙烯是植物产生的一种天然物质，可以诱发成熟过程。当仓库里的西红柿在乙烯的作用下变得足够红，能够让消费者满意的时候——此时西红柿还没有完全成熟——它们就会被分送到附近的商店里去。在理想的情况下，它们将在商店或者我们的厨房里完成成熟过程。

虽然催熟的西红柿能呈现出我们希望它具备的"西红柿红色"，但是与在阳光下自然成熟的西红柿相比，它们没那么甜，而且更酸。香味——味道至关重要的部分——完全不见了。如果没有这种香味，即使是在果园里成熟的、最美味的有机西红柿吃起来也会淡而无味。

为了找回丢失的味道，许多消费者决定多花钱买价格高的成串西红柿（cluster tomatoes）。背后的逻辑假设是这些高价西红柿是在田野里成熟的。然而，事实并非如此。成串西红柿的采摘时间只比传统西红柿晚一两周，且在储存过程中成熟。在田野里多停留的这几天的确让它们在某种程度上更有滋味一些，然而它们永远都不可能达到完全成熟时摘下来的西红柿的食用品质或健康益处。如果你买了成串西红柿，到家之后请仔细尝尝它们的味道，看你多付的钱是否花得值。在购买时，寻找结在柔韧的鲜绿色藤蔓上结实的深红色西红柿。

21 世纪的大改造

很显然，现在是对西红柿再一次进行革新的时候了。21 世纪的改革需要关注口味和营养，而不是让西红柿更高产，更容易采摘和运输。我很高兴地向读者汇报，这场"修复工程"已经在进展当中了。一些先驱研究者已经开始使用传统育种方法来创造拥有野生西红柿的更多风味和健康益处的新品种。

宾夕法尼亚州立大学的植物科学家马吉德·弗拉德（Majid Foolad）则走得更远：他用现代西红柿和野生西红柿杂交。当他发现我们的现代西红柿缺少制造大量番茄红素的基因时，他选择探究源头——南美洲的野生西红柿。他的注意力集中在深红色的醋栗西红柿上。弗拉德种植并研究了该物种的三百多棵独立植株。一棵编号为 LA722 的植株脱颖而出。它的番茄红素含量非常高，而且对几种病害都有抗性。它只有两个缺点：藤蔓拒绝停止生长，而且果实只有弹珠大小。这个"野孩子"必须被驯服。弗拉德花了几年时间用 LA722 与现代西红柿品种杂交，后来他终于成功地创造出一种樱桃西红柿和其他几个果实更大的品种，它们的番茄红素含量是大多数西红柿的 3 倍。这些新品种在不远的将来就能被我们买回家种植了。

在超市购买西红柿

　　幸运的是，你不必等到新品种上市也能享用美味可口且营养丰富的西红柿。如果你知道如何在目前的超市里找出最有营养的西红柿，下次你买西红柿的时候，就可以让自己的番茄红素摄入量增加到原先的 3 倍或 4 倍。这些品种中有不少还有美妙的味道。在本书写作期间，还很少有超市会列出西红柿的品种名。相反，所有西红柿都被宽泛地归为四大类：（1）个头最大的牛排西红柿；（2）中等大小的西红柿，称为切片（slicing）西红柿、色拉（salad）西红柿或球形（globe）西红柿；（3）罗马（Roma）西红柿，或称李子（plum）西红柿；以及（4）各种小西红柿，包括樱桃型、葡萄型和醋栗型几种类型。按照下面这些简单的原则，你就能挑选出每个大类中最有营养的品种。

　　首先，根据颜色挑选西红柿。总体而言，颜色最深的红色西红柿含有的番茄红素最多。仔细观察，你就能看出不同西红柿品种和同一品种不同西红柿个体的颜色差异。颜色最深的红色西红柿最有营养。黄色、金色、粉色、绿色或浅红色西红柿的番茄红素含量较低。很多人特别喜欢黄色樱桃西红柿，因为它们很甜，而且酸度很低。当然，'太阳金'（Sun Gold）西红柿是长盛不衰的品种。这些鲜艳的金色西红柿味道很好，而且在颜值上与红色西红柿有得一拼，但是它们的抗氧化活性很低。只享受它们的味道和新颖的颜色就好。

在选购西红柿时，大小和颜色是同等重要的指标。个头小的深红色西红柿含有的番茄红素最多，而且味道更甜，更有滋味。平均而言，牛排西红柿的含糖量为 3%~5%，中等大小的西红柿为 5%~7%，而樱桃大小以及个头更小的西红柿为 9%~18%。西红柿是低升糖水果，所以即使小西红柿含糖量更高，也不足以升高你的血糖——这些糖只是让西红柿更好吃了。与个头更大的西红柿相比，小西红柿的维生素 C 含量也更高。如果你选择更小的西红柿，你就会获得更多风味和营养。

浓缩的都是精华，这条原则在同一类别内部也同样适用。某些樱桃西红柿的大小只有其他樱桃西红柿的一半。作为一条普遍规律，最小的樱桃西红柿是最有营养和滋味的。最小的牛排西红柿也比最大的牛排西红柿更有营养，但它们的营养离小不点们还差得远。

较晚进入市场的葡萄西红柿比大多数樱桃西红柿小，而且也更有营养。它们看上去像是李子西红柿的迷你版本，一个卖点是你可以将它们整个放进嘴里，因此很适合当作开胃菜和放学后的小吃。它们通常装在带孔的塑料盒子里出售，以防变干。（较高的表面积与体积比率让水分更容易流失。）请在购买前仔细检查，不要买表面皱缩、有凹痕，或者已经失去光泽的西红柿。

在所有西红柿中最小的醋栗型西红柿并不是一种微型樱桃西红柿，它们是另一个物种。实际上，它们属于西红柿中的营养冠军，遗失多年的醋栗西红柿。醋栗西红柿如今在大多数大型超市有售。它们也是装在带孔的塑料盒子里出售的。在我们这片工业化的食品荒漠中，它们就像是一片充满野性的绿洲。吃下这些小小的果实，享受它们的风味、甜美和格外丰富的番茄红素吧。

　　大多数人在吃樱桃西红柿、葡萄西红柿和醋栗西红柿时，只限于将它们用在色拉、零食和开胃菜中。我建议你尝试我的吃法。将它们切片或切碎，添加到三明治、玉米煎饼、炸玉米卷、莎莎酱、鳄梨色拉酱、菜肉馅煎蛋饼、煎蛋卷和汉堡包里。还可以将它们煮到浓稠，做成滋味浓郁、富含番茄红素的番茄酱。

　　下面这道西红柿莎莎酱的食谱制作起来很简单，成品好吃又好看。它拥有樱桃西红柿的鲜红色和丰富的植物营养素，还有大葱的深绿色和健康益处。传统食材芫荽的抗氧化功效比菠菜和莴苣都要强。如果你不喜欢芫荽，可以用新鲜的罗勒代替。做好的莎莎酱可以分成两份，其中一份冷冻起来。如果在其中加入切碎的鳄梨，你还能得到更多的养分。

西红柿莎莎酱

总时间：15分钟

分量：2杯

1磅樱桃西红柿、葡萄西红柿或醋栗西红柿（大约2杯）

½杯切碎的大葱（包括白色和绿色部分）

3茶匙新鲜压榨的来檬汁（来自大约2个小来檬）

½杯切得极细的新鲜芫荽叶

1个小塞拉诺（serrano）辣椒，去籽，切成碎粒，或者

¼~½茶匙卡宴（cayenne）辣椒，按个人口味酌量增减

1个蒜瓣，用压蒜器压碎

¼茶匙盐

⅓切碎的鳄梨（可选）

将西红柿冲洗干净，去除残留的茎叶。将它们放入食品料理机或搅拌机中处理几次，直到它们变成大约¼英寸的均匀小块。

将西红柿转移到小碗中，加入剩余材料，搅拌均匀。室温下食用或者冰镇后食用。吃不完的储存在冰箱里。

超市之外

在农夫市场或特产商店购买西红柿时选择最多，包括为了味道而非产业化培育出来的传统品种。所有这些西红柿都是由当地农民种植并等到成熟时才采摘的。从当地农民手中购买西红柿就像自己种植西红柿一样，但是你不用付出劳动。

在农夫市场，你可以买到特定品种。农民知道自己出售的农产品的品种名，出售当地西红柿以及传统西红柿的特产商店的农产品部经理也知道它们的品种名。本章末尾的推荐品种列表包括传统品种和杂交品种。虽然这些杂交品种不曾生长在我们的祖辈或曾祖辈的果蔬园子里，但它们当中的许多品种味道很好，而且极具营养。例如，新的F1代杂交品种'朱丽叶'（Juliet）甜而味浓，而且番茄红素的含量是捷克斯洛伐克传统品种'斯图皮斯'（Stupice）的3倍。我的祖父一定很想尝一尝'朱丽叶'。

传统品种的营养价值差异极大。传统西红柿品种'红梨子'（Red Pear）味道浓郁，其番茄红素含量竟然高达典型超市西红柿品种的 27 倍。相比之下，同样古老的品种'多纳'（Dona）的营养还不如便利店出售的大部分西红柿。你可以带上 154~156 页的推荐品种列表去选购，把最有营养而且最美味的西红柿带回家。

家庭种植西红柿

美国有超过 3500 万人自己种植西红柿。如果你有种植几棵植株的空间，不妨尝试一下。种植西红柿在最近几十年变得容易多了。许多年前，大多数人只能用种子种植西红柿。如今，你可以在苗圃、园艺商店、折扣店甚至超市买到西红柿幼苗。挑选六株装的西红柿幼苗，带回家，将西红柿种在朝阳的肥沃土壤中，然后按照西红柿的需要浇水。如果你没有园子，可以把西红柿种在大盆子里。从 7 月末一直到 9 月，你都可以享用自己种植的西红柿。

当你自己种植西红柿时，可供你选择的传统品种和杂交品种有一百多个。如果你多种植红色的葡萄西红柿、樱桃西红柿和醋栗西红柿，你就能收获最多健康益处。小西红柿适合种在冷凉气候区，因为它们的成熟时间比大西红柿品种提前数周；在我位于皮吉特湾的果蔬园子里，它们在有些年份是唯一能够成熟的西红柿种类。在温暖气候区，小西红柿在收获时硕果累累。你可以在更大的西红柿开始显露红晕之前收获大量樱桃西红柿。

有机西红柿

在非有机农场，西红柿会被喷洒除草剂、杀虫剂，以及植物生长调节剂。西红柿种植业使用的标准杀虫剂包括 N- 甲基二硫代氨基甲酸钾、威百亩、三氯硝基甲烷、1,3- 二氯丙烯、百菌清和溴甲烷。它们全部被农药行动网络（Pesticide Action Network，简称 PAN）归为"有害化学物质"（Bad Actors）。在他们的辞典里，有害化学物质是具有毒性、在实验室测试或动物研究中会引发癌症、干扰繁殖或者污染环境的化学物质。有机西红柿没有这些不受欢迎的化合物。

有机栽培会影响味道和营养吗？一项研究认为，与按照传统方式栽培的西红柿相比，有机西红柿拥有更加浓郁且柔和的味道。一些研究（但并非所有研究）表明，有机西红柿还更有营养。然而，在目前的所有研究中，西红柿品种对其营养含量的影响比它的栽培方式大得多。最好的做法是选择在有机农场里或者你自己的园子里种植的充分成熟、营养丰富的品种。

储存西红柿

无论你是从市场上购买还是从自家园子里采摘优质的西红柿，进入家门之后，它们的命运都掌握在你的手中了。从那一刻起，你对它们的处理方式会深刻影响它们的风味和营养。在风味方面，最糟糕的事就是把西红柿储存在冰箱里。当西红柿的内部温度低于10℃时，它就会停止生成产生味道和香味的化合物。更糟的是，它已经形成的味道还会开始消退。在冰箱冷藏仅仅两天之后，西红柿就会变得不那么甜，还会变苦，而且几乎完全失去了香味。冷藏的时间越久，损失就越大。

马上把拿回家的西红柿吃掉，或者储存在家里温度为 13～

21℃的区域。扔掉任何开裂或过熟的果实。放置西红柿时令果柄一端朝上，以减缓果实软化和变黑的速度。（果柄一端有一个小凹陷。）盖上薄棉布或者水果网罩，阻隔果蝇和其他害虫。在两三天内吃完。

如果你买的是半成熟的西红柿，可以将它们放入密封纸袋（而不是塑料袋），留在厨房台面上即可。每天查看一次。当西红柿变成深红色但是仍然比较结实时就可以吃了。

准备西红柿

许多食谱要求在准备西红柿时去除果实中的浆液和种子，然而，你需要三思而行。西红柿的汁液富含一种名为谷氨酸（glutamate）的氨基酸，它是化学增味剂谷氨酸单钠（monosodium glutamate，简称 MSG；即味精）的一部分。像味精一样，谷氨酸也能增强其他食品的风味。西红柿果皮和种子的维生素 C、番茄红素含量和整体抗氧化价值约占整个西红柿的 50%。

和其他几种果蔬一样，西红柿烹饪后再吃比生吃更有营养。实际上，**烹饪的时间越长，你能得到的健康益处就越多**。加热会通过两种方式提高它们的营养价值。第一，它会打破果实的细胞壁，让细胞中的营养更容易被生物体吸收利用。第二，它会将番茄红素的分子转变成一种更容易吸收的新构造。（加热过程将反式番茄红素转变为顺式番茄红素，后者更容易被生物体利用。）生西红柿对你有好处，而烹饪过的西红柿更是近乎良药。如下图（图6-1）所示，只需30分钟的烹饪就能将西红柿的番茄红素含量增加到原来的两倍多。

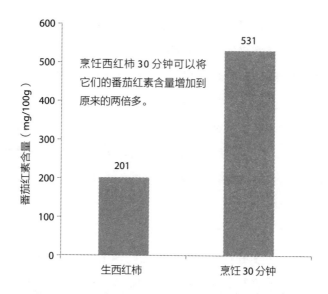

图6-1　西红柿在生鲜和烹饪状态下的番茄红素含量对比图

西红柿加工品

我把最大的惊喜留在了最后。超市里最有营养的西红柿不在农产品区，而是在罐装食品区。无论是罐装，还是煮成西红柿膏或者番茄酱，西红柿加工品都是已知最丰富的番茄红素来源。原因在于，罐装过程中的加热环节会让番茄红素更容易被生物体利用。有趣的是，西红柿加工品也比超市里典型的西红柿更有滋味。用于加工食品工业的西红柿都是在果实完全变成红色的成熟期采摘的，然后立刻进行加工，有时候间隔只有数小时。这个过程没有任何风味损失。

西红柿膏是最浓缩的西红柿加工品，其番茄红素含量是生西红柿的7倍。西红柿产生番茄红素是为了抵御紫外线的伤害。对我们而言，吃西红柿膏也会带来同样的效果。在德国的一项研究中，志愿者分为两部分。一半志愿者不改变自身的饮食习惯，另一半志愿者在日常饮食中增加三茶匙西红柿膏。当志愿者暴露在足以产生轻度晒伤的紫外线照射下时，那些吃了西红柿膏的志愿者的皮肤泛红症状整体上比另一半志愿者轻 40%。

和其他罐装西红柿加工品不同，西红柿膏没有添加盐或糖，它是成熟西红柿的浓缩精华。当你将西红柿膏加入预制食品如罐装汤羹、意大利面酱、莎莎酱和番茄酱中时，西红柿膏会提升它们的风味，使其颜色更深，营养更丰富，同时还能稀释其中高浓度的盐或糖。

许多大厨和知识渊博的厨师还会在他们不含西红柿的菜肴中加入少量西红柿膏。西红柿会带来多层次的风味，突出其他食材的味道。尝试在蔬菜汤、炖菜、砂锅菜和蛋类菜肴中添加一两茶匙西红柿膏。这样做的话，西红柿的味道基本难以察觉，但是由于西红柿中含有谷氨酸，食物本身的味道似乎变得"更圆润"、更均衡。

大多数西红柿加工品使用的包装罐都有塑料内衬，这层塑料含有一种名为"双酚 A"（bisphenol-A，BPA）的有害化学物质。为了减少与双酚 A 的接触，应该选购装在玻璃罐或者不含双酚 A 的金属罐子里出售的西红柿加工品。还可以选择购买装在无菌容器——上浆纸袋如 Tetra Paks——里的西红柿，无菌容器可以让食物在无需冷藏的条件下储存数月之久。

表6-1　西红柿推荐类型和品种

在超市		
颜色	类型	描述
红色	樱桃西红柿	番茄红素含量高于大个红色西红柿。通常而言，颜色越深，尺寸越小，西红柿的营养价值就越高。在数天内吃完。不要放进冰箱储存。
红色	葡萄西红柿或醋栗西红柿	比樱桃西红柿更小，也更有营养。葡萄西红柿看上去像是微型罗马西红柿。醋栗西红柿更小而且很圆。两者的果皮都比樱桃西红柿薄，所以能够储存更长时间。它们通常装在带孔的塑料盒里出售。

农夫市场、特产商店、自采摘农场，以及种子目录			
品种	类型	描述	园丁注意事项
'亚伯拉罕·林肯'（Abraham Lincoln）	色拉西红柿或球形西红柿	中等大小的西红柿，鲜红色，微酸。适合做果汁、番茄酱和切片。番茄红素含量很高。	在80天内成熟。不定高。
'黑樱桃'（Black Cherry）	樱桃西红柿	小而圆的樱桃西红柿，果皮深紫色，味道浓郁。富含番茄红素。	在65~75天内成熟。不定高。
'小精灵'（Elfin）	葡萄西红柿	微型西红柿，果实为红色。适合做零食或色拉。富含类胡萝卜素和番茄红素。	在55~60天内成熟。定高。植株仅9~18英寸高。可盆栽。
'园丁之乐'（Gardener's Delight），又称'糖块'（Sugar Lump）	樱桃西红柿	小型红色西红柿，有浓郁的甜味。适合做零食和色拉。在最近一项研究中，是40个品种中番茄红素含量最高的。	在65天内成熟。不定高。高产。

续表

农夫市场、特产商店、自采摘农场，以及种子目录			
品种	类型	描述	园丁注意事项
'大比利时' (Giant Belgium)	牛排西红柿	大型传统西红柿品种。番茄红素含量高于大多数大西红柿品种，但是低于较小的西红柿。果肉肥厚，深粉色，种子少。酸度低。	在 85~90 天内成熟。不定高。
'夏威夷醋栗' (Hawaiian Currant)	醋栗西红柿	甜，深红色，弹珠大小。传统品种。番茄红素含量极高。	在 75~85 天内成熟。不定高。蔓生，长势健壮。果实成熟前簇生成串。高产。
'捷星' (Jet Star)	色拉西红柿或球形西红柿	果实紧致肥厚，中等大小（6~8 盎司），球形，味道温和。酸度低。适合切片和罐装。抗氧化剂含量高。	在 72 天内成熟。不定高。高产。
'朱丽叶'，又称'朱丽叶F1代杂种'（Juliet F-1 Hybrid）	葡萄西红柿	一种小型葡萄西红柿，果实深红色，有光泽，甜味浓郁。适合做零食和色拉。番茄红素含量很高。	在 60 天内成熟。不定高。不易开裂，抗病性好。果实在成熟时仍然留在藤蔓上。高产。
'马特野樱桃' (Matt's Wild Cherry)	醋栗西红柿	果实非常小（½英寸），圆且软，深红色，质感柔滑，甜味浓烈。适合做莎莎酱、零食和色拉。番茄红素含量高。它是近些年在墨西哥发现的一种野生西红柿。	60~70 天内成熟。极度不定高。在某些气候区，藤蔓可以长到 20 英尺长，并且一直到秋天还在结西红柿。稀有，但是种子变得越来越容易获得。

续表

农夫市场、特产商店、自采摘农场，以及种子目录			
品种	类型	描述	园丁注意事项
'牛心'（Oxheart）	牛排西红柿	果实硕大，心形。果肉肥厚，结实，有甜味，种子少。相当酸。番茄红素含量比其他大西红柿品种高。	在 85 天内成熟。不定高。可连续结果。叶片似蕨。高产。
'红梨子'	樱桃西红柿	果实小（最长 2 英寸），深红色，梨形。传统品种。甜而多汁，适合做零食和色拉。番茄红素含量最高的品种之一。	在 90 天内成熟。不定高。高产。
'圣马尔札诺'（San Marzano）	李子西红柿或沙司西红柿	中等大小的李子西红柿。红色果实瘦长，末端有尖。果肉厚实，汁液少。一些大厨认为它是做番茄酱和西红柿膏的最佳选择。富含番茄红素。	在 75~85 天内成熟。不易开裂。株型紧凑。
'萨拉加拉帕戈斯'（Sara's Galapagos）	醋栗西红柿	21 世纪在加拉帕戈斯群岛发现的野生种类。果小（⅓ 英寸），红，颜色浓郁，甜。非常稀有。	在 75 天内成熟。不定高。果实可以挂在藤蔓上很长时间不变质。
'太阳樱桃'（Sun Cherry）	樱桃西红柿	黄色樱桃西红柿的红色版本，但是营养价值高得多，因为番茄红素含量高。	在 55~68 天内成熟。不定高。成熟后立刻采摘以防开裂。果实簇生成一长串，每串可达 20 个果实。

西红柿：要点总结

1.与黄色、金色或绿色西红柿相比，深红色西红柿的番茄红素含量和整体抗氧化活性更高。

如果追求新颖的话，可以选择黄色和绿色西红柿。不过，若考虑营养价值，建议选择红色西红柿。

2.一般而言，西红柿越小，其糖和番茄红素含量越高。

红色的樱桃西红柿、葡萄西红柿和醋栗西红柿是最有滋味而且番茄红素含量最高的品种。将它们用在莎莎酱、番茄酱、汤羹以及色拉中。个头小的牛排西红柿比个头大的牛排西红柿更有营养。

3.成串西红柿不是在田野里成熟的西红柿。

这些所谓的在茎上成熟的西红柿，它们的采摘时间只比普通西红柿晚一周或两周。尝尝味道，看看它的滋味值不值得你出的高价。

4.西红柿加工品比新鲜西红柿更有滋味和营养。

和新鲜西红柿不同，用于罐装和加工的西红柿是在田野中成熟的，而且采摘不久就进行加工。罐装过程中的加热环节会促进番茄红素的吸收。在商店出售的所有西红柿和西红柿加工品中，罐装西红柿膏的番茄红素浓度最高。

5.将新鲜西红柿储存在室温环境下，以保存其风味。

如果将西红柿放在低于 10℃ 的温度中冷藏，它就会停止生成形成其味道和香味的化合物。

6.烹饪西红柿会将番茄红素转变为更易吸收的形式。

烹饪会提升西红柿的风味和营养，并且让它们的营养更容易被生物体利用。

7.尽量使用西红柿的果皮、汁液和种子。

果皮和种子是西红柿最有营养的部位，汁液富含谷氨酸，这种物质是增味剂谷氨酸单钠（味精）的成分。

第7章

不可思议的十字花科蔬菜

消除它们的苦味，获得回报

■ 球芽甘蓝

十字花科包括一个极为庞大的蔬菜类群。十字花科蔬菜的种类比你想象的还要多。在一家大型超市，你能找到芝麻菜、西兰花、球芽甘蓝、卷心菜、花椰菜、羽衣甘蓝（collard greens）、甘蓝、苤蓝（kohlrabi）、芥菜（mustard greens）、萝卜和芜菁。

　　如果去特色市场，你还能买到油菜籽，这种生活在冷凉气候区的十字花科植物是菜籽油的来源。日本色拉菜（mizuna）是一种卷曲的亚洲绿叶菜。与姜的根相似的绿色山葵（wasabi）为寿司增添了辛辣的味道。白菜是一种在远东地区极受欢迎的卷心菜，有明显的白色叶脉，如今已经在美国流行起来了。所有这些蔬菜的共同点是，它们的花都有四枚排列成十字形状的花瓣，正是因为这个原因，它们才被称为十字花科植物。

十字花科蔬菜的野生起源

　　大多数植物学家认为，我们的现代十字花科蔬菜起源于生长在地中海地区东部的野生植物。实际上，它们是叶片茂盛的绿色植物，不结球，很像我们的现代甘蓝。在希腊传说中，第一批十字花科植物是天神宙斯眉毛上的汗珠滴落到地上之后长出来的。这种联想究竟是正面的还是负面的，那就见仁见智了。罗马征服者在大约公元 500 年将这些蔬菜带到不列颠群岛。撒克逊人很喜欢它们，甚至将自己历法中的第二个月重新命名为"甘蓝发芽月"（Sprout Kale），以庆祝这种植物每年一次的发芽。生活在古法夫王国（Kingdom of Fife）的人同样喜欢十字花科植物，该地区属于如今的苏格兰，位于泰湾（Firth of Tay）和福斯湾（Firth of Forth）之间。周围地区的人将法夫王国的居民称为"吃甘蓝的人"。

与我们的大多数农产品不同，十字花科蔬菜的味道在驯化过程中没有变淡或者变甜。这是好消息，也是坏消息。好消息是十字花科蔬菜给我们提供的健康益处只有极少数水果和蔬菜才能媲美。坏消息是许多十字花科蔬菜有一种苦味或辣味，因而吓退了许多消费者，尤其是儿童和味觉非常敏感的人。

一种名为芥子油苷的化合物是它们的健康益处和不友好的味道的主要来源。蔬菜里的芥子油苷含量越高，它对你的身体就越好，但是味道也越苦。甘蓝和球芽甘蓝含有的芥子油苷最多，但它们是所有水果和蔬菜中最不被我们喜欢的。平均而言，一个美国成年人每年只能勉强吃掉半杯球芽甘蓝。我们吃掉的白马铃薯是这个数量的 250 倍。

大多数十字花科植物富含抗氧化剂。图 7-1 展示了一些常见水果和蔬菜（制品）的抗氧化活性以及年消费量的对比。灰色柱显示的是它们的抗氧化水平，以 ORAC 值表示。（ORAC 是氧自由基吸

收能力 [Oxygen Radical Absorbance Capacity] 的缩写，也叫作抗氧化能力，是衡量食物中抗氧化剂含量的一种有效且常用的方法。）灰色柱旁边的黑色柱显示的是我们的消费量。仔细观察这张图，你会发现，西兰花和甘蓝含有丰富的抗氧化剂，但是这些蔬菜我们吃得非常少。图左侧的冰山莴苣、法式薯条和香蕉的抗氧化活性最低，而这些食物我们吃得非常多。当美国农业部说"吃更多水果和蔬菜"时，大多数美国人选择吃更多法式薯条和香蕉，而不是更多西兰花和甘蓝。

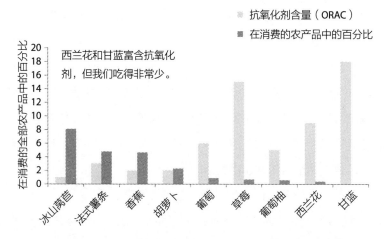

图7-1　常见水果和蔬菜（制品）抗氧化活性及年消费量对比图①

　　新的研究揭示了关于十字花科蔬菜的另一个问题。即使是那些大量摄入十字花科蔬菜的人，也可能只是得到了这些蔬菜中的一小部分营养。如果这些蔬菜是新鲜采收的，那它们就位于最健康的食物之列。但是，当它们经过长途运输，进入仓库，陈列在超市，然

―――――――――――――――――――――――――――――――――――――
① 本图只展示了各种蔬菜和水果（制品）ORAC值的相对大小，无确切数值。——译者注

后储存于你家的冰箱里时，它们的有益营养物质可能会损失高达80%。它们天然的甜味也会消失，而且它们的苦味会变得更强烈。而且，如果你用最常见的方式烹饪这些蔬菜，那只有极少的营养物质能保留下来。在这一章，你将学到选择、储存、准备和烹饪十字花科蔬菜的新方法，这些方法将让你获得它们的全部健康益处，而且同样重要的是，让它们有好吃的味道。

西兰花

西兰花已经成了健康的象征，这一点是任何其他蔬菜都做不到的。它的身影常出现在健康杂志、膳食减肥书、厨艺书和健康简报的封面上。在刚刚收获的时候，西兰花当得起这样的名声。它富含芥子油苷和抗氧化剂，这给了它对抗疾病的双重武器。然而，很少有人能够从这些营养物质中受益，因为这些化合物在西兰花采摘之后不久就被它自己消耗光了。和其他水果蔬菜一样，西兰花会在采摘后继续呼吸，但是它的呼吸速率非常快；与其说它是在呼吸，不如说它是在大口喘气。在不到一周的时间里，这种沉重的呼吸就会破坏掉它大部分有益的营养物质。

2003 年，西班牙的一项研究揭示，即使在理想的运输和储存条件下，这种过程也会发生。来自西班牙穆尔西亚（Murcia）的食品科学家购买了刚收获的新鲜西兰花，然后将其暴露在与正常储存和运输相同的环境条件下。这些西兰花先在能提供理想湿度和温度的气候控制仓库里存放一周。在接下来的三天里，它们暴露在与典型超市相同的更加温暖和干燥的环境。存放十天之后，这些西兰花损失了超过 80% 的芥子油苷，75% 的类黄酮（flavonoids），还有 50% 的维生素 C。虽然这些西兰花看上去仍然诱人，但其中的营养已经比刚收获时少得多了。

为了保存西兰花的全部营养，必须在采摘之后立即冷藏，然后在两三天之内吃掉。考虑到我们现在的集中化生产体系，这是不可能实现的。美国消费的大部分西兰花是在加利福尼亚州或者亚利桑那州种植的，收获之后运输到全国各地。它们抵达目的地需要一周或更久，通常还要在超市里陈列几天。美国现在每年从墨西哥进口价值九千万美元的西兰花，这部分西兰花的运输时间还要多几天。

你可以通过选择超市里最新鲜的西兰花来防止部分营养损失。寻找花球为深绿色而且花蕾紧闭的西兰花。西兰花不应该有发黄的迹象。茎应该结实并且呈鲜绿色。茎的切口应该是湿润光滑的，不应该是干燥或者有坑洞的。带茎的整个西兰花比预先切好的花序更新鲜。当西兰花被切成一个个花序时，这种蔬菜应对伤口的方式是加倍其原本就已经很快的呼吸速率；它会消耗掉自身储存的大量糖和抗氧化剂，剩余给你的寥寥无几。如果你购买整个西兰花，然后把它切成一个个花序再烹饪，那么你不仅省了钱，还能得到更多健康益处。

把西兰花买回家之后，应该立即冷藏，并在当天或者第二天吃掉。如果你打算多储存几天，可以把它放进微孔密封袋，然后存放在冰箱的保鲜抽屉里。根据最近的研究，与不带包装直接放进保鲜抽屉或者用完全密封的塑料袋相比，用这种方法储存的西兰花，其抗氧化活性会达到前者的两倍之多。在有些情况下，将蔬菜储存在微孔密封袋里的做法为你增添的健康益处，效果相当于选择更有营养的品种。

超市之外

在农夫市场出售的大部分西兰花都新鲜得无可挑剔，营养价值也很高。在那里，你可以按照品种购买。营养格外丰富的品种包括'帕克曼'（Packman）、'准将'（Brigadier）和'卡沃洛'（Cavo-lo）。寻找将西兰花放在冰上或者冷藏箱里的摊贩。在常温下放置仅仅一天，西兰花就会损失 10% 的天然糖分，这会导致它的味道变差。常温放置的西兰花，营养成分也会减少。

'紫芽'（Purple Sprouting）西兰花也是一个很棒的选择。它不结球，而是在侧枝上长出小小的紫色花序，可以连续收获数周之久。紫色来自花青素。这个如今很罕见的品种至少五百年前就在欧洲种植了，而且被认为是这种蔬菜最原始的形态之一。实际上，西兰花的英文名 broccoli 就来自拉丁语单词 *brachium*，它的意思是"手臂"或"分枝"。我们今天种植的这种拥有硕大绿色花球的西兰花是大规模育种的结果。

如果你自己种植一些果蔬，那么最新鲜的西兰花将来自你自己的菜园。种植几个成熟时间不同的品种是很不错的做法，这样你就能在整个夏季和秋季持续不断地收获西兰花。一些最耐寒的种类可以在温和气候区的冬天继续生长。

冷冻西兰花用起来很方便，但它的营养不如新鲜西兰花丰富。和所有的蔬菜一样，西兰花含有的天然酶必须在冷冻前失活，否则西兰花的味道和整体品质都会下降。令这些酶失活的标准方法是蒸煮几分钟，这个过程叫作热烫灭活。最近的研究发现，对西兰花进行热烫灭活会让它在还没有进入冷冻库时就有三分之一的芥子油苷被破坏掉。

生西兰花和烹饪后的西兰花

与食用烹饪过的西兰花相比，生吃西兰花能够让你得到 20 倍的莱菔硫烷（sulforaphane），这种有益化合物是这种蔬菜很大一部分抗癌功效的来源。可以将生西兰花当作零食、加入色拉，或者搭配美味的蘸酱当作开胃菜。

西兰花的烹饪方式也在很大程度上决定了你能从中获取多少健康益处。如果你在一锅水里煮西兰花 —— 最普遍的烹饪方式，一半的芥子油苷会从这种蔬菜析出到烹煮的汤汁里。如果你用热油煎它，损失掉的比例还会更高。用微波炉烹饪某些蔬菜可以增加其营养含量。然而，对于西兰花而言，短短两分钟的微波烹饪就会让它的一半抗氧化活性烟消云散。

烹饪西兰花的最佳方式是蒸，时间控制在 4 分钟之内。蒸能够使西兰花保留的营养最多，并且可以防止形成令人不快的气味和味道。想要做出最完美的蒸西兰花，应该将一整个西兰花分成鸡蛋大小的花序。每个花序留 2 英寸长的茎。在炖锅里倒入 1 英寸深的水并烧开。与此同时，将花序在蒸格里铺成一层，茎朝下。把蒸格放进炖锅，盖上锅盖。将火关小至可稳定产生蒸汽即可。蒸 4 分钟。在烹饪时间结束时，将西兰花从蒸格中取出，以免烹饪过度。西兰花的茎会稍稍有些脆。如果蒸的时间超过 4 分钟，西兰花会变得没那么甜，也没那么有营养了。许多顶级的餐厅供应的都是很脆的西兰花。

推荐用于西兰花和其他十字花科蔬菜的另一种烹饪方式是使用特级初榨橄榄油或类似的油脂煎炒，佐以大蒜调味。以这种方式烹饪，它们不会损失任何水溶性营养物质，因为它们接触的是油而不是水。另外，蔬菜还会吸收油脂和大蒜中的植物营养素，变得更有营养。

球芽甘蓝

球芽甘蓝是一种营养价值极高的突变品种。关于它们的起源，最令人信服的说法是它们源自一种甘蓝，名为"佛兰德甘蓝"（Flanders Kale）。这种蔬菜经历了一次自发突变，开始在茎上长出形似小卷心菜的结构。球芽甘蓝到 18 世纪末时已经在英格兰和法国颇为流行了。总是热衷于食物探险的托马斯·杰斐逊在 1812 年将这种蔬菜带回了美国。

如果你不喜欢球芽甘蓝的味道 —— 大多数人都不喜欢，你可以怪罪到黑芥子硫苷酸钾（sinigrin）和前致甲状腺肿素（progoitrin）的头上，它们是两种有苦味的化学物质。这两种物质在球芽甘蓝中的含量高于任何其他十字花科蔬菜，因此，球芽甘蓝是十字花科蔬菜中最不受喜爱的。然而，球芽甘蓝对健康非常有益，应该多吃一些。例如，球芽甘蓝杀死人类癌细胞的能力超过所有其他十字花科蔬菜。在 2009 年的一项试管研究中，这种蔬菜的提取物对乳腺癌细胞、胰腺癌细胞、胃癌细胞、前列腺癌细胞和肺癌细胞的杀死率为 100%。

关键在于尽可能减少球芽甘蓝的苦味。如果你精心挑选并且加以适当的烹饪，它们可以变得甜到令人惊讶，有坚果味，而且味道温和。在超市，寻找叶片紧密包裹着的鲜绿色球芽甘蓝。如果它们看上去萎蔫，发黄，或者有一股强烈的卷心菜气味，那就说明它们是很久之前收获的，已经消耗掉了自身的大部分天然糖类和营养。冷冻球芽甘蓝使用方便而且全年有售，但是实验室检测表明，它们的抗癌化合物含量只有新鲜球芽甘蓝的 20%。

球芽甘蓝的呼吸速率很快，所以储存方法和西兰花一样。拿到家之后应立即放到冰箱里冷藏，当天或者第二天吃完。在即将烹饪之前再清洗和修剪茎段。对于较粗的茎，将其底部十字形切开，这样它们熟的时间就会和叶片一样了。在灶台上蒸6~8分钟，具体时间取决于大小。尝一个，看看是不是熟了。口感应该是柔软的，又稍有些脆。如果蒸的时间比8分钟长太久的话，它们会变得过软，发苦，而且会失去鲜绿的颜色。加黄油、橄榄油或油醋汁搅拌均匀即可食用。按照个人口味加盐和胡椒。在特殊场合还可以添一份奶油沙司——这样，不喜欢苦味的人也可以享用它们了。此外，你还可以用烤箱烘烤球芽甘蓝，或者用橄榄油和大蒜略煎一下。我认识的一位大厨建议用鸭油煎炒这种蔬菜。

卷心菜

卷心菜是全世界最受欢迎的蔬菜。然而，在美国，它的受欢迎程度排在马铃薯、西红柿、冰山莴苣、玉米、豌豆和嫩菜豆（green beans）之后。平均而言，美国人每年吃掉八磅半卷心菜，这个数字是东欧人的五分之一，西欧人的一半。

大多数美国人更喜欢绿色卷心菜。绿色卷心菜又称白色卷心菜，因为它的内层叶片颜色非常浅。绿色卷心菜的抗氧化剂含量低于所有其他类型，但它仍然是最健康的蔬菜之一。当你购买卷心菜时，寻找结实紧凑并且手感沉甸甸的叶球。将两个卷心菜叶球放在一起互相摩擦，如果你听到短促尖锐的声音，说明它们相当新鲜。

与西兰花和球芽甘蓝不同，卷心菜的呼吸速率并不是很快，所以它可以在冰箱的保鲜抽屉里储存几周也不会损失掉许多营养。（而且你不用将它储存在微孔密封袋里。）不过，长时间的储存的确会削弱它的甜味。实际上，在经过仅仅几天的冷藏之后，它就会消耗掉30%的糖分。如果在买来卷心菜之后很快食用，味道会是最好的。

更甜、更有营养，而且没有臭味的卷心菜

洋葱在烹饪之后会变甜，而卷心菜会变苦。它还会产生硫化氢，一种有臭味的气体，让人想起臭鸡蛋。去除烹饪卷心菜时产生的臭味的民间土法有几十种，大多数方法需要在烹煮用水中加入某种材料，比如未去壳的核桃、一根芹菜、几片柠檬、新鲜的草莓，或者醋。一些厨师则干脆放弃，把空气清新剂拿了出来。

有一种更好的方法。如果你将卷心菜蒸5分钟或更短的时间，它就只会产生很少的硫化氢。令人惊讶的是，如果将卷心菜继续蒸2分钟，产生的硫化氢气体就会多一倍。为了在5分钟内蒸熟卷心菜，你需要将它切成半英寸厚的片，或者完全切碎。和处理所有其他蔬菜时一样，先大火把水烧开，再把卷心菜放进蒸格。蒸熟之后立刻让蒸好的蔬菜远离热源。在蒸好的卷心菜中加一汤匙橄榄油或黄油，再洒一汤匙孜然籽，搅拌均匀，就是一道简单而美味的配菜。可以按照个人口味添加盐和胡椒。

红色卷心菜是抗氧化之王。它的抗氧化活性是绿色卷心菜的6倍，皱叶卷心菜的3倍。大多数人把它当作绿色色拉里的装饰元素，但它值得扮演主角。制作罗宋汤时，你可以用红色卷心菜和红色洋葱代替绿色卷心菜和白色洋葱。你可以将红色卷心菜切碎，用橄榄油和大蒜煎炒。还可以加到炒菜里。将红色卷心菜与红色、橙色或紫色胡萝卜一起油煎，做出的菜肴颜色艳丽，非常诱人。还可以用红色卷心菜做凉拌色拉。

花椰菜

马克·吐温（Mark Twain）曾经打趣道："花椰菜只不过是受过大学教育的卷心菜。"实际上，花椰菜（*Brassica oleracea* var. *botrytis*）就是一种拥有更多抗氧化剂和更大抗癌功效的卷心菜。白色花椰菜是最常见的种类。实际上，许多美国人以为白色是花椰菜唯一的颜色。虽然颜色浅，但是它富含芥子油苷。某些颜色苍白的水果和蔬菜可能对你非常有好处，白色花椰菜就是一大佐证。如果你单纯按照颜色购买，就会错过它。

不过颜色更鲜艳的花椰菜品种含有更丰富的抗氧化剂。在一些大型超市和农产品商店里，你能找到荧光绿色、橙色和紫色的花椰菜。虽然在我们眼中是新鲜事物，但这些更加华丽的品种比白色花椰菜出现的时间更早。实际上，植物学家们认为，白色花椰菜是这些早期形态的白化突变。与标准白色品种相比，深紫色的'涂鸦'（Graffiti）花椰菜的抗氧化剂含量是前者的两倍半。留意鲜绿色的'罗马'（Romanesco）花椰菜，有些人错误地把它们称为西兰花。这是一种看上去非常怪异的蔬菜，由许多螺旋状的几何分形构成，看上去像是《奥兹国的翡翠城》里的天际线。孩子们一定会为之惊叹的。而且，绿色花椰菜的芥子油苷含量是白色花椰菜的4倍。

当你在购买花椰菜时，记得要选择那些你能找到的最新鲜的花球。花球应该没有斑点、擦伤或者灰霉病的痕迹。叶片应该是鲜绿色的。不要购买被切掉一部分花球的花椰菜 —— 这样做最有可能的目的是去除霉斑。花椰菜的呼吸速率比西兰花低，可以在冰箱抽屉里储存一周而不损失味道或营养价值。

和大多数冷冻蔬菜一样，冷冻花椰菜的营养少于新鲜的花椰菜。光是热烫灭活过程就会破坏它高达 40% 的抗癌化合物。花椰菜应该采用蒸的烹饪方式，不要用水煮。水煮这种最常见的方法会降低其抗氧化活性和抗癌功效。在上锅蒸之前，先将花球分成鸡蛋大小的块，茎朝下放在蒸格里。大火烧开一锅水，然后把装有西兰花的蒸格放进锅里。盖上锅盖蒸不超过 10 分钟，直到花椰菜变得略软为止。

甘　蓝

甘蓝是十字花科蔬菜中的王者，它的营养地位也排在大多数其他种类的蔬菜之前。甘蓝在公元前 2000 年首次得到栽培，在古代的希腊和意大利都有广泛的种植。从那时起，它的变化就非常小，不过我们现在拥有的品种比仅仅一百年前还少。1895 年，密歇根州立大学的研究者在他们的实验菜园里种植了 19 个甘蓝品种，包括‘红佛兰德’（Red Flanders）甘蓝、‘千头’（Thousand-Headed）甘蓝、有白色叶脉的‘昂热’（Angers）甘蓝，以及‘红泽西骑士’（Red Jersey Cavalier）甘蓝 —— 该品种能够长得和马背上的人一样高，因此得名"骑士"。

甘蓝是极少数营养价值相当于或者超过一些野生绿叶菜的蔬菜之一。如今种植的所有甘蓝品种都含有丰富的拥有抗癌和保护心脏功效的芥子油苷。在试管研究中，甘蓝提取物阻断了 6 种不同的人类癌细胞的增殖。甘蓝还有很高的抗氧化价值，红叶品种的功效比绿叶品种的大。1份甘蓝的钙含量相当于6盎司牛奶，纤维素含量相当于3片全麦面包。

遗憾的是，这些优点并没有让甘蓝成为一种受欢迎的蔬菜。平均而言，一个美国成年人每年吃6盎司甘蓝。对苦味的敏感程度基本上决定了人们是喜欢它还是不喜欢它。超级味觉者体验到的甘蓝苦味，是对苦味不敏感的人的4倍。如果你喜欢甘蓝，那么你很可能对苦味有较高的容忍度。感谢这种特质吧。

将甘蓝储存在冰箱的保鲜抽屉里，并在数天之内吃完。生甘蓝的维生素C、抗氧化剂和植物营养素的含量比烹饪过的甘蓝高。可将生甘蓝切碎后加入色拉。蒸甘蓝或者用橄榄油煎炒甘蓝至叶片变软是最佳烹饪方法。经过短时间烹饪的甘蓝味道温和，没有硫化氢气味。

在有健康意识的消费者中，烤甘蓝脆片正在成为一种潮流。它的制作方法很简单，孩子们也可以来帮忙。记得做一大碗，因为它们太受欢迎了。有的食谱推荐使用较低的烤箱温度，但是甘蓝烤的时间越长，营养丢失得越多。温度设定为180℃，能够得到更有营养的脆片。如果你设置了热风烘烤，应该将温度下调至160℃。

烤甘蓝脆片

准备时间：15分钟

烹饪时间：8~10分钟

总时间：23~25分钟

分量：4杯

8盎司甘蓝

2汤匙特级初榨橄榄油，最好是未过滤的

盐适量，依据个人口味

　　将烤箱温度调至180℃预热。将甘蓝叶片冲洗干净，甩掉多余的水，然后将叶片从叶脉上扯下来，并撕成大约2英寸见方的小块。丢弃叶脉。用两层纸巾吸干或者用色拉脱水器去除叶片上的水。

　　将撕碎的叶片转移到大搅拌钵中，加入橄榄油和盐搅拌，让叶片两面都覆盖上调料。在一个或多个烤盘上铺一层叶片，烘烤8~10分钟，或者烤到变脆但又不至于过干。烤的过程中翻一次面。晾凉即可食用。

　　其他做法：用芝麻油代替橄榄油，并在烤之前将2汤匙芝麻洒在甘蓝叶片上。或者将一枚蒜瓣压碎后加入橄榄油中，静置10分钟，再将橄榄油与生甘蓝混合。

表7-1　西兰花推荐类型和品种

在超市	
类型	描述
绿色西兰花	超市里的所有绿色西兰花品种都是营养丰富的。要想得到最多营养，就寻找你能找到的最新鲜的西兰花。与预先切好的花序相比，完整的花球更有营养。
紫色西兰花	紫色西兰花在部分超市有售，其抗氧化剂含量高于更传统的绿色西兰花。

农夫市场、特产商店、自采摘农场，以及种子目录		
品种	描述	园丁注意事项
'大西洋'（Atlantic）	外形饱满，花球结实，泛蓝。滋味浓郁。1960 年引入市场。	移植幼苗 70 天后成熟。喜冷凉天气。适合春季、中期或秋季种植。拥有大量侧枝。
'准将'	中等大小的西兰花。富含抗氧化剂和具有抗癌功效的化合物芥子油苷。	移植幼苗 70 天后成熟。中熟西兰花。
'卡沃洛'（Cavolo，又称 Cavolo Broccolo）	花球中等大小，黄绿色。柔嫩，有丰富的侧枝。紧凑。	移植幼苗 60~80 天后成熟。中熟至晚熟品种。
'皇冠'（Majestic Crown）	花球大而结实。	移植幼苗 55~70 天后成熟。等到最后一次霜冻过去再种植。
'马拉松'（Marathon）	花球为蓝绿色，很大，有一个又高又光滑的穹顶。	移植幼苗 75 天后成熟。需要大量空间。极为耐寒。
'帕克曼'	深绿色花蕾紧闭，花球整齐均匀，宽达 9 英寸。很常见。是抗氧化价值最高的品种之一。	早熟品种，移植幼苗 55 天后即可收获。适合春季种植。耐热。有丰富的侧枝。
'紫芽'	富含花青素。被认为是西兰花的原始形态。侧枝呈紫色，非常甜，烹饪后变成绿色。	秋季播种，从次年 3 月或 4 月开始一直到之后的几个月都可以收获。能长到 24~36 英寸高。可忍耐 -12℃ 的低温。

表 7-2　卷心菜推荐类型和品种

在超市	
类型或品种	描述
红色卷心菜，任何品种	红色卷心菜富含花青素和抗氧化剂，是商店里最有营养的蔬菜之一。它的抗氧化剂含量是绿色卷心菜的 6 倍。
皱叶卷心菜，任何品种	皱叶卷心菜叶片柔韧，有深深的网纹。它的抗氧化价值是标准绿色卷心菜的 3 倍，很适于用来裹三明治。皱叶卷心菜在大部分大型超市有售。

农夫市场、特产商店、自采摘农场，以及种子目录		
品种	描述	园丁注意事项
'迪登' (Deadon)	红色皱叶卷心菜，内层叶片浅绿色。美味，甜。	移植幼苗 105 天后成熟。
'巨红岩' (Mammoth Red Rock)	红色的叶球形状均一，直径约8英寸。非常适合烹饪、做色拉和腌制。1889 年引入市场的传统品种。	移植幼苗 98 天后成熟。
'红色快递' (Red Express)	超早熟红色卷心菜。味道好。	移植幼苗 65 天后成熟。植株紧凑。推荐在北方地区种植。
'完美红' (Ruby Perfection)	鲜艳的洋红色叶片。叶球中等大小。	移植幼苗 85 天后成熟。中熟至晚熟品种。

表 7-3　花椰菜推荐类型和品种

在超市	
类型或品种	描述
白色花椰菜，任何品种	传统白色花椰菜是抗癌化合物的良好来源。
彩色花椰菜	一些大型超市出售橙色、绿色和紫色花椰菜。它们的抗氧化价值都比白色花椰菜高。

农夫市场、特产商店、自采摘农场，以及种子目录		
品种	描述	园丁注意事项
'塞里奥' (Celio)	浅绿色角锥状花椰菜，味道和外形都值得强烈推荐。	4 月播种，9 月或 10 月收获。
'祖母绿' (Emeraude)	花球鲜绿色。富含抗氧化剂和芥子油苷。	夏末作物。F1 代杂种。
'涂鸦'	花球呈鲜艳的紫色。花青素含量极高。抗氧化剂含量相当于大多数其他品种的两倍。烹饪后不褪色。口感柔嫩，味道温和。	移植幼苗 80~90 天后收获。F1 代杂种。

表 7-4　甘蓝推荐品种

在超市	
品种	描述
所有品种	超市里所有的甘蓝品种都富含抗癌化合物和抗氧化剂，营养极为丰富。红叶品种的抗氧化价值尤其高。

农夫市场、特产商店、自采摘农场，以及种子目录		
品种	描述	园丁注意事项
'托斯卡纳'（Tuscan），又称'黑色卷心菜'（Cavolo Nero），或'皱叶'（Lacinato）	叶片呈带状，长而狭窄，有深皱纹。是十字花科蔬菜中的主要抗癌成分莱菔硫烷的良好来源。味道比许多其他品种更甜更温和。很适合做甘蓝脆片。	在 60~80 天内成熟。耐寒。可以长到 3 英尺高，但是不如其他品种茂盛。意大利传统品种。
'红色俄罗斯'（Red Russian）	植株硕大直立，茎粗壮，叶片卷曲，深紫色，有淡紫色叶脉。比其他甘蓝稍多一些辛辣和苦味。	移植幼苗 50 天后成熟（或者 25 天后作为幼苗菜收获）。经历秋霜后味道变甜。非常耐寒。持续高产。
'紫红'（Redbor）	叶片呈浓郁的紫红色，卷曲得十分雅致。抗氧化剂含量是'红色俄罗斯'甘蓝的两倍。	移植幼苗 65 天后成熟。春季或秋季作物。

十字花科蔬菜：要点总结

1. 一旦采收，西兰花会非常迅速地损失糖分和营养。

要在超市选择最新鲜的西兰花。与切好的花序相比，整个花球拥有更多营养。带回家后要立即冷藏，尽快生吃或者烹饪。如果你打算将西兰花储存超过一天，应该将它放入微孔密封袋里，然后放进冰箱的保鲜抽屉。要想吃到更新鲜的西兰花，就去农夫市场购买或者自己种植。蒸西兰花不超过 4 分钟，这样可以保存它的大部分营养。水煮或者微波烹饪都会损失相当高比例的潜在健康益处。生西兰花能够提供的莱菔硫烷最多，莱菔硫烷是一种拥有强大抗癌功效的营养成分。

2. 购买应季的新鲜球芽甘蓝。

寻找叶片紧密包裹着的鲜绿色球芽甘蓝。立即冷藏并尽早食用。如果你计划将它们储存超过一天，就存放在微孔密封袋里。蒸6~8 分钟可以保留最多营养。烹饪时间越长，球芽甘蓝的甜味就会减少得越厉害，变得越苦。在特殊场合可以用奶油沙司调味。

3. 将卷心菜切碎并略蒸片刻，以消除异味并提升营养价值。

卷心菜是十字花科蔬菜中最受欢迎的成员。虽然它们的抗氧化剂含量低于其他十字花科蔬菜，但它们仍然营养丰富。与西兰花或球芽甘蓝相比，卷心菜可以储存数周之久而不损失营养。不过，它的味道在刚购买的几天之内是最甜的。红色卷心菜的抗氧化剂含量尤其高。

4. 白色花椰菜含有的抗癌化合物比绿色和紫色花椰菜多，不过，彩色品种的抗氧化剂含量比白色品种高。

去超市购买时，要寻找没有斑点或霉菌痕迹的白色花椰菜。花椰菜可以在冰箱里储存长达一周。烹饪时采取蒸而不是煮的方式，以保留最多营养。用特级初榨橄榄油煎炒花椰菜可以提升其营养价值。新鲜花椰菜比冷冻花椰菜更有营养。

5. 甘蓝是所有十字花科蔬菜中最苦的，也是最有营养的。

实验室检测和动物研究表明，甘蓝不但能预防癌症，还能减慢癌细胞的生长速度。将它储存在冰箱的保鲜抽屉里，在数天之内吃完。生吃是最有营养的，也可以隔水蒸片刻，用特级初榨橄榄油煎炒至变软，或者做成烤甘蓝脆片。

第8章

豆类
豌豆、小扁豆和其他豆子

▓ 野生豆类

狩猎—采集者并不是很喜欢豌豆、小扁豆和其他豆子。如果你试过收获它们，就能理解为什么会这样。以野生小扁豆为例：驯化小扁豆是现代超市里最小的豆类，然而它们的野生祖先更是小得惊人，每粒的重量只有0.01克。用汤匙舀一次就能舀出300粒野生小扁豆。让事情更加复杂的是，这些种子一旦成熟，就会立刻从豆荚里弹射出来。对于这种植物而言，这是传播种子的良好方式，但是对于采集种子的人而言，这实在是很大的麻烦。大多数其他作物的收获速度是以每小时收获多少吨、捆或蒲式耳①来衡量的。野生小扁豆的收获速度则要以每小时收获多少盎司来计算。一个以色列人类学家团队开展了一场别开生面的比赛，看谁能在一小时内采集到最多的野生豆类。冠军的成绩只有4汤匙。采集这些豆子耗费的能量和摄入它们获取的能量一样多。想减肥吗？试试"野生小扁豆食谱"。

---

① 蒲式耳，容量单位，美制蒲式耳相当于35.24升。——译者注

虽然采集和准备它们需要花费这么多力气，但是狩猎 — 采集者仍然会食用野生豆类，尽管数量很少。在两万年前还有人居住的狩猎 — 采集者遗址中，可以找到野生豆类的遗迹。我们的祖先之所以费尽力气去采集它们，可能的原因是他们喜欢这些豆类的味道。豆类富含一种名为谷氨酸的氨基酸，谷氨酸像糖一样，会触发"鲜味反应"，这种味觉会刺激我们大脑的快乐中枢（见 184 页）。对于我们人类而言，如果我们能够得到让我们感觉很舒服的化学物质，我们就愿意为之付出十分的努力。

豆科植物的驯化

在小扁豆和其他豆类植物能够成为主要作物之前，它们必须经历两大改变。第一，成熟的种子必须在植株上停留足够长的时间，以便人们将其打进篮子里，或者用镰刀直接收获植株，这样可以大大提高收获效率。第二，种子必须打破休眠。在自然界，某个物种的种子不会同时发芽。在同一个生长季，有些种子发芽早，有些种子发芽晚，还有些种子会休眠数年而不发芽。这种错开时间的发芽能够确保所有幼苗不会毁于单次事件，例如早霜、干旱或者昆虫肆虐。

然而，这些植物的生存策略对于农民而言是个大麻烦。如果他们在春天种下 500 粒豆子，结果发芽的只有 100 粒，那他们的收获就会很微薄。为了确保好收成，他们只能播种更多种子。如果必须要将今年的收成拿出很大一部分来播种，才能确保第二年有还不错的收获，那这种作物就很难得到大范围种植。种子在植株上停留足够长的时间以便收获，种子在相对狭窄的时间窗口内全部萌发，这两个变化是自发突变和人类选育共同作用的结果。

即使是在豌豆和其他豆子变得更高产且更容易收获的时候，也仍然存在一个需要解决的问题。许多豆科植物包含多种拥有潜在毒性的化合物，即"抗营养物质"（antinutrients），如胰蛋白酶抑制剂、植酸、单宁酸和低聚糖。早期的农民通过试错明白了这些化合物在哪些品种中含量最低。他们还发现了让这些豆类吃起来更安全的方法。一种常见的方法是，食用之前将这些豆子多泡几次水再彻底做熟。

传统农业社区中的豆子、谷物和南瓜

豆类富含蛋白质，但它们的蛋氨酸含量很低，而这种氨基酸是合成高质量蛋白质所必需的。幸运的是，大部分谷物含有丰富的蛋氨酸，但是它们缺少豆类中含有的其他必需氨基酸。当同时包含谷物和豆类的餐食被吃下后，就能合成与肉、蛋和奶制品中的蛋白质同样高质量的蛋白质。

当然，早期的农民意识不到这种化学机制，但是在许多传统文化中，人们会同时种植这两类作物。中东的第一批农民种植小麦和大麦，作为豌豆和其他豆子的补充。东亚的农民在种植水稻的同时也种植小扁豆、豌豆和鹰嘴豆等。非洲农民除了吃小米，还要吃花生或豇豆（cowpeas）。在新世界，美洲原住民种植玉米、南瓜和五彩缤纷的豆子。根据民族学者兼传教士詹姆斯·欧文·多尔西（Reverend James Owen Dorsey）的记录，奥马哈（Omaha）部落种植了15种豆子，豆子颜色包括深红色、黑色、深蓝色、白色，以及这些颜色的各种组合。这些含有丰富色素的豆子能够提供丰富的植物营养素。

　　许多北美部落在一个土丘上同时种植玉米、豆子和南瓜，这种技术我们如今称为混栽。怀安多特人（Wyandot）——法国人将其重命名为休伦人（Hurons）——是这种技术的大师。每年春天，怀安多特女人会走到一片清理出来的田野上，每隔三四英尺在地面上放置一堆死鱼做成的堆肥。她们用泥土盖住死鱼，然后在每个土丘的中央播种几粒玉米种子。当玉米的叶片长到手的高度时，她们会在玉米旁边播种豆子，然后在土丘之间洒上南瓜的种子。通过这种方式，她们种下了北美农业"三姐妹"——玉米、豆子以及南瓜。

　　在整个夏天，这三种蔬菜以姐妹般的共生关系生长在一起。玉米的茎秆长得高大健壮，为豆子缠绕生长的柔软枝条提供了支撑。豆子的贡献在于，它们吸收空气中的二氧化氮，并将其转变为一种稳定形态的氮，三种植物都可以利用这种氮形态，尤其是对氮十分"饥渴"的玉米。（这一化学过程名为固氮作用，是所有豆科植物都拥有的能力。）南瓜宽阔的叶片在玉米和豆子下方展开，叶片的阴影可以抑制杂草、冷却土壤，并减慢水分蒸发的速度。当玉米成熟到足以吸引乌鸦的时候，部落的儿童和老人就会留守在田边观察，把它们赶走。在一些部落，还会有受过训练的鹰来帮忙。浇水、立桩、除草、施肥以及防治害虫需要的人力都非常少。

　　"三姐妹"传统在营养学方面的益处并不只是创造优质蛋白质。怀安多特人种植的玉米颜色很深，富含抗氧化剂。南瓜提供碳水化合物、锰、维生素 C、纤维素和大量 β-胡萝卜素。豆子有多种颜色，能够提供更多植物营养素。三姐妹的搭配就是一顿营养全面的大餐。

我们都喜爱鲜味

摄入充足蛋白质对人的健康是至关重要的。因此，我们舌头上的感受器能够检测到蛋白质的一种重要组成成分，一种名为谷氨酸的氨基酸。这些感受器和我们的糖受体一样，与大脑的快乐中枢相连。食用富含氨基酸的食物引起的味觉感受称为"鲜味"（umami）。1985年，人们将鲜味与之前公认的四种基本味觉（甜、酸、苦以及咸）并列。有人将鲜味称为第五味觉。

触发鲜味反应的食物包括豆类、红肉、鸡肉、海鲜（尤其是蟹类）、西红柿、蘑菇和奶酪（尤其是帕尔马奶酪）。番茄酱奶酪蘑菇比萨可以说是三重奏了。每当我们吃到富含鲜味的食物时，我们总是想多吃一些。人们将这种味觉形容为"类似肉汤的""肉味""可口"，总之就是美味。

谷氨酸单钠（味精）这种化学品含有谷氨酸，能够触发强烈的鲜味反应。当食品制造商和餐厅往食品里添加味精时，人们就会吃得更多，而且更容易购买这些产品。有趣的是，一项研究表明，人们吃添加味精的食物的速度比吃不添加味精的相同食物的速度快，即使是在这种化学品的浓度位于可感知的水平线之下时，也同样如此。

人乳汁鲜味很浓。婴儿总是有吮吸乳汁的强大动力，这便是原因之一。人乳汁中还含有脂肪和糖，它们是触发大脑释放快感化学物质的另两种食物。你在吮吸乳汁的婴儿脸上

看到的幸福表情，在某种程度上是他们在摄入这些令人快乐
的化合物时对自己获得的化学奖励的反应。

新鲜豌豆和其他新鲜豆子

当北美原住民继续着他们的"三姐妹"传统时，欧洲人正在
享用自己的豌豆和其他豆子。然而，一直到 17 世纪末之前，新鲜
豌豆在英国的菜园还很少见。在此之前，豌豆是从荷兰进口的。根
据一份年代较早的《英国皇家园艺学会学报》(*Journal of the Royal
Horticultural Society*) 的记载，豌豆在当时是"贵妇人享用的珍馐，
它们来自那么遥远的地方，而且所费不菲"。当豌豆开始在英国等
地种植的时候，它们引起了一阵不大不小的轰动。比如，法国国王
路易十四就非常喜欢新颖的豌豆，而他的热情对法国宫廷产生了
强烈的影响。曼特农夫人当了他 11 年的情妇，后来成为他的妻子。
她在 1696 年 5 月 10 日的一封信中描述了宫廷对豌豆的痴迷："豌豆
这个话题吸引了所有人。想吃豌豆的强烈欲望，正在吃豌豆的愉
悦，对吃到更多豌豆的快乐的期待 —— 这就是过去四天里人们谈
论的三件事 …… 这既是潮流，也是疯狂。"

到 18 世纪时，法国人在品尝他们的嫩菜豆 (haricot vert)、白
豆焖肉，以及"值得皇后享用的红色小扁豆浓汤"(Sauce à la Purée
de Lentilles à la Reine) 时，德国人还在古板地吃干豆子与大块腌猪肉
或熏猪肉一起煮成的食物。英国人则在吃豌豆粥，而且正如儿歌里
唱的那样，有些豌豆粥已经煮了 9 天了。按照传统，这种粥是用挂
在炉火上的铁锅煮的。人们在用长勺子舀出粥时，会往锅里加干豌

豆和剩饭菜，直到把锅添满，创造出一锅永恒的、不断变化的粥。

所有这些以及更多的饮食传统都被第一批欧洲移民引入了新世界。随着时间的推移，它们和北美原住民的传统融为一体。在18世纪，美国人消耗了种类广泛的新鲜豌豆和其他豆子。托马斯·杰斐逊在蒙蒂塞洛种植了19个品种，其中包括蚕豆，一种名为'蓝色普鲁士'（Blue Prussian）的泛蓝豌豆，鲜红色和深红色的红花菜豆，以及 crowder peas（意为"更拥挤的豌豆"），最后这种豌豆的种子在豆荚中非常拥挤，两端几乎被挤成了方形。

两百年后的今天，我们的超市里只有极少数新鲜豌豆和其他豆子品种，而且它们都是绿色的。实际上，它们在美国超市的通用名就是 green peas（绿豌豆）和 green beans（绿豆子）。其他彩色品种的消失使得我们丢失了更多的营养。与我们大多数常见的水果和蔬菜相比，绿色豌豆和其他绿色豆子的抗氧化活性较低。

选择最有营养的豌豆和其他豆子

从绿豌豆中获取更多营养的方式是购买可食用的带豆荚的豌豆，称为"糖荚豌豆"（sugar snap peas 或 snow peas）。与豌豆本身相比，豌豆荚拥有更多纤维素和抗氧化剂。如今，在超市找到可食用的豌豆荚比找到老式的不可食用的豆荚内的豌豆还容易，因为人们不想承受剥壳的麻烦。

当你在农夫市场选购或者搜索种子目录的时候，你会发现更多彩且更有营养的品种。例如，新鲜豇豆（black-eyed peas）的抗氧化活性几乎是普通绿豌豆的5倍。稀有的紫色、红色或蓝色的新鲜豆子品种富含花青素。值得一寻的品种包括'皇家勃艮第'

(Royal Burgundy)、'皇家紫'（Royalty Purple）和'黑籽肯塔基奇迹'（Black-Seeded Kentucky Wonder）。

与仅仅几十年前的豌豆相比，如今市场上的许多新鲜豌豆或糖荚豌豆含有更多纤维素。这些更坚韧的品种很受生产商的青睐，因为它们不容易在机械采收、包装和运输过程中开裂。当新鲜豆子被罐装时，它们会损失很大一部分风味，营养价值也会降低。冷冻绿豌豆和其他绿豆子会破坏它们 25% 的抗氧化剂。罐装某些蔬菜能够保持或增加其抗氧化活性，但是研究表明，罐装豌豆会破坏其 50% 的抗氧化剂。

干豌豆和其他干豆

与供应鲜食市场的品种相比，用来制作干豆的豌豆和其他豆子品种含有的植物营养素多得多。这种差异程度直到 2004 年才被发现，当时美国农业部的一支团队调查了我们最常见的一百种水果和蔬菜的植物营养素含量。让许多人感到意外的是，前四名里有三个是干豆，还有一个是野生蓝莓。这项研究发现，一份烹熟的斑豆（pinto beans）的抗氧化活性高于 6 杯烹熟的花椰菜或 12 杯烹熟的胡萝卜。作为最受我们欢迎的品种，深红色菜豆（kidney beans）的抗氧化活性还要更高。比它的抗氧化活性更好的是西班牙语区、亚洲和非洲菜肴中的重要食材黑豆。但是，正如下图（图 8-1）所提示我们的，什么也比不上一碗小扁豆粥。由于这个信息已经开始在人民群众中传播开来，昔日寻常百姓家的豆子正在获得超级明星般的地位。

在不同种类的干豌豆中，抗氧化活性也存在一系列差异。例如，在做豌豆汤时用干黄豌豆代替干绿豌豆，你能得到的抗氧化剂是原来的 6 倍。鹰嘴豆（chickpeas，又名 garbanzo beans）的抗氧化活性相对较低。

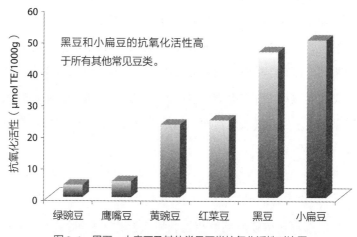

图8-1　黑豆、小扁豆及其他常见豆类抗氧化活性对比图

　　所有干豆都富含可溶性纤维素。一杯烹熟的海军豆（navy beans）含有 19 克纤维素，这让它在美国农业部国家营养数据库（USDA National Nutrient Database）列出的最好的纤维素来源中名列第三。可溶性纤维素能够降低肠胃排空的速度，有助于你减轻两餐之间的饥饿感。午餐吃一大碗豆子辣椒浓汤，晚餐之前你都不会再想吃零食点心了。

　　新研究显示，豆类还拥有降低几种致命疾病风险的潜力。根据 2006 年欧洲的一项研究，每周吃四份或更多豆类，可以将罹患心脏疾病的风险降低 22%。豆类还有治疗高血压、心血管疾病、糖尿病、肥胖症、癌症和消化道疾病的潜力。在 1989 年对九千多名女护士的健康及饮食习惯的调查项目"护士健康研究之二"（Nurses'

Health Study II）中，每周吃两次豆子的女护士，患有乳腺癌的风险
比其他女护士低24%。

副作用

干豌豆及其他干豆因令人极为不适的副作用而臭名昭著，那就
是肠胃气胀。你在多大程度上受到这种会引起社交尴尬的副作用的
困扰，取决于你的基因和你吃掉的豆子的种类。名为低聚糖的碳水
化合物是导致这个问题的根源。如果遗传基因令你缺乏降解低聚糖
的酶，你就不能消化它们。这些碳水化合物会进入你的下消化道，
在那里被产生气体的细菌消化。不幸的是，这些细菌不会因为气胀
而承担过失，出丑的是你。

有些豆子比其他豆子更容易导致气胀。感谢 21 世纪科学的精
确性，现在可以按照产生气体的多少将它们排出名次。小扁豆产生
的气体相对较少，这让它们成为更加吸引人的选择。在下面这个列
表中，产生气体多的列在前面：

1. 利马豆（lima beans）

2. 木豆（pigeon peas）

3. 菜豆

4. 绿色干豌豆瓣（creen split peas）

5. 黑豆

6. 豇豆

7. 斑豆

8. 海军豆

9. 小扁豆

10. 大北豆（Great Northern beans）

你可以在烹饪豌豆或其他豆子之前将浸泡豆子的水丢掉，这样做可以减少气体排放。你还可以吃含有 α-半乳糖苷酶的非处方药，这种酶可以分解低聚糖，让它们更容易消化。一项临床试验发现，这种酶制剂按照医嘱服用非常有效。

从干豆中获取最多营养

你如何烹饪干豆极大地影响着你能从中获取多少健康益处。如果你将它们放在水里用小火炖（最常见的烹饪方式），那么会有高达 70% 的抗氧化剂转移到烹煮汤汁中。如果你将这些汤汁作为食物的一部分摄入体内，你就能挽回这部分损失，但是如果你将烹煮汤汁丢掉，营养也会随之冲进下水道。保留更多营养的一种方式是小火慢炖干豆，直到煮熟，**然后让它们在烹煮汤汁中再浸泡一小时**。这些豆子会重新从烹煮汤汁中吸收一些营养元素，而且还会变得更饱满，更有吸引力。

用高压锅（省时利器）烹煮豆子是更棒的选择。在一项比较不同烹饪技术的研究中，浸泡后在高压锅里烹煮的干豆保留了最多的抗氧化活性。它们的烹饪时间也是最短的，而且煮出来的豆子柔软湿润。

令人惊讶的是，与新鲜豌豆和其他新鲜豆子正好相反，当干豆罐装之后，它们的营养会大大增加。2011 年的一项调查研究选出了美国的一百种富含抗氧化剂的食物，罐装菜豆和斑豆分别排在第一和第二的位置。它们的抗氧化能力指数高于蓝莓、黑李子、红葡萄酒、红色卷心菜、菠菜和绿茶。罐装豆子问世于 1813 年，当时有一位名叫彼得·杜兰德（Peter Durand）的英国人开发出一种将食物密封在金属罐中的方法。数千万人从罐装豆子的摄入中获益，尽管他们对这些豆子的健康益处一无所知。

　　在本章末尾，我将着重介绍两种豆类——小扁豆（*Lens culinaris*），以及毛豆（edamame），即新鲜大豆。你会学到保留它们全部营养的准备方式和烹饪它们的新方法。一定要尝试亚美尼亚小扁豆汤的食谱。它是你能做出来的最有营养和最有滋味的小扁豆汤。

小扁豆

　　严格地说，小扁豆既不是豌豆，也不是"豆子"[①]，而是它们的近亲。所有的小扁豆品种都含有极为丰富的植物营养素，只不过某些品种的含量高于其他品种。在所有超市都能买到的棕褐色小扁豆是不错的选择，但是其他小扁豆还要更好。黑色小扁豆——极少见于超市的一种微型小扁豆——是所有品种中最有营养的。它们又被称为白鲟小扁豆（beluga lentils），因为它们长得像白鲟鱼子酱，最受追捧且最昂贵的鱼子酱。（詹姆斯·邦德［James Bond］就喜欢白鲟鱼子酱。）在营养价值方面紧随其后的是'莫顿'（Morton）小扁豆，它是美国农业部培育的一个耐冬季寒冷的棕色品种。在本书写作期间，'莫顿'小扁豆还很难被找到，就连在网上找也不容易。接下来最有营养的品种依次是法国小扁豆（或称绿色小扁

---

① "豆子"，原文为 beans，此处泛指除豌豆和小扁豆外的其他豆类。——译者注

豆）和红色小扁豆。它们在许多大型超市有售。去民族食品区能找到它们。

小扁豆非常小并且善于吸水，用不着在烹饪之前用水浸泡。你可以在下午五点半直接用干的小扁豆做饭，一个小时后就能端上香气扑鼻的小扁豆汤了。小扁豆的每个品种对高温加热的反应略有不同。常见的棕褐色小扁豆20~30分钟就能煮熟，而且变软之后仍然保持原来的形状。法国小扁豆的烹饪时间比它长15分钟左右，它们也会保持原来的形状。红色小扁豆需要30~40分钟的烹饪时间，完全成熟后会变成糊状。因此，红色小扁豆被用来为汤和咖喱增稠，或者用于制作印度东部传统菜肴达尔（dal）。

丰盛的小扁豆汤是素食者和杂食者共同的最爱。下面这份亚美尼亚小扁豆汤的食谱是1987年出版的图书《穆斯伍德餐厅新食谱》（*New Recipes from Moosewood Restaurant*）最先开始普及的。从那以后，它赢得了成千上万的拥趸。杏干、茄子和肉桂——三种令人意想不到的食材——为这款汤赋予了充满异域风情的复杂风味。上网搜索，你还能找到几十个稍加改动的版本。下面这个版本是经过调整的，可以给你最大的健康益处。准备和烹饪时间只有一个小时。可以做双份，把吃不完的放进冰箱供日后食用。

亚美尼亚小扁豆汤

准备时间：30分钟

总时间：1小时

分量：6杯

1~2 只中等大小的蒜瓣

1 杯干的小扁豆，最好是黑色、绿色，或者红色的

4~5 杯低钠蔬菜汤或肉汤

½ 杯粗粗切碎的杏干（见 294 页）

3 汤匙特级初榨橄榄油，最好是未过滤的

½ 杯切碎的辛辣红洋葱或黄洋葱

1 个红色、绿色、黄色或橙色的灯笼椒，切成 ½ 英寸见方的小块

3½ 杯切碎的新鲜西红柿，带籽，或者一罐 28 盎司的西红柿丁，保留其中的汁液

1 个中等大小的茄子，不去皮，切成 ½ 英寸见方的小块

1 汤匙压得很紧的红糖

1 汤匙醋

½ 茶匙肉桂粉

¼ 茶匙甜胡椒粉或者丁香粉

¼ 茶匙卡宴辣椒，或者根据个人口味酌量增减

1 茶匙盐，或者根据个人口味酌量增减

4 汤匙切碎的意大利（平叶）欧芹或切碎的新鲜薄荷，作为装饰

用压蒜器将大蒜压碎，放在一旁备用。将小扁豆清洗干净，放进一个大锅里。向锅内加入 4 杯蔬菜汤或肉汤，大火煮开，然后盖上锅盖，调成小火。准备剩余食材时小火慢炖大约 20 分钟。

将橄榄油倒入大的平底炖锅，开中火加热。将切碎的洋葱加入锅中，煎炒4~5分钟，或者等到洋葱变成半透明状。除了装饰用的香草，将剩余所有食材加入平底炖锅。煮开后盖上锅盖，小火慢炖10分钟。

将炖了10分钟的蔬菜杂烩倒进正在煮的小扁豆里，继续煮30分钟，或者直到小扁豆变软。调整调味品的量。如果汤过于浓稠，则加更多蔬菜汤或肉汤。把煮好的汤倒进大碗，用切碎的香草装饰，就可以端上餐桌享用了。

其他做法：在每份汤的表面浇一大勺酸奶油或酸奶。在汤上洒少许橙皮碎。用切碎的香葱或芫荽代替欧芹。如果想吃有很多肉的汤，可以加一磅生汉堡肉饼或者切碎的西冷牛排，最好是草饲牛肉，混入蔬菜和小扁豆中。煮到肉彻底熟烂为止。

毛 豆

在绿色且未成熟时食用的大豆称为毛豆（edamame）。关于毛豆的第一次书面记载出现在公元前200年的一本中国医书上。和用于制作干豆和动物饲料的品种相比，用于制作毛豆的品种更大、更甜，而且更好消化。（难以消化的低聚糖和胰蛋白酶抑制剂在它们当中的含量较低。）与我们更为常见的新鲜豆子相比，它们的味道被描述为更甜，更具有花香味、坚果味，而且没有那么浓的"豆子味"。它们包含所有必需氨基酸，因此是动物性蛋白的良好替代品。虽然如今美国生产的大部分大豆都是转基因的，但是毛豆并非如此。

在亚洲国家，这种豆子是带枝条出售的。（edamame 源于日语，意即"枝条上的豆子"。）豆子留在枝条上的时间越长，它们就会保留越多糖分，味道更浓。因为这些豆子有些许甜味而且富含谷氨酸盐，所以它们能同时刺激你的甜味和鲜味感受器。

新鲜大豆比大多数新鲜豆子更有营养。半杯毛豆含有 5 克纤维素、10 克蛋白质，以及丰富的维生素 K、叶酸和锰。这样一份毛豆的胆固醇含量为零，而且只有 100 卡路里的热量。毛豆还含有丰富的异黄酮（isoflavones），这种化合物被认为与前列腺癌和心脏病患病风险的降低有关。自 2003 年以来，毛豆在美国的销量已经增长到原来的三倍多。你可以在许多超市的冰柜里找到毛豆，去壳的和不去壳的都有。大多数带壳销售的毛豆都已经煮熟并且用盐调过味了。将这些豆子解冻之后就可以吃了。不过，要是想得到最多的营养和最好的味道，应该在亚洲食品市场购买带枝条的新鲜毛豆。

对于没有去壳的新鲜毛豆来说，最简单的烹饪方式是用盐水煮5 分钟。（豆荚可以阻止豆子里的营养流失到水里。）传统的食用方式是把豆子从豆荚中直接挤进嘴里。煮好的毛豆和啤酒、脆米饼很配。虽然这种组合还不会很快取代薯条和啤酒，但是越来越多的餐厅都在提供这样的搭配了。

你还可以用橄榄油或花生油加一个蒜瓣煎炒去壳毛豆，做成一道风味小菜。（先把大蒜压碎或切片，静置 10 分钟后再放进油里。）最后用少许低钠酱油调味。如果你想更辣一点，可以加一点绿芥末搅拌均匀。你还可以把这道简易小菜变成蘸酱。毛豆炒熟之后，将它们倒入搅拌机或食品料理机，再加两汤匙柠檬汁，搅拌成泥。然后在表面洒一些切碎的大蒜、欧芹或新鲜芫荽。搭配脆米饼、年糕或新鲜蔬菜食用。某些超市现在供应使用富含花青素的黑米制作的脆米饼。

表8-1 豆类推荐类型和品种

在超市	
类型	**描述**
带荚豌豆	因为带荚豌豆是豆荚和豌豆一起吃的，所以和光吃豌豆相比，你会获得更多的抗氧化剂和纤维素。新鲜豌豆比冷冻豌豆更有营养。
干豌豆	黄色豌豆比绿色豌豆更有营养。
新鲜或冷冻毛豆	毛豆，即新鲜大豆，抗氧化剂和蛋白质含量均高于其他新鲜豆子。它们还含有名为异黄酮的化合物，该物质被认为与更低的癌症风险相关。可在超市冰柜里寻找冷冻毛豆。
小扁豆	所有品种都营养丰富。寻找黑色、绿色（法国）或红色小扁豆，它们的抗氧化价值最高。
其他常见干豆	最有营养的品种依次是黑豆、深红色菜豆和斑豆。罐装豆子尤其富含抗氧化剂，而且方便使用。在你厨房的架子上多备几罐上述豆子。

农夫市场、特产商店、自采摘农场，以及种子目录		
品种	**描述**	**园丁注意事项**
'皇家勃艮第'	豆荚长达5英寸。豆子表皮紫红色，内部绿色。味道很好。紫红色会随着豆子烹饪时间的延长而褪色。将生豆子加入色拉，可保留最鲜艳的颜色和最高的抗氧化价值。	在55天内成熟。2英尺高的直立灌丛状植株让豆荚远离地面。适合种植在冷凉气候区。
'皇家紫'	这种食荚菜豆的豆荚长5~6英寸。呈美丽的紫色。	在50~60天内成熟。匍匐茎短，开紫花。最后一次霜冻之后再播种。需要较宽的播种间距或者供其攀爬的篱笆。

豆类：要点总结

1.选择食荚豌豆而不是传统的去壳豌豆。

当你连带豆荚一起吃时，你会获得更多营养和纤维素。

2.冷冻豌豆和其他冷冻豆子不如新鲜豆子有营养。

冷冻和解冻豌豆和其他豆子，将降低其抗氧化活性。

3.在农夫市场选购或者为你的园子选择种子时，寻找颜色最鲜艳的豆子。

虽然少见，但是红色、蓝色或紫色的新鲜豆子比传统的绿色品种含有的植物营养素更多。

4.干豌豆和其他干豆含有丰富的植物营养素。

干豌豆和其他干豆的植物营养素含量仅次于极少数水果和蔬菜。抗氧化活性最高的豆子包括小扁豆、黑豆、深红色菜豆，以及斑豆。

5.推荐使用蒸或高压锅煮的方式处理干豆，以保留其抗氧化价值。

如果你用小火煮豆子，而且不打算使用煮豆子的水，可以在煮熟豆子后让它们在烹煮汤汁中浸泡 1 小时，它们会重新吸收一部分营养。蒸豆子可以减少它们与水的接触，从而保留更多营养。用高压锅煮就更好了。

6.罐装豆子的抗氧化剂含量比家庭烹饪的豆子还高。

罐装过程会增加干豆的营养含量，让罐装豆子成为超市里最有营养的食物之一。

7.有些办法可以让干豆更容易消化。

有的人难以消化豆子含有的一种名为低聚糖的碳水化合物。一种解决方案是选择这种化合物含量低的品种，如小扁豆和斑豆。另一个办法是在烹饪前丢掉泡豆子的水。

第9章

洋蓟、芦笋和鳄梨

尽情享用吧!

图 洋蓟、芦笋和鳄梨

洋蓟、芦笋和鳄梨这三种蔬菜属于三个不同的科。它们的共同之处——除了英文名都以字母 a 开头之外[①]——在于，它们全都营养丰富，应该在美国人的饮食中占据更大分量。这三种食物都富含植物营养素和纤维素，正是我们的现代饮食所缺少的成分。它们的含糖量也很低，因此是低升糖膳食的有益补充。

洋 蓟

我们的现代洋蓟与原产于北非的野生植物刺菜蓟（*Cynara cardunculus* var. *sylvestris*）有亲缘关系。刺菜蓟长着形似狗牙的刺，而且它们的头状花序和橘子一样大。大多数传统族群中的人会吃这种植物的新鲜叶片。今天我们食用的是驯化品种，而且吃的部位完全不同，我们吃的是未开放花朵的叶状苞片。

---

① 洋蓟、芦笋和鳄梨的英文名分别为 artichoke, asparagus, avocado。——译者注

　　刺菜蓟是在中世纪被驯化的。当时，它们风靡地中海各国，同时用作食物和药物。最常见的用途之一是治疗"肝脏问题"。现代科学发现了民间风俗蕴藏的奥秘。刺菜蓟和洋蓟中的两种化合物——水飞蓟素（silymarin）和洋蓟酸（cynarin）——的确有助于提升肝脏的健康水平。美国军方进行的一项动物研究表明，水飞蓟素可以保护肝脏不受某些能导致严重损害的化合物的伤害。

　　2007 年，食品科研人员发现了与刺菜蓟有关的另一个事实：它们的植物营养素含量是我们的栽培洋蓟的 6 倍。不过，我们的现代洋蓟仍然极具营养。洋蓟的抗氧化能力指数比超市里的所有其他水果和蔬菜都高。你需要吃 18 份玉米或 30 份胡萝卜才能得到与 1 份洋蓟相当的营养价值。洋蓟的颜色是单调的橄榄色，这个事实让它们的营养含量显得更为惊人了。

　　洋蓟还有一个优点。它们富含菊粉（inulin），这种益生素能够滋养与大肠杆菌和其他致病菌竞争的肠道有益细菌。最后，令人意想不到的是，洋蓟还是纤维素的良好来源。一个中等大小的洋蓟含有 8~10 克纤维素，相当于两碗带葡萄干的全谷干麦片。美国人摄入的纤维素只有美国农业部推荐值的一半，狩猎—采集者的七分之一。吃更多洋蓟有助于弥补这一差距。

　　目前，这种多刺的蓟我们吃得很少。平均而言，一个美国成年人每年的摄入量还不到 1 盎司。造成洋蓟销量几乎毫无存在感的原因之一是，洋蓟相对昂贵。而洋蓟之所以比较贵，很大程度上是因为它们是手工采摘的，因此劳动力成本很高。它们也不是很耐储存，因此上市时间也很受限制。还有一个障碍就是，最流行的烹饪方法需要整整一个小时。而且，当它们熟了之后，除了一丝坚果味和一点微弱的苦味，几乎没什么味道。为了让它们更好吃，大多数人会把叶片当成方便的勺子，将蛋黄酱、蒜泥蛋黄酱或黄油酱舀进自己的嘴里，这就将一种低脂蔬菜变成了一道高脂菜肴。在本章后面的内容里，你将学到如何减少洋蓟的烹饪时间，以及如何制作低脂蘸料。

在美国出售的大部分洋蓟产自加利福尼亚州的卡斯特罗维尔（Castroville），此地自封为"世界洋蓟中心"。玛丽莲·梦露（Marilyn Monroe）在 1948 年成为卡斯特罗维尔的第一届洋蓟皇后——考虑到洋蓟在古代就被用作春药，这倒是个恰如其分的选择。巴尔托洛梅奥·博尔多医生（Dr. Bartolomeo Boldo）在 1576 年写道，洋蓟"有刺激男人和女人爱欲的功效；对于女人，洋蓟让她们更加诱人，对于在这方面相当迟钝的男人，洋蓟能让他们迅速进入状态"。诺玛·简·贝克（Norma Jean Baker)[①]一定是吃了许多洋蓟才变成了玛丽莲·梦露。

在超市购买洋蓟

作为最常见的洋蓟类型，球洋蓟（globe artichoke）——或称法国洋蓟（French artichoke）——也是最健康的类型之一。你可以在大多数超市找到它。最好的洋蓟是生长在植株顶端的洋蓟，因为它们拥有紧密排列的苞片，像花瓣一样包裹着洋蓟芯的叶状结构。这些苞片向内卷曲，形成一个密集的头状花序。与生长在植株边上瘦长、带尖的洋蓟相比，生长在顶端的洋蓟有更大的芯和更宽的苞片。我们的某些现代品种的苞片末端有刺，这是一种返祖现象。较

---

① 即玛丽莲·梦露本名。——译者注

新的品种是无刺的——叶片上的一个小缺口标记着刺原本的位置。与有刺的洋蓟相比，无刺品种肉质更软，但是缺少传统品种的坚果味。

和西兰花一样，洋蓟的呼吸速率非常快；它们的味道和营养价值每天都在下降。因此，应该购买你能找到的最新鲜的洋蓟。用手挤压时，新鲜洋蓟的感觉应该是结实的。将两个洋蓟放在一起摩擦，它们应该会发出短促尖锐的声音。洋蓟上的灰色条纹来自生长期经历的低温，这不会减损它们的味道或营养含量。带回家后，立刻把洋蓟放进冰箱的保鲜抽屉，并在两三天内吃完。这种蔬菜看上去一副身披铠甲的样子，变质的速度却很快。如果你在农夫市场购买洋蓟或者自己种植洋蓟，可以寻找紫色品种，如'小紫'（Violetto）和'普罗旺斯紫'（Violet de Provence）。它们的花青素含量较高，这让它们比其他品种更有营养。

烹饪洋蓟

许多人一直用千篇一律的方式烹饪洋蓟：在加了盐和少许百里香的水里小火慢煮，水里或许还有几片柠檬或洋葱提味，煮好之后与黄油酱或蛋黄酱一起端上餐桌。这种方法没什么错。事实上，虽然煮熟的蔬菜通常营养价值会下降，但洋蓟是个例外，用水煮洋蓟可以增加它们的抗氧化活性。但是，将这种蔬菜蒸熟还能增加更多营养。蒸熟的洋蓟的抗氧化活性几乎是煮熟的洋蓟的 3 倍（参见图 9-1）。

在炉子上蒸熟洋蓟需要长达 1 个小时的时间。用微波炉蒸的话需要 15~20 分钟。无论你采用哪种方式蒸，一开始的准备步骤都是一样的。首先，将这种蔬菜清洗干净。然后，去除最外面一层的苞片，让这种蔬菜更加紧凑并缩短烹饪时间。将茎剪短至半英寸长。不用担心——你不会因此损失许多营养的。与大多数其他水果和蔬菜不同，洋蓟外层苞片的植物营养素只有内层柔软苞片的十分之一。如果苞片有刺，就用厨房剪或者锋利的小刀将每一枚苞片的顶端切去半英寸。（即使这些刺很小，如果你不小心操作，也会把手扎得很疼。）

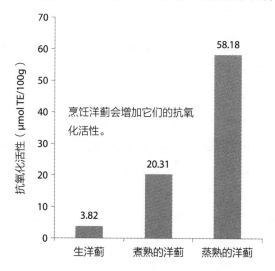

图9-1　生／烹饪后的洋蓟抗氧化活性对比图

如果在炉子上蒸洋蓟，应该在大锅里倒一英寸深的水，然后用大火将水烧开。水开之后把锅从火上拿下来，放入蒸格，将洋蓟茎朝下摆在蒸格里。把锅重新放到炉子上，盖上锅盖。重新将水烧开，然后把火调小到稳定产生蒸汽即可。每15分钟左右检查一次，有必要时加水。经过50分钟的总烹饪时间之后，尝尝位于中间的苞片熟了没有。如果还不够软，就再蒸10分钟或者直到蒸熟。

如果用微波炉蒸洋蓟，同样按照上面的方法做前期准备。然后在一个可微波深盘里倒入一英寸深的水。用最高火将盘子里的水加热两分钟。加入洋蓟，**茎朝上**，然后用可微波的盖子或瓷盘盖住深盘。（如果茎朝下加热，苞片尖端会烧干。）如果盘子不够深，可以将洋蓟侧放。蒸格里洋蓟的数量以及微波炉的功率大小共同决定了烹饪所需的时间。15 分钟后，尝尝中间的苞片熟了没有。如果还不够软，就再蒸几分钟，然后再尝尝。有必要时加水。

大多数人把做熟的洋蓟整个或者切成两半后端上桌吃。其实你也可以把苞片撕下来，与洋蓟芯分开吃。先按照上面的方法准备和烹饪洋蓟，晾凉，然后撕下苞片。保留洋蓟芯，但是要丢掉纸质的内层苞片和它周围纤维化的部分。将一个小瓷碗或玻璃碗放在一个大浅盘的中央，然后以小碗为圆心，将苞片排列成同心圆，最大的苞片放在外面，更小的苞片放在里面。这样排列看上去像一朵花。把洋蓟芯切碎，加到你喜欢的蘸料中。将洋蓟芯与蘸料的混合物转移到大浅盘中央的小碗里，就可以上菜了。快手蘸料推荐配方：两份莎莎酱（自制或包装产品均可），一份蛋黄酱，搅拌均匀。

洋蓟芯

我过去常常把吃洋蓟芯当成一种会引起罪恶感的快乐。我会点馅料中有洋蓟芯的比萨，偶尔将它们加入色拉或蘸料中，但我不知道它们有任何重大健康益处。毕竟它们的颜色是非常浅的黄灰色，怎么可能有很多营养呢？让我犹豫要不要吃更多洋蓟芯的另一个理由是，它们从来都不是新鲜出售的。它们总是被装在金属罐或玻璃罐里，而且它们可以在超市货架或者我的食品柜里存放数月之久。

后来我才发现，这些完全多虑了。2006年的一项对美国常见食物抗氧化剂含量的分析表明，罐装洋蓟芯含有丰富的抗氧化剂。一种植物柔嫩的芯部和叶片一样有营养，这样的情况并不多见。洋蓟芯的热量也很低。4盎司的水浸洋蓟芯（半杯）含有4克纤维素，且仅有60卡路里。它们还不含脂肪和胆固醇。可以将它们加入比萨馅料、色拉、酱汁、汤、三明治、蘸料和蛋类菜肴中。然而，它们的价格有些贵。为了省钱，可以在打折促销时购买。

包装在玻璃罐里的洋蓟芯——浸泡在水、油，或者调味的腌汁中——不含可能从传统金属罐内层涂料中渗透出的不良化学物质。当然，油浸洋蓟芯额外增加了热量。另外，它们的营养价值还受到所用油脂类型的影响。浸泡在特级初榨橄榄油中的洋蓟芯是健康之选。腌渍洋蓟芯也富含营养，但是它们的整体营养价值取决于腌汁的具体配料。

芦　笋

人类自古典时代以来就在采集野生芦笋了。古希腊人是最先栽培它们的人之一。古罗马政治家老加图（Cato the Elder，公元前234年—前149年）在他的《农业志》（*De Agri Cultura*）一书中写下了关于种植芦笋的详细指导，这本书也是最早的农业全书之一。他甚至详细到了应该使用哪种粪肥——应该用绵羊粪肥而不是马或牛粪肥，因为绵羊粪肥中含有的野草种子最少。

2011年，一支意大利研究团队发现，野生芦笋的植物营养素含量几乎是我们的驯化品种的2倍，维生素含量则是后者的5倍。但是，真的值得去寻找野生芦笋吗？欧洲人认为值得。我曾和这项研究的首席调查员阿道夫·罗萨蒂（Adolfo Rosati）聊过。"野生芦笋的味道比栽培芦笋浓郁。"他对我说，"它不如栽培芦笋甜，而且还要更苦一些，不过这种苦是大多数欧洲人喜欢的。它在意大利是一种非常受欢迎的蔬菜，就连我们的孩子也喜欢它。但是你们北美人不喜欢像菊苣或者野生蔬菜这样的苦味食物，因为你们太习惯于淡而无味的和甜的食物了。"

我们的现代芦笋品种也许不如它们的野生祖先，但它们仍然是杂货店里最有营养的蔬菜之一。一项涵盖 18 种蔬菜的营养学分析表明，芦笋的抗氧化活性仅次于另外三种接受检测的食物 —— 西兰花、青椒，以及牛蒡，一种野生根茎类蔬菜。（洋蓟不在检测范围内。）

在超市购买芦笋

购买新鲜收获的芦笋极其重要。正如西兰花和洋蓟一样，芦笋的呼吸速率也非常快。它会在短短几天之内损失掉一大部分味道和营养价值。与储存了仅仅一天的芦笋相比，新鲜采摘的芦笋的天然糖分含量竟高达前者的 4 倍。储存三天之后，这种蔬菜的酸度会增加一倍。储存时间更长的芦笋，茎秆会变得坚韧而细长。（芦笋可以在储存期间增加 1 或 2 英寸的长度。）由于刚采摘的芦笋甜而柔嫩，酸度极低，所以向来被当作珍馐美味。

新鲜芦笋有很多容易识别的特征。嫩茎呈深绿色，有光泽。把它们放在一起摩擦，会发出短促尖锐的声音。它们是笔直的，不弯曲。（当芦笋储存在昏暗的仓库或者封闭的板条箱一周或更长时间时，嫩茎会变长并向光源的方向弯曲，使它们呈现出扭曲的状态。）另外，尖端应该是紧闭的，绿色或泛紫。如果尖端的芽开始从茎秆上分开或者泛黄，就说明芦笋被储存太长时间了。最后，茎秆的切口应该是光滑湿润的。我曾经见过非常老的芦笋，切口是干的而且有凹洞；离开商店时我没有买。

许多人以为，与较细的嫩茎相比，较粗的芦笋嫩茎更老更坚韧，然而事实并非如此。实际上，在美国农业部发布的芦笋分级系统中，最高等级的一项指标就是末端的直径至少要达到半英寸。早春时节出售的非常细的昂贵芦笋是从刚刚长成的植株上收获的。这种芦笋非常嫩，不过末端更粗的刚收获的新鲜植株也很嫩。

白芦笋其实和普通的绿芦笋是同一种植物，是它们埋在土里还没有钻出地面时的形态。由于这些嫩茎从未见过光，它们就不会产生叶绿素；它们是真实事物的幽灵版本。它们的口感也比较坚韧。很关键的一点是，白芦笋对你的好处也不如绿芦笋。根据美国农业部的计算，绿芦笋的抗氧化活性是这些不见阳光的白芦笋的7倍。

在农夫市场

当你在农夫市场或者其他专门出售新鲜农产品的市场购物时，你会找到最新鲜的芦笋。你还会有更多选择。某些最常见的绿色品种——包括‘泽西骑士’（Jersey Knight）、‘阿波罗’（Apollo）和‘狂想曲’（Rhapsody）——属于最有营养的一些品种。然而，紫色芦笋的营养价值比它们都高。一个名为‘紫热情’（Purple Passion）的品种，抗氧化剂含量是标准绿色品种的3倍。在215页你可以找到更多品种的名字。

当你在露天市场购买芦笋时，寻找将嫩茎放在冰上或冷藏箱里的种植者。令人惊讶的是，如果将冷藏过程仅仅推迟 4 个小时，茎秆的坚硬程度就会增加 40%。商业化种植者会在采摘后立即将芦笋的嫩茎投入冰水中迅速冷处理。他们会在这种蔬菜的运输和储存过程中一直将它们保持冷藏状态。对于自己种植果蔬的人和那些在农夫市场上出售自己种植的果蔬的人来说，这是行之有效的做法。

吃芦笋，但是不要存放

芦笋的味道和植物营养素损失得非常快，最好在买到的当天吃掉它。如果你打算将这种蔬菜存放超过一天，需要把嫩茎放进微孔密封袋，然后储存在冰箱的保鲜抽屉里。有些人会把芦笋放进装满水的容器里，切口一端朝下，然后储藏在冰箱冷藏室的架子上。这样处理的芦笋可以保持湿润，但这会使它暴露在冰箱里氧气充足的环境下，呼吸速率会非常快。也就是说，它会非常迅速地消耗掉自己储存的糖分和植物营养素。

种植芦笋

芦笋是最适合种植在家庭果蔬园子里的蔬菜之一。如果你在收获后立刻烹饪它们，你就能获得最丰富的营养和美妙的新鲜滋味。当你烹饪自己种植的芦笋时，应该像对待老式甜玉米那样：先把水烧开，再去采摘芦笋的嫩茎！

在种植芦笋时，可以使用另一种提升风味的办法。采摘时只有 6 或 7 英寸茎秆露出土壤的芦笋，比采摘时已经有 10 英寸茎秆露出地面的芦笋甜得多。令人震惊的是，嫩茎较短的芦笋茎尖，其甜度是嫩茎较长的芦笋茎尖的 10 倍！在恰当的时间采摘芦笋可以让所有人都更喜欢它的味道，尤其是儿童和不喜欢苦味的成人。（它的甜度不会造成健康问题，芦笋的总体糖含量非常低。）

烹饪芦笋

研究表明，与生芦笋相比，烹熟的芦笋对你的健康更有好处。我们推荐蒸这种烹饪方式，它可以将芦笋的抗氧化价值提高大约 30%。要蒸芦笋的话，先往锅里加一英寸深的水，大火煮开。将芦笋清洗干净，在蒸格里摆放整齐。把锅从炉子上拿下来，放入芦笋，盖上锅盖，重新把水煮开。当你拿住嫩茎的中央，嫩茎会稍稍弯曲的时候，芦笋就熟了。耗时 4~5 分钟。这样蒸出来的芦笋比你常吃的更紧致一些，但味道最甜，营养价值最高。

食用蒸芦笋的一种简单美味的方式是在上面淋一些调味汁，调味汁的配料是 1 汤匙橙汁，1 汤匙意大利香醋、红葡萄酒醋或白葡萄酒醋，1 汤匙特级初榨橄榄油，以及少许盐。最后再在上面洒一些橙皮屑。你还可以跟随最新的潮流，把芦笋嫩茎削成长片后加入色拉。做法是清洗生芦笋，切去尖端，然后用蔬菜削皮器将剩下的部分削成 4 英寸长的片。将茎尖与色拉绿叶菜拌在一起，然后把削出的长片摆在上面。

鳄 梨

鳄梨实际上是一种亚热带水果，而非蔬菜。和西红柿一样，它们被归为浆果。野生鳄梨原产于中美洲，大小相当于半个鸡蛋。这些小型果实生长在高达 80 英尺的常绿树上。和我们的现代品种一样，它们的脂肪含量为15%~30%——在水果界实属异数。野生鳄梨和超市中的鳄梨的一个重要区别是，野生鳄梨的种子非常大，没有为果肉留下多少空间。

鳄梨的栽培史可追溯至公元前 6000 年。到公元前 1 世纪时，中美洲的许多文明已经在大量种植鳄梨了。在某些地区，玉米、豆子和鳄梨是三大主食作物。这三种食物共同为当地人供应了大量淀粉、蛋白质和脂肪。

经过一代又一代的栽培，农民开始改良鳄梨的风味和果肉含量。然而，直到 17 世纪，这种水果的种子仍然比果肉多。1653 年，一位名叫贝尔纳韦·科沃（Bernabé Cobo）的耶稣会修道士描述了他在新世界的旅途中见到的鳄梨。"在我见过的所有水果中，它们的种子最大，无论是西印度群岛还是欧洲的水果，都没有这么大的种子。"他说，"种子和外皮之间是果肉，除了颈部很厚之外，其他地方只比手指稍厚一些。果肉呈泛白的绿色，柔嫩，质感很像黄油，非常软。"

今天的鳄梨

相对于果实的整体大小，我们的现代鳄梨品种仍然有很大的种子，但如今它们的种子包裹在相当有分量的肥美果肉中。加利福尼亚是美国大部分鳄梨的产地。这些果树会得到修剪，让果实维持在方便采摘的高度，而不是 80 英尺高的庞然巨树上。尽管我们的现代品种比它们的野生祖先更加可口，但它们仍然保留了祖先的大部分营养。一份鳄梨含有的抗氧化剂多于一份西洋菜（broccoli raab）、葡萄、红甜椒或红色卷心菜。鳄梨还是维生素 E、叶酸、钾和镁的良好来源。

我很惊讶地了解到，鳄梨还是纤维素的良好来源。如此柔滑的东西怎么会含有纤维素呢？原因在于，鳄梨就像大多数水果一样，含有可溶性纤维素，一种像凝胶一样具有黏性的纤维素。半个中等大小的鳄梨含有 6 克可溶性纤维素 —— 比一碗燕麦粥还多。

那些脂肪呢？鳄梨中的脂肪以单不饱和脂肪的形式存在，这种"好"脂肪在橄榄油中含量也很高。在一项研究中，每天吃一个大鳄梨的女性糖尿病患者，甘油三酯的水平会下降，而体重不会增加。鳄梨中的脂肪还有助于脂溶性营养物质的吸收。在色拉中加入鳄梨切片，可以将绿叶菜中 β - 胡萝卜素和叶黄素的吸收率提高 1500%。

半个中等大小的鳄梨含有 160 卡路里的热量。你可以制作一道只含有 250 卡路里的美妙色拉：把一只鳄梨切成两半，去掉种子，用新鲜蟹肉或虾肉塞满留下的空腔，再在表面淋一些西红柿莎莎酱，挤少许柠檬汁或来檬汁。

在超市选择鳄梨

某些鳄梨品种的植物营养素含量高于其他品种。在大多数超市有售的'哈斯'（Hass）鳄梨是一个又大又黑、表皮凹凸不平的品种，它的抗氧化活性是商店里其他大多数品种的 2~4 倍。全世界种植的所有'哈斯'鳄梨树都是同一棵鳄梨树的"复制版本"，培育这棵树的人是鲁道夫·哈斯（Rudolph Hass），一位曾经生活在加利福尼亚拉哈布拉岗（La Habra Heights）的邮递员。哈斯在 1935 年获得了这个品种的专利。

当鳄梨的顶端变得柔软，但中间仍然比较坚硬时，就可以吃了。果实的手感是沉甸甸的，而且种子牢固地镶嵌在果肉中。如果鳄梨的中间部分和顶部一样软，或者摇晃鳄梨时像摇晃葫芦一样，种子在里面发出咯咯的声音，说明已经过了最佳食用期。果实上半部分有凹痕的鳄梨，内部很有可能是黑色或糊状的。'哈斯'鳄梨的皮在成熟时几乎是黑色的，而绿色品种的皮一直都是绿色的。

如果你买了未成熟的鳄梨，可以将它们放进一个纸袋，合上袋口，储存在室温条件下，直到果柄一端开始变软，这个过程需要两到三天。你可以在纸袋里加入一只香蕉，加快催熟过程。香蕉产生的乙烯气体能够将催熟时间缩短一天或以上。

一整个成熟的鳄梨可以在冰箱里储存两天而不影响其食用品质。然而，切开的鳄梨就不那么耐储存了，因为切面很快会氧化，或者说褐化。有两种防止褐化的方法。首先，如果你打算只使用半个鳄梨，就将一个果实切成两半，把种子留在你打算存放起来的那半个果实里。（种子有助于延缓褐化。）接下来，往切面上挤一些柠檬汁或来檬汁。把这半个鳄梨放进塑料袋，挤出大部分空气之后密封起来。存放在冰箱的架子上。

防止褐化的另一种方法更加有效，就是把切开的鳄梨和切开的洋葱放在一起。拿出四分之一个大洋葱或者一个非常小的洋葱粗粗切碎或切片，铺在一个小尺寸容器的底部。然后把一半鳄梨（带种子的）果皮朝下放在洋葱上。盖上盖子，储存在冰箱里。虽然果实切面不与洋葱直接接触，但是洋葱挥发油的抗氧化活性足以阻止褐化。试一试就知道。鳄梨只会沾染轻微的洋葱味道，因为只有果皮与洋葱接触。记得在两天之内吃完。

表9-1　洋蓟推荐类型和品种

在超市	
品种或类型	描述
'绿球' (Green Globe)	最流行的球洋蓟品种，几乎所有超市都有售，也是最有营养的洋蓟之一。
紫色洋蓟	一些大型商店除了'绿球'洋蓟之外，还有紫色洋蓟。紫色洋蓟更有营养，因为它含有大量花青素。

农夫市场、特产商店、自采摘农场，以及种子目录		
品种	描述	园丁注意事项
'绿球'	直径4英寸的圆球。味道比'帝王星'（Imperial Star）浓郁。	用根颈而非种子种植。在冷凉气候下生长不良。种下根颈75~100天后可食用。
'帝王星'	圆，甜，味道温和，无刺。	一年生洋蓟，室内播种，土壤温度达到10℃或更高时移植。第一年产量高。
'普罗旺斯紫'	中等大小的球洋蓟，苞片略带紫色。植物营养素含量是其他大多数品种的3倍。法国传统品种。	耐寒多年生植物，种植在美国农业部规定的植物耐寒性区域中的7号及以上地区。冬末室内播种，土壤温度达到12℃以上时移植。或者用根颈种植，等到霜冻危险彻底过去之后移植。移植大约100天后，在秋季收获第一批洋蓟。
'小紫'	被称为洋蓟中的贵族。头状花序小，卵球形，稍细长，最长5英寸。柔嫩，有滋味。意大利北方传统品种。	在85天内成熟。不建议种植在美国农业部规定的5号及以下地区。高产量可维持至少4年。

表9-2 芦笋推荐类型和品种

在超市	
类型	描述
所有绿色类型	新鲜度比特定的某个品种更重要。
所有紫色类型	一些大型超市和天然食品商店供应紫色芦笋，比绿色芦笋更有营养。新鲜度是最重要的。

农夫市场、特产商店、自采摘农场，以及种子目录		
品种	描述	园丁注意事项
'阿波罗'	类黄酮（一类植物营养素的统称）含量最高。	早熟且高产。最早的嫩茎出现在早春，接下来的数周持续长出嫩茎。
'威尔夫千禧年'（Guelph Millennium）	最近推向市场的绿色品种，以均匀一致的嫩茎和紧闭的茎尖闻名。	秋季种植根颈。耐寒，但在温暖气候下也能生长良好。可连续6年保持高产。
'泽西骑士'	鲜绿色嫩茎柔嫩多汁，直径为⅝英寸或更粗。茎尖带一抹紫色。	成熟期从4月初延续到5月中旬。可以在小空间里获得高产。在温暖气候下生长良好。
'泽西至上'（Jersey Supreme）	嫩茎中等大小，甜而柔嫩。	最早熟的品种之一。产量高。抗锈病和赤霉病。
'紫热情'	嫩茎表面呈紫红色，内部为白绿色，比大多数绿色芦笋更大、更柔嫩。烹饪后味道甜而温和，有坚果味。可以作为与众不同的色拉装饰。植物营养素含量最高的品种之一。	早熟品种之一。杂交品种和传统品种都有。产量比其他品种低。叶片高度可达4~5英尺。

洋蓟、芦笋和鳄梨：要点总结

1. 洋蓟富含抗氧化剂和纤维素。

球洋蓟（又称法国洋蓟）是最常见的品种，也是最有营养的品种之一。洋蓟的营养价值损失得非常快，所以要购买你能找到的最新鲜的洋蓟，尽快冷藏起来，并在一两天内吃完。与任何其他烹饪方法相比，蒸洋蓟都能保留更多营养。金属罐或玻璃罐罐装的洋蓟芯和新鲜洋蓟芯一样有营养。可以将它们加入色拉、蘸料、比萨和蛋类菜肴中。

2. 芦笋不耐储存。

购买你能买到的最新鲜的芦笋，保持冷藏，并在一两天内吃完。寻找尖端紧闭、末端湿润且短而直的嫩茎。采用蒸的烹饪方法，蒸到手持嫩茎中央时，两端微微弯曲即可。不要蒸过头。将削成片的生芦笋加到色拉中食用，或者用作其他菜肴的装饰。

3. 鳄梨含有可溶性纤维素和"好"脂肪。

鳄梨含有令人惊讶的丰富营养，并且富含纤维素。虽然它们还富含脂肪，但这种脂肪是单不饱和脂肪，一种健康的油脂。'哈斯'是最常见也是最有营养的品种之一。把未成熟的较硬鳄梨放进密封纸袋里催熟。往里面加一只香蕉可以加快这个过程。当果柄端变得柔软，但中间部分还比较坚硬的时候，鳄梨就可以吃了。完整的成熟鳄梨最多可以在冰箱里储存两天。至于切开的鳄梨，如果将柠檬汁或来檬汁喷在切口表面，并将其装在排出气体的塑料袋里，也可以使其在冰箱里保鲜两天。你还可以把切开的鳄梨放在一层切碎的洋葱上放进冰箱里储存。

── 第二部分 ──

水　果

第 10 章

苹果
从强力药物到温和的无性繁殖系

▨ '蜜脆'苹果和野生苹果

至少在 5000 年前，人们就在赞扬苹果的健康益处了。我们熟知的谚语"一日一苹果，医生远离我"是 19 世纪时对一句威尔士谚语的重新改造："睡觉前吃一个苹果，让医生只能去要饭。"在中世纪，北欧人讲述着一箱带来永恒生命的金苹果的传说：当众神感觉到自己要变老的时候，一口金苹果就会让他们重新变得年轻起来。公元 900 年，斯堪的纳维亚人在篮子里装上苹果，把苹果与他们的逝者一起埋葬，供他们在阴间食用。比他们还早 3000 年的埃及人也有同样的想法，证据就是法老陵墓里木乃伊化的苹果。在有记录的历史中，苹果一直是健康和长寿的象征。

野苹果 —— 按照自然的方式塑造的苹果 —— 的确有助于我们更长寿、更健康。在 2003 年的一项调查中，美国农业部的水果研究人员检测了来自 321 棵野生的和驯化的苹果树上的果实的植物营养素含量。这项实验室检测表明，野苹果比我们的栽培品种有营养得多。一个野生苹果物种的植物营养素含量是'金冠'苹果的 15

倍，另一个野生物种更是高达 65 倍。冠军是原产于尼泊尔的锡金海棠（*Malus sikkimensis*）。按同等重量计算，这种果实的植物营养素含量是我们最喜欢的苹果的 100 倍。生活在尼泊尔偏远村庄的人们今天还在采集这种果子。一天的收获为他们提供的营养相当于我们大多数人一生从苹果中获取的营养。

　　虽然这些来自尼泊尔的苹果① 很有营养，但别指望能够在杂货店见到它们，至少近期不可能。首先，它们对于我们的现代口味而言太苦了。如果这些果实在树上留到秋天，它们会变软并且有些甜味。但即便如此，它们的味道也像酸苹果酱——而且还要连皮带种子一起吃。其次，每个果实只有半克，重量相当于半个葡萄干。要想吃和一个中等大小的'蜜脆'同样分量的水果，你必须吃掉 500 个这样的果实。然而，若是想在植物营养素含量上与一个'蜜脆'旗鼓相当的话，只需要吃 5 个就行了——一茶匙就能舀出这么多。虽然野苹果的个头小，但它们在营养效力上做了补偿。

　　若想更全面地认识野苹果和我们数千年来创造的品种在植物营养素方面的强烈反差，可以看看下面这张图（图 10-1）。左半边的柱子代表 6 个野生物种的植物营养素（总酚类）含量。右半边短得多的柱子代表 6 个现代品种的植物营养素含量。差异最大的是最左侧的锡金海棠和最右侧的'姜黄金'。锡金海棠这种野苹果含有的植物营养素是后者的 475 倍！事实上，相对较新的品种'姜黄金'含有的植物营养素如此之少，以至于无法在这张图表上显示出来。在漫长的苹果栽培历史中，我们浪费了丰富的营养。

---

① 英文将海棠属（*Malus*）的所有物种，如海棠、山荆子和现代苹果统称 apple。为避免混乱，本章按照原文将所有广义上的 apple 均称为苹果。——译者注

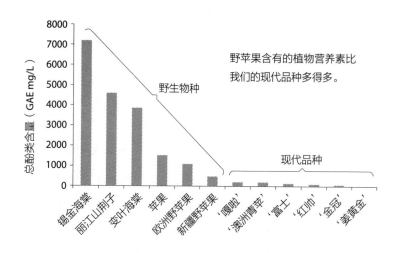

图 10-1　不同苹果品种总酚类含量对比图

　　植物营养素的这种剧烈减少可能造成的后果之一是我们更容易患上癌症。在 1994 年的一项研究中，日本研究人员比较了最受我们欢迎的苹果品种‘富士’和另外两个海棠属物种。平均而言，其他物种结出的果实，其抗氧化活性是‘富士’的 5 倍，维生素 E 的含量是‘富士’的 4 倍。更加引人注目的是，它们抵御白血病的功效也强得多。其中一个物种的抗癌化合物含量是‘富士’的 80 倍。研究者的结论是：‘富士’苹果"几乎没有抗癌活性"。我们的超市有硕大甘甜的苹果，但是其中一些品种在癌症和其他疾病面前能为我们提供的保护相对很少。

深受萨利希人喜爱的苹果

　　全世界的狩猎—采集者都会享受野苹果的滋味，尽管它们的味道是酸的，而且还非常小。海岸萨利希族（Coastal Salish Nation）

就是如此，这个民族的部落曾经沿北美西海岸分布，从加利福尼亚北部一直延伸到不列颠哥伦比亚省。萨利希人采集褐海棠（Pacific crabapple①，学名 *Malus fusca*），这种果实的大小和形状都像小橄榄。（直径小于 2 英寸的苹果都可以叫 crabapple②。如果你能用手指把一个苹果完全裹住，它就是一个 crabapple。）这种苹果本来是苦的，直到第一次霜冻之后才会产生一定程度的甜味。因为萨利希人饮食中的大多数野生植物的含糖量都非常低，所以即便是这种微微的甜味也很受欢迎。如今我们周遭充斥着糖以及富含果糖的玉米糖浆，所以海棠之类的野苹果无法再吸引我们了。事实上，美国苹果产业将我们的所有天然野生苹果都归类为"spitters"（令人吐唾沫之物）——咬一口，你就会把它们吐出来。

　　萨利希人会用许多种方法处理他们的苹果，包括晒干、烘烤和烟熏。他们会用水煮这种果子：把它们放进不透水的编织篮子里，在篮子里装水，然后投入烧得火红的石块，把水给烧开。他们直接吃这样煮熟的苹果，或者把它们铺在水平的木盘上晾干，制成一种富含植物营养素的果丹皮。他们把苹果干与鱼干或肉干混合在一起制成干肉饼，这是北美原住民的混合干粮。在为长途旅行准备食物时，部落里的妇女会把鹿皮缝成又长又细的管子，在里面塞满干肉饼，从而制造出三英尺长、具有可重复利用包装的能量棒。

　　萨利希人发现了一种将褐海棠储存越冬的聪明方法。他们用雪松木造出不透水的箱子，在里面装满苹果和淡水。他们用熊的油脂涂抹在箱口边缘，然后用紧贴的盖子将箱子密封起来。水能防止苹

---

① 字面意思是"太平洋海棠"。——译者注
② 大致相当于汉语里的"海棠""野苹果""沙果"等。——译者注

果变质和干燥，而密封容器能防止水外泄以及昆虫进入。作为额外的福利，这些苹果在水里泡得越久，味道就会变得越甜。孩子们热切地等待着箱子在来年春天打开——用这种方法储藏的苹果就相当于他们的糖渍苹果。在特别时刻，炖好的苹果的表面会浇上一些打发好的配料（whipped topping）。虽然这种配料在我们看来很像生奶油，但它其实是用鱼油而不是奶油做的。无论我们对他们这种仪式性的甜点抱有何种看法，它都能为他们同时提供大量植物营养素和 Ω-3 脂肪酸。

祖源物种

小小的褐海棠不是我们的现代苹果的野生祖先。现代苹果的祖源物种也不来自北美洲、南美洲或欧洲的任何地方。美国乃至全世界生产的绝大多数苹果都可以追溯到一个名为新疆野苹果（*Malus sieversii*）的野生物种，它原产中亚。[①] 在全世界已知的所有 35 个野生物种中，这个物种的果实是最大最甜的。

如今由这种野生果树构成的一些最广阔的森林位于哈萨克斯坦，就在天山山脉的北边。这些森林里的新疆野苹果树长得非常密集，以至于它们的树枝都彼此交错纠缠。断裂的树枝表明，熊曾经爬上过这些树，获取了它们的果实。熊和人类一样，喜欢又大又甜的苹果，而它们在哈萨克斯坦的森林里发现了许多这样的苹果。到这片地区旅行过的人说，有些野苹果的大小和味道可以和我们超市里的苹果匹敌。当大自然母亲创造新疆野苹果时，她直接为我们启动了驯化过程，给了我们一个有潜力满足我们每个欲望的优异物种。

---

① 该物种在中国新疆地区也有分布，因此中文名是新疆野苹果。——译者注

新疆野苹果或许是所有野苹果中最美的，但它也是营养价值最低的之一。在前文提到的 2003 年美国农业部调查项目中，实验室检测表明，除了少数几个野生苹果物种，这个中亚物种的植物营养素含量低于所有其他物种。来自欧洲的欧洲野苹果（*Malus sylvestris*），植物营养素含量是它的 2 倍。原产于日本的多花海棠（*Malus floribunda*）是它的 10 倍。来自尼泊尔的超级明星锡金海棠是它的 15 倍。当我们的祖先选择了来自天山的甜苹果时，他们无意之中降低了自己对癌症和心血管疾病的抵御能力。

无性繁殖系的到来

虽然新疆野苹果结出的果实是所有野苹果中最甜最大的，但没过多久我们的祖先便不再满足于它们了。早在 3000 年前，波斯和中亚其他地区的农民就开始创造他们更喜欢的新品种了。这是一项比驯化其他植物更难的任务。与大多数水果不同，苹果的性状不能"真实遗传"。这意味着，如果你发现了一个味道很好的苹果，然后把它的 5 粒种子种下去，那么每一粒种子长成的苹果树，结出的果实在大小、味道、颜色和形状方面都是不一样的。大概率出现的情况是，这 5 棵树中没有一棵树的果实和你最初发现的那个一样好吃。植物学家将这种现象称为极度杂合性（extreme heterozygosity）。换句话说，每一粒种子都会长成不同的果树，结出独特的苹果。我们的祖先无法创造出品质优异且稳定的苹果，直到他们消除了这种偶然性因素。

水果种植者在两千多年前完成了这一壮举，他们的办法是创造一种名为嫁接的新技术。通过嫁接，他们可以选择结出优质果实的苹果树，然后将其扩增为数量无限的无性繁殖系。具体做法是先选出一棵结优良苹果的树，然后把它的芽或嫩茎切下来。接下来，他们选择另一棵果实不那么好的苹果树，把它砍得只剩 1~2 英尺高的树桩。他们在树桩顶端凿出一个小凹口，并插入来自优质果树的芽或嫩茎。如果两棵树的组织对得齐——形成层对形成层，那么嫁接组织就会与树桩融合，长出新的枝条。用不了几年，这棵树就会有数百个枝条，结出与最初被选中的果树上的苹果一模一样的果实。

亚历山大苹果佬

如果不是地理上的偶然性，光荣的新疆野苹果将会留在亚洲很长一段时间而不为外界所知。连接中国、印度和欧洲的几条古丝绸和香料贸易路线从天山北麓蜿蜒而过，进入哈萨克斯坦南部。马队和骆驼队在由原生树木形成的大片森林中穿行。旅行者一定被这些苹果迷住了，因为新疆野苹果的果树在贸易路线沿途各处都有分布。若人们有机会将这种又大又甜的苹果和他们自己的又小又苦的果实比较，他们也会选择这个物种。

公元前 328 年，新疆野苹果迅速地从哈萨克斯坦来到了希腊，这都要感谢军事首领亚历山大大帝（Alexander the Great）。在他发起的对波斯人的东征中，他的军队穿过哈萨克斯坦南部，来到阿拉木图附近。亚历山大大帝在那里第一次遇到了这种苹果。他非常喜欢这些果实，于是将种子和插条运回希腊北方，种在自己的果园里，并让自己的导师、著名哲学家亚里士多德（Aristotle）研究这种水果。战争狂人亚历山大是最初的约翰苹果佬（Johnny Appleseed)①。

当新疆野苹果的果树在希腊扎稳脚跟之后，希腊人立即着手创造更优质的果实。不出意料，他们选择"克隆"那些结出最甜果实的果树。这种偏好被亚里士多德的另一位学生泰奥弗拉斯托斯（Theophrastus）记录下来，现在他被称为"植物学之父"。在他的著作《植物探究》（*Enquiry into Plants*）中，泰奥弗拉斯托斯写道："用种子种出来的苹果品质不好，味道是酸的而不是甜的……因此人们采用嫁接的方式。"

新疆野苹果传播到罗马之后，就开始迅速在整个古罗马帝国种植开来。到公元 400 年时，从埃及到英格兰，这个最甜的物种的最甜的品种已经在各地的果园里种植了。然而，这个物种直到 1200 年后才在北美生根，当时的第一批殖民者带着他们最喜欢的英国品种的种子和插条来到了新大陆。北美的第一个苹果园是 1625 年由波士顿人威廉·布莱克斯顿牧师（Reverend William Blaxton）建立的。到 18 世纪时，种植这个来自天山的物种的大型果园已经在东海岸沿线遍地开花。

这种新苹果同样赢得了北美原住民的欢心。来自易洛魁族的部落在品尝了殖民者果园里的这种又大又甜的水果之后，很快就接受了它。到美国独立战争爆发时，这些部落已经在管理他们自己的几十个新疆野苹果果园了，其中的一个大型果园种植了超过 1500 棵果树。这种来自中亚的水果，一个曾经稀有且与世隔绝的物种，已经成为遍布全球的优势物种。所有其他野苹果物种都只留给了鸟

---

① 约翰·查普曼（John Chapman）在俄亥俄及印第安纳广泛种植苹果，对苹果在美国的传播起到了重要作用，因而得到"苹果佬"的绰号。——译者注

类、熊、昆虫和苹果汁制造者。

苹果的多样性在美国的丧失

一开始，美国农民满足于种植他们从旧世界进口的品种。然后，他们开始创造第一批美国制造的无性繁殖系。具体做法是，调查用旧大陆苹果种子种出的大批不同的苹果树，然后选择最好的那些进行无性繁殖。他们创造出的最早的品种之一是'罗克斯伯里赤褐'（Roxbury Russet），果实中等大小，果皮粗糙，呈赤褐色；那时，美国人对闪闪发亮的光滑大苹果的现代迷恋还没有确立下来。这个品种在18世纪极受欢迎，以至于得到了亲切的绰号"罗兹"（the Roz）。另一种深受喜爱的苹果'纽镇皮平'（Newton Pippin）曾被托马斯·杰斐逊当作经济作物种植。1837年，美国派遣到英国的公使向维多利亚女王赠送了几桶'纽镇皮平'苹果作为礼物。女王如此倾心于这些水果，她甚至说服英国议会降低了对所有美国苹果征收的关税。

到1910年时，在美国的果园里种植并得到命名的苹果品种数量已经超过了15000个。随着大型果园开始为美国供应更多苹果，这个数字在接下来的几十年里开始逐渐减少。种植商发现，大规模种植少量品种更有效率，而且他们偏爱那些颜色、大小和形状均匀一致，味道甜，表面有光泽的苹果。像'罗克斯伯里赤褐'这样个头小而且果皮粗糙、呈黄绿色的苹果，是达不到标准的。'纽镇皮平'也因为类似的原因遭到淘汰。曾经俘获维多利亚女王芳心的苹果，如今仅仅种植在几十座专门经营传统品种的美国果园里。

如今，美国种植的苹果品种的数量已经减少到了500个——

与最初的 15000 个相比，只留下了 3%。乍看之下，500 个品种似乎已经有很高的多样性了，但其中还有玄机——成规模生产的品种不到 50 个。更糟的是，我们吃的苹果中，十分之九都来自 12 个品种。在仅仅三代人的时间里，我们就从 15000 个苹果品种降低到了 12 个。你在每一家商店看到的苹果品种都是千篇一律的：'红帅''金冠''富士''嘎啦''布瑞本'（Braeburn）、'澳洲青苹''乔纳金'（Jonagold）、'爱达红'（Idared）、'格拉文施泰因'（Gravenstein）、'麦金托什'（McIntosh）、'科特兰'（Cortland）和最近流行的'蜜脆'。这些品种——美国最常见的 12 个品种——还在打入世界市场，把更有营养的传统苹果排挤出去。营养含量低的'金冠'不仅是美国最受欢迎的苹果，现在它还是全世界销量最高的苹果。

终于，营养和多样性在我们现代苹果中的损失正在得到食物推广宣传家、苹果育种先驱和美国农业部果树研究人员的关注。来自美国农业部农业研究服务局的果树专家团队发动了一场声势浩大的运动，想要搜集所有已知野苹果物种的芽和插条。他们的主要目标是创造出更具抗病性的新品种。不过，这也是他们第一次开始搜集这些野苹果营养价值的相关信息。作为这项工作的一部分，他们又回到哈萨克斯坦，检测了许多棵新疆野苹果树结出的苹果的成分。他们发现，某些新疆野苹果的植物营养素含量是我们如今栽培的相同物种之变种的 6 倍。通过追根溯源，我们有可能重新开始苹果的驯化过程，只是这一次，苹果育种者将会知道，他们需要创造出保留这种原始水果更多健康益处的 21 世纪新品种。

另一个让人振奋的现象是，传统果园正在回归，为此感到高兴的不光是那些选择本地饮食的人，还有那些想要吃到味道比超市里的苹果更丰富多样的苹果的人。位于纽约布鲁克林区美国慢食运动（Slow Food USA）的倡导者也在努力做出自己的贡献，以保存那些拥有悠久历史和美妙味道的精选品种。'纽镇皮平'就是新近被他们加入这个苹果保护项目的品种。维多利亚女王一定会深表赞许的。

更多好消息来自新西兰。作为长期提倡传统水果和蔬菜的人，会计师马克·克里斯滕森（Mark Christensen）在2000年4月发现了全世界最有营养的苹果品种之一。驾车在新西兰北岛行驶时，克里斯滕森发现了生长在路边的一棵古老的苹果树。他停下来凑近观察树上的果实。这种苹果和他见过的任何品种都不像。怀着一颗好奇的心，他吃了一个苹果，很喜欢它的多汁和香甜。他摘下一些苹果，带回了家。除了是苹果鉴赏家之外，克里斯滕森还对苹果的营养价值很感兴趣。他相信"对于每一种影响人类健康的疾病，都会有一种植物含有治疗这种疾病所必需的化合物"。为了检测自己发现的苹果的抗病潜力，他把一些苹果送到了新西兰的植物和食品研究所（Plant and Food Research Institute）进行营养学分析。研究所检测了这些苹果，并将它们与其他250个品种进行了对比。来自路边果树的这些苹果含有极其丰富的植物营养素。这种苹果的果皮含有的类黄酮超过了任何已知苹果，而被称为原花青素（proanthocyanidins）的有益化合物含量排名第二。2006年，克里斯滕森将这种苹果送到法国国家健康与医学研究院（French National Institute for Health and Medical Research），想了解这种果实有没有抗癌潜力。实验室检测表明，这种苹果的提取物降低了多种不同癌细胞的生长速度，而且它比接受检测的任何其他苹果都更能破坏结肠癌细胞。

克里斯滕森将这个新品种命名为'惊喜'（Monty's Surprise），新西兰人叫它'一应俱全'（Full Monty），因为这种苹果拥有全部优点——美妙的滋味、美丽的外表、理想的大小、丰富的植物营养素，以及成为强力抗癌武器的希望。克里斯滕森并没有为自己的发现申请专利——今天的大多数植物育种者都是这样做的，而是和其他人建立了非营利组织中央树木作物研究信托基金会（Central Tree Crops Research Trust），将关于这个新品种的消息传播出去，并免费赠送树苗。至今为止，这个基金会已经为新西兰人捐赠了超过8000棵树苗。现在的计划是将'惊喜'出口到包括美国在内的其他国家。当这种苹果来到美国时，你会在报纸上看到相关报道的。

开始你自己的苹果复兴

要想立即从苹果中获取更多营养，你可以做什么？第一步，也是最简单的一步，在超市选择最有营养的品种。好消息是所有超市都会列出苹果的品种名，所以很容易按照品种购买。最有营养的品种包括'布瑞本''科特兰''发现'（Discovery）、'嘎啦''澳洲青苹''蜜脆''爱达红''麦金托什''梅尔罗斯'（Melrose）、'奥查金'（Ozark Gold）和'红帅'。这个名单上的每一个品种都有不同的味道和质感，所以你一定能找到自己喜欢的苹果品种。如果你喜欢甜且口味温和的苹果，就选择'蜜脆'或'红帅'。如果你喜欢更酸的苹果，'澳洲青苹'是个不错的选择。'布瑞本'的味道则是甜和酸的融合。这些推荐品种你可以每样买一个回家，尝尝看自己最喜欢的是哪些。营养含量最少的品种包括'艾尔斯塔'（Elstar）、'帝国'（Empire）、'姜黄金''金冠'以及'粉红佳人'（Pink

Lady）。

对于某一既定品种，如果你选择其中颜色最鲜艳的果实，你还能得到更多的植物营养素。例如，如果你要买'布瑞本'，先观察陈列在你面前的所有'布瑞本'苹果。果实表皮颜色的范围是全红到半红半绿。你应该选最红的。这些最鲜艳的苹果生长在果树顶端或者最外侧的枝条上，在那里，它们会受到阳光的直接照射。为了阻挡紫外线，它们必须以红色色素的形式制造出额外的植物营养素。这些苹果即使在黑暗中储存数月，也仍然会保留这些额外制造出来的植物营养素。当你吃这些苹果时，你就吸收了这些化合物，并提高了你自己抵御慢性炎症、高血脂、癌症和心血管疾病的能力。

生长在果树较低枝条或内侧的苹果接受的阳光照射较少，所以它们不会产生同样多的植物营养素。根据埃及植物学家穆罕默德·阿瓦德（Mohamed Awad）的记录，"生长在果树顶端的苹果，其抗氧化剂含量是隐藏在枝叶之间的苹果的两倍，而功效最强的类黄酮物质槲皮素的含量是后者的3倍"。幸运的是，其他研究人员还发现，晒过日光浴的苹果比在背阴处生长的苹果甜度更高，酸度更低。在挑选苹果和许多其他水果时，你应该避开那些位置低矮的果实。

有趣的是，营养价值的显著差异还会出现在同一个苹果的不同侧面。如果一个红色苹果的一侧被叶片挡住，而另一侧接受阳光直射，这只水果就会变成双色 —— 背阴一侧是绿色或黄色，另一侧则是鲜艳的红色。同样是咬上一口，被阳光照射的一侧提供的营养是颜色浅淡一侧的两倍。（注意：我不是在建议只吃半个苹果！）

最有营养的苹果每个侧面都含有充足的色素。

近些年来，颜色均匀一致的红色苹果变得更常见了，因为许多苹果种植商改变了修剪果树的方式。他们不再让果树长成传统的苹果树形状，而是将它们修剪成又高又窄的纺锤形，并以 3 英尺的株距成行种植。与传统种植方法相比，纺锤形果树的亩产利润可以增加 2000 美元。与此同时，这种方法还减少了树叶的遮盖，让更多苹果被阳光直射。很少有种植者意识到，通过这种方式，他们不但在生产更多苹果，还在生产更有营养的苹果。

那‘澳洲青苹’和其他绿色或黄色果皮的苹果呢？照射更多阳光也会让它们更有营养，但它们不会变红。因此，判断它们生长在果树上的什么位置或者它们的成熟度比较困难。不过‘澳洲青苹’的植物营养素含量高于很多颜色极红的苹果，所以，它们无论怎样都是很好的选择。

储存苹果

如果你将苹果储存在冰箱里而不是厨房柜台上，它们的保质期可以延长 10 倍。保鲜抽屉的储存效果最好。如果你可以调节保鲜抽屉的湿度，那就把它调成高湿度。苹果的收获时间在相当大的程度上决定了它能维持多久的最佳脆度和味道。通常而言，7 月和 8 月成熟的早熟苹果只能保持两三周的新鲜和脆爽口感；晚熟苹果可以储存数月之久。

考虑到普通冰箱空间有限，它或许不是储存超过 12 个苹果的理想选择。我建议你按需购买苹果，一次不要买太多。商业储存设施可以为苹果的保鲜提供理想的湿度、温度和气体浓度，比你在家里能提供的条件好得多。然而，无论苹果采用什么储存方式，它们的营养含量都会逐月下降。一支以色列研究团队估计，吃掉两个长期储存的苹果，才能得到与一个新鲜采摘的苹果中含有的同样多的抗癌益处。这也是食用当地出产应季水果的另一个好理由。

吃 皮

果皮只是整个苹果的很小一部分，但是其中含有丰富的营养。与削皮的苹果相比，不削皮的苹果能给你提供的植物营养素多出50%。它还能降低你的癌症风险。在一项动物研究中，削皮苹果的提取物令人类癌细胞的生长速度降低了14%，而不削皮苹果的提取物令癌细胞的生长速度降低了45%。

关于吃苹果皮，有一个问题是，环境工作组发现苹果的农业残留比其他任何水果或蔬菜都多，而且残留在果皮上的浓度最高。苹果种植者往果树上喷洒这么多农药的原因在于，他们想生产出消费者想要的毫无瑕疵的大苹果。哪怕只有一个小瑕疵也足以让许多人放弃购买的念头。在苹果黑星病流行的地区，那里的苹果树每年会喷洒多达 15 次杀真菌剂。如果你打算吃皮，应将苹果彻底擦洗干净，或者购买有机苹果。如果你购买了有机苹果，你就减少了自己的农药摄入，还降低了所有在果园工作的人接触农药的概率。

当你将上面的所有建议综合起来 —— 在某个营养丰富的品种中选择一个颜色深的苹果并吃掉包括果皮在内的整个果实，你就会得到最多的植物营养素、维生素、矿物质和纤维素。只需要付出极少的成本或努力，你就能朝着"吃东西时偏向野生的一面"的方向迈一大步。

　　下面这道美味的苹果酥的食谱是开始健康之旅的新方法。大多数厨师在用苹果制作甜点时都会先削皮，因为苹果皮有一种坚韧的口感。在这道食谱中，你可以将苹果皮和糖一起放进食品料理机里搅拌，直到苹果皮被切碎，然后再将它们加入填料。苹果皮会额外增加大量植物营养素，但是不会影响苹果酥的整体口感。如果仔细品尝的话，你会注意到苹果皮为这道甜点增添了一种令人愉悦的特殊味道。在制作苹果酱、苹果派、蛋糕、脆皮果馅饼和酥皮糕点时，你都可以用这种瞒天过海的方法。

　　按照传统，苹果甜点使用的是酸甜结合的苹果品种。如果用的是酸苹果，就加更多糖。如果用的是甜苹果，就加 1 或 2 汤匙柠檬汁来提味。果肉较干的苹果可以加几勺奶油。苹果的植物营养素含量直到现在才成为一个考虑因素。要想获得最多营养，就选择 240~243 页推荐的品种之一。你可以先试试'澳洲青苹'，它富含植物营养素而且到处都可以买到。

带苹果皮的苹果酥

准备时间：30 分钟

烘焙时间：50~60 分钟

总时间：80~90 分钟

分量：6~8 份

　　2½ 磅苹果，最好是'澳洲青苹'或者另一个营养丰富的品种

　　½ 杯蜂蜜

1汤匙未漂白通用面粉、全麦面粉或米粉

1汤匙肉桂粉

½汤匙肉豆蔻粉

装饰配料：

¾杯未漂白通用面粉、全麦面粉或米粉

¾杯燕麦片（非即食）

½杯切碎的核桃

½杯压实的红糖，或者½杯蜂蜜

½杯（1块）不加盐或加盐的、融化的黄油

　　将烤箱预热至180℃。将苹果削皮去核，但不要丢掉苹果皮。将削过皮的苹果切成¼英寸厚的片，放进一个大搅拌钵里。

　　将苹果切片（1杯）、苹果皮、蜂蜜、面粉（1汤匙）、肉桂粉和肉豆蔻粉放入食品料理机。高速搅拌大约3分钟（这会是一段漫长的时间），直到苹果皮完全切碎。在必要时停止搅拌，把侧壁上的苹果皮刮下来继续搅拌。把搅拌好的混合物倒入装有切片苹果的碗里，然后用勺子将它们一起舀进涂了油的8英寸方烤盘里。放置一旁。

　　至于装饰配料，将所有配料食材倒进一个中等大小的搅拌钵里。搅拌到完全均匀，然后舀到烤盘里的苹果上。将烤盘放进烤箱中层的架子上，烘烤50~60分钟，或者直到顶部变成金棕色，苹果切片变软。冷却10~15分钟。在温热或室温状态下食用。

　　其他做法：在苹果中加入一茶匙柠檬皮屑。添加¼茶匙混合香料粉或丁香粉。用美洲山核桃代替核桃。

选择混浊的苹果汁

　　你一定听过这个道理：如果你吃掉一整个水果，一定比吃掉这个水果加工成的果汁、果酱或其他水果制品能得到更多的营养益处。对于苹果尤其如此。清澈苹果汁中的植物营养素含量只有原来苹果的6%，其他94%都留在了加工厂。

　　如果你喝的是未过滤的即"混浊"的苹果汁，你得到的营养会更多。根据波兰华沙大学的研究，混浊苹果汁含有的植物营养素高达清澈苹果汁的4倍。进行这项研究的科学家们做出了如下评论："混浊果汁的味道也更好，有一种令人惊叹的醇厚感……但混浊果汁更有营养这一事实格外令人兴奋。"

　　如果你喝苹果汁，就选混浊的。不幸的是，一些果汁制造商如今在自己的产品标签上添加"未过滤"的字样，即使他们的产品已经去除了相当一部分的植物营养素和果胶。要想辨认出这些冒牌货，你可以朝着光源举起一瓶苹果汁。未过滤的苹果汁应该不透光，而且瓶子的底部应该有一层沉淀。

　　在当下的美国，法律条文并未对apple juice（普通苹果汁）和cider（一种特别的苹果汁）①做出区分。在大多数欧洲国家，cider

---

① 美国人所说的cider一般不含酒精，如果是含酒精的苹果汁饮料，在美国称为"hard cider"，与"soft"（不含酒精的）种类相对；欧洲人口中的cider一般是指含酒精的苹果酒。——译者注

是用传统的专门品种制造的，这些品种的味道酸甜结合，植物营养素含量高于甜点苹果和烹饪苹果。这种果汁从不过滤。我们超市里出售的一些 cider 是用只甜不酸的甜点苹果制造的，而且这些果汁还经过精制。实际上，一些果汁制造商春天和夏天在产品标签上用的是"apple juice"，到了秋天和冬天就在同一种产品的标签上使用"cider"的字样。真正的 cider 是未过滤且混浊的，所以很容易"看透"这种诡计。

令人欣喜的是，手工制作 cider 的潮流正在回归。数百位果园园主正在制造他们自己的私家品牌 cider。一些 cider 会经过发酵，酿成苹果酒（hard cider）。初秋时节，可以在农夫市场、葡萄酒和烈酒商店，以及网上找到这种货真价实的 cider。记得多存一些，这种果汁很适合冷藏。

超市之外

如果你生活在种植苹果的地区，不妨花些时间了解你们当地的品种。收获季从 7 月持续到 11 月，大部分品种在 8 月至 10 月期间成熟。在收获旺季，你们当地的农夫市场上可能会有多达二十几个品种。你可以在每个摊位上品尝苹果的味道。你将会发现，某些传统品种有梨子、香蕉、瓜或菠萝的风味。有些品种的味道像葡萄酒，包括品种名恰如其分的'醇露'（Winesap）。少数品种的果肉拥有一种奇特的质感，似乎要融化在你的嘴里一样。许多品种的味道是甜与酸的融合。参加苹果品尝会是打开你的眼界的另一种方法。许多天然食品商店会在初秋举办这种活动。在参加苹果品尝会时，我经常听到人们发出这样的评论："这才是苹果该有的味道！""我都忘了苹果可以这么脆、这么多汁了！""我在哪儿可以买到一盒这种苹果呢？"

一些最好吃而且最有营养的品种是一百多年前创造的，包括'斯巴达'（Spartan）、'格拉文施泰因'和'麦金托什'，但还有许多品种是现代杂交品种。例如，'奥查金'苹果就是 1970 年发布的，是一个相对较新的品种。'奥查金'在很多方面都和传统品种'金冠'类似——它很甜，酸度低，而且有蜂蜜味道。区别在于，'奥查金'的植物营养素含量是'金冠'的 4 倍。'奥查金'在密苏里州最容易买到，这里是该品种培育出来的地方。它值得更广泛的推广。

当你从自采摘苹果园收获苹果时，你可以选择自己想要的品种并在达到最佳成熟度时收获它们。提前打电话，确认果园里有你正在寻找的品种，而且果实已经可以摘了。如果你不知道怎么寻找特定品种的话，可以上网搜索。橙皮平网站（Orange Pippin；https://www.orangepippin.com）为苹果爱好者提供了宝贵资源。这个网站列出了一百多个不同品种，并描述了它们的味道、质感、历史和外观。它还列出了全美各地生产每个品种的果园的名字。（该网站有英国版和美国版，确保你登录的是正确的网址。）

种植或嫁接苹果树

如果你自己种植苹果树，你可以从数百个传统和现代品种中选择。你可以从当地苗圃购买 2~5 年苗龄的果树，或者从全美各地邮购更小的树苗。这些树苗会得到仔细的包装，当它们到货时会有湿润的根系并且没有断裂的分枝。如果这些树苗在运输过程中受损，苗圃会给你换货。

与简单的种植相比，嫁接苹果树需要更高水平的技术和更细心的养护。网上有几十个演示嫁接技术的视频。你还可以从图书馆、园艺杂志和当地园艺群体那里获得优质信息。当你学会嫁接技术之后，你就可以改良自己已有的苹果树，让它结出更有价值的果实。嫁接材料叫作接穗，当地果树苗圃和网上均有销售。可以买到接穗的品种有数百个之多，常见的和稀有的品种都有。一些供应商提供定制嫁接服务。告诉他们你想要什么苹果品种，以及你想要矮化、半矮化还是正常尺寸的果树。果实的营养、大小和味道都是可以定制的。

表 10-1　苹果推荐品种

在超市	
品种	描述
'布瑞本'	1952 年在新西兰发现的双色苹果。品质优良，脆而多汁，酸甜均衡。耐储存。植物营养素含量比下列大多数品种低。
'科特兰'	果肉雪白，多汁，柔软，果皮薄。很好的甜点和色拉苹果。不容易褐化。在纽约州和周边地区很容易买到。植物营养素含量很高。
'发现'	甜而脆。20 世纪 40 年代发现于英格兰。果肉稍呈淡粉色。不耐储存。最有营养的品种之一。稀有。
'富士'	甜而脆，耐储存。广泛易得。是在日本培育的品种，乃'红帅'与另一个营养丰富的传统品种的杂交后代。是 12 个最常见的品种中最有营养的品种之一。
'嘎啦'	也是新西兰品种。比'布瑞本'甜，植物营养素含量也稍高。很好的甜点苹果，味道温和。
'澳洲青苹'	又大又绿的酸苹果，在 12 个最常见的品种中是营养最丰富的。植物营养素含量是'姜黄金'的 13 倍。

续表

在超市	
品种	描述
'蜜脆'	现在是美国最受欢迎的品种之一。脆，甜，稍带酸味。超市里最有营养的品种之一——如果你连皮吃的话。（果皮尤其富含植物营养素。）
'自由'	'自由'是一种中等大小的红苹果，曾经很稀有，现在日趋常见。植物营养素含量高于'澳洲青苹'。果实脆而硬，味道酸甜均衡。适合即食和烹饪。
'梅尔罗斯'	最适合储存的品种之一。它的味道会在储存过程中变得更好。适合做馅饼和烘焙。植物营养素含量低于这个列表上的大部分品种。
'红帅'	曾经是美国最受欢迎的品种之一，'红帅'现在已经让位给'富士'和'蜜脆'这些同样甜但是更脆的品种。这个美国传统品种的植物营养含量相对较高——如果你把深红色的果皮一起吃掉的话。现代变种拥有颜色更深的果皮。

农夫市场、特产商店、自采摘农场以及苗圃		
品种	描述	园丁注意事项
'博斯科普佳人'（Belle de Boskoop）	果实大，绿黄色，果皮粗糙。结实，芳香，酸。非常有营养。1856 年培育出的荷兰传统品种，难找。耐储存。	最适合种植在 6~9 区。晚熟苹果。需要两个不同的苹果品种才能充分授粉。
'布拉姆列幼苗'（Bramley's Seedling）	全世界最好的烹饪苹果之一，但在美国很难找。植物营养素含量很高（是'富士'的 3 倍）。这种苹果在烹饪时不会保持原来的形状。	最适合种植在 5~7 区。中熟或晚熟。需要两个其他品种授粉。健壮的果树非常高产。这种苹果可以储存 3 个月或者更久。
'金赤褐'（Golden Russet）	小型传统品种，有粗糙的金黄色表皮。有强烈的酸甜味道。被认为是该味道类型中最好吃的苹果。非常适合做 cider。稀有。	最适合种植在 4~10 区。晚熟苹果。抗苹果疮痂病。苗壮，耐冬季寒冷。
'哈拉尔森'（Haralson）	果实鲜红色，中等大小。脆，结实，多汁。酸度中等。很好的烘焙、即食和 cider 苹果。烹饪后保持原来的形状。植物营养素含量超高。1922 年引入美国的传统品种。	最适合种植在 3~7 区。在寒冷气候下生长良好。可储存 6 个月之久。大小年结果现象突出。抗苹果疮痂病和胶锈菌瘿。

农夫市场、特产商店、自采摘农场以及苗圃		
品种	描述	园丁注意事项
'自由'	中等大小的红苹果，日趋常见。脆，味道可口，酸甜均衡。适合即食和烹饪。植物营养素含量很高。	最适合种植在 4~10 区。中熟苹果。抗苹果疮痂病、锈病、霉病和火疫病，所以适合生产有机苹果。
'麦金托什'	果实圆而红，果肉白色，味道甜，微带酸味。适合即食和烹饪。1798 年发现于加拿大的安大略省。	最适合种植在 3~7 区。中熟苹果。耐寒。半自育，但是在有其他品种授粉的情况下结果状态最好。
'北方间谍'（Northern Spy）	红绿相间的苹果，适合即食、烹饪和榨汁。非常耐储存。植物营养素含量很高。19 世纪 40 年代在美国培育出的传统品种。	最适合种植在 3~7 区。晚熟苹果。有大小年结果现象。结果的时间晚。
'奥查金'	甜，有蜂蜜风味。多汁且酸度低。植物营养素含量极高。1970 年引入。可与营养极为丰富的'金冠'媲美。	最适合种植在 4~9 区。早熟至中熟苹果。抗病性强。
'雷德菲尔德'（Red-field）	果皮呈深红色，果肉和果汁也是深红色。酸度高。用于 cider 和烘焙，不用于即食。抗氧化剂含量极高。稀有。储存时间短。	最适合种植在 3~4 区。
'红乔纳金'（Red Jona-gold）	大型红皮苹果，富含植物营养素；适合即食和烘焙。酸甜均衡味道好。有香味。	最适合种植在 5~8 区。晚熟苹果。果树健壮，结实早。需要其他品种授粉。
'罗德岛青苹'（Rhode Island Green-ing）	美国最好的烹饪苹果之一。主要植物营养素含量在 6 个接受检测的苹果品种中是最高的。17 世纪 50 年代引入美国的传统品种，或许是所有品种中最古老的。稀有。	最适合种植在 4~10 区。晚熟品种。需要很长时间才会结果。值得在更多家庭果园里种植。

续表

农夫市场、特产商店、自采摘农场以及苗圃		
品种	描述	园丁注意事项
'斯巴达'	中等大小的红皮苹果。脆而甜，有淡淡的葡萄酒味。富含抗氧化剂，尤其是果皮。1936年引入美国的传统品种。	最适合种植在4~8区。初秋成熟，产量很高。受益于同样在季中开花的其他品种的授粉。
'酒脆'（WineCrisp）	果实中等大小，深红色，果皮不光滑，与'醇露'相似。果肉结实脆爽，酸甜融合，味道好。耐储存。2009年培育出的新品种。	最适合种植在4~8区。中熟苹果。抗苹果疮痂病。最近才可以在果树苗圃买到。

苹果：要点总结

1.在超市选择最有营养的品种。

最受我们欢迎的苹果品种在营养价值方面存在广泛差异。商店会列出苹果的名字，所以很容易挑选出营养价值最高的苹果。参考240~243页的推荐品种列表。

2.选择你面前颜色最鲜艳的果实。

在购买红皮苹果时，选择各个侧面都是红色的果实。红色来自阳光的直接照射，正是阳光直射让苹果产生了额外的植物营养素。通常而言，果皮为深红色的苹果比那些果皮为浅红色或红绿双色的苹果更有营养。'澳洲青苹'和许多其他品种虽然拥有绿色或黄色的果皮，但抗氧化剂含量也很高。

3.吃皮。

果皮的植物营养素密集程度高于果肉。吃一整个苹果可以将你得到的健康益处翻倍。

4.减少和杀虫剂的接触。

按照传统方式种植的苹果，杀虫剂残留比任何其他作物都多。这些残留大部分集中在苹果的果皮，但果皮却是最有营养的部分。彻底清洗苹果或者购买有机苹果。

5.想要拥有最多选择，就另辟蹊径。

在你生活的地区的苹果收获旺季，你可以在农夫市场、农场货摊或天然食品商店选购，扩大你的选择。你还可以在自采摘果园收获苹果。带上240~243页的推荐品种列表，帮助你做出选择。

6.将苹果储存在凉爽、湿润的环境。

苹果在冰箱保鲜抽屉里的储存效果最好。夏天收获的苹果可以储存一两周。秋天收获的苹果可以储存一个月或者更久。和你的家用冰箱相比，商业仓库更能保持苹果的食用品质，所以应该按需购买。不过无论苹果采用什么方式储存，它们的营养价值都低于新鲜收获的苹果。

7.选择cider或混浊苹果汁。

混浊苹果汁的植物营养素含量是清澈苹果汁的4倍。它还有更多醇香口感和更货真价实的苹果味道。按照传统，cider是不过滤的。将包装瓶举向光源的方向，如果你的视线能穿透它，则说明果汁经过了过滤。

8.自己种植或嫁接苹果树。

今年种植一棵苹果树，你就能在3~4年之内收获成熟的苹果了。如果你已经有了一棵苹果树，你可以在树上嫁接一个新品种，来一次营养学大改造。

第11章

蓝莓和黑莓
极具营养

▧ 现代蓝莓和野生蓝莓

狩猎 — 采集者对野生浆果的重视程度超过其他所有水果，因为它们数量丰富，拥有天然甜味，而且容易晒干供日后使用。一些北美原住民会采集十几种或者更多种浆果。易洛魁人会在他们的编织篮里装满野生黑莓、草莓、接骨木果、黑果（huckleberry）、黑覆盆子、红覆盆子、蓝莓、糙莓（thimbleberry）、蔓越橘、荚蒾果（nannyberry）、桑葚、鹅莓、唐棣果（Juneberry）、漆树果（sumac berry）、醋栗、露莓（dewberry）和白珠树果（wintergreen berry）。如果一种浆果吃起来不会让他们感到恶心，他们就会把它吃掉。

　　和苹果一样，浆果可以鲜食、炖煮或者做成果干。它们还被用来为包括干肉饼在内的其他食物增加甜味。大多数干肉饼食谱包括三种食材 —— 肉干或鱼干，水果干，以及某种类型的油脂或脂肪。浆果是最常用的水果。生活在五大湖地区并统称奥吉布韦族（Ojibway Nation）的部落使用蔓越橘干、北美野牛肉和骨髓制作干肉饼。西北海岸萨利希族的部落使用的是沙龙白珠树的浆果、熏鲑鱼和鱼油。黑脚族人（Blackfeet）用干制的黑果腺肋花楸（*Aronia melanocarpa*）、北美野牛肉和动物脂肪制作干肉饼。

在大多数部落，浆果采摘是女人的工作。当每一种浆果成熟时，妇女们都会拿起自己的筐子，走进她们传统的采摘区域。有的筐子可以装下 6 加仑浆果。年纪稍大的孩子会背上容积为 1 加仑的背篓。相比之下，今天只有 1 品脱①的塑料篮简直是个笑话。根据 20 世纪初北美原住民文化著名观察员亚瑟·C. 帕克（Arthur C. Parker）的记录，塞内卡族的妇女一次带两个大筐，一个挂在胸前，一个背在背后。一名妇女在装满胸前的筐子后，会把它和背后的空筐子交换位置。"每个人都在笑或者唱歌，"帕克写道，"她们的双手触碰浆果的速度能有多快，她们的采摘速度就有多快。"

生活在北美东海岸的美洲原住民采集大量的黑果腺肋花楸。它们曾经的英文名是 chokeberry（字面意思是"窒息浆果"），现在则称为 aronia berry，一个更促进食欲的名字。果实为豌豆大小，有红色和黑色两种类型。黑色果实的抗氧化活性是我们最有营养的蓝色浆果的 5 倍（参见图 11-1）。野生唐棣果（Saskatoon berry，又称 serviceberry 或 Juneberry）也是一种很受欢迎的果实。唐棣果的抗氧化剂含量是常见驯化草莓品种的 5 倍。由于狩猎 — 采集者摄入了大量营养丰富的浆果，所以他们从中得到了很多的抗氧化保护，而这正是今天的我们所缺少的。

---

① 品脱，容量单位，分英制和美制两种。美制分干量品脱和湿量品脱，1 干量品脱约为 550.6 毫升，1 湿量品脱约为 473.2 毫升。——译者注

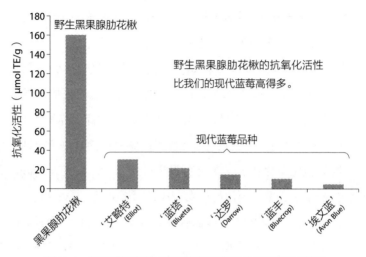

图 11-1　黑果腺肋花楸与部分现代蓝莓品种抗氧化活性对比图

　　虽然我们的栽培浆果很少有能比得上野生浆果的，但我们商店里的大多数浆果仍然是营养价值的超级明星。据粗略估计，浆果的抗氧化活性是大多数其他水果的 4 倍，大多数蔬菜的 10 倍，某些谷物的 40 倍。我们需要吃更多浆果。一个美国成年人平均每天吃掉 1 个中等大小的白马铃薯，但是每周仅吃 1 汤匙的浆果。浆果的健康益处从 2005 年开始就得到了新闻界的关注，可是我们的消费量仍然这么低，不禁令人惊讶。没错，浆果比大多数其他水果都贵，但是如果你把它们当成药而不是食物，增加的成本就非常划算了。

蓝　莓

　　直到 150 年前，美国人还在吃野生蓝莓而非驯化品种。野生浆果非常美味而且数量丰富，于是没有人想要费心栽培它们。生活在乡村或小城镇的人们可以走到附近的浆果园，然后带回家几桶装得满满的浆果。这种情形从 20 世纪初开始发生变化。随着数以百万计的人搬到更大的镇和城市，浆果园被他们抛在了身后。城市居民只能吃到由职业采摘者收获并在城市的市场高价出售的野生浆果。浆果商业化生产的时刻到来了。

野生蓝莓的驯化从 1910 年开始如火如荼地展开。我们的绝大多数水果和蔬菜都是在数百年或数千年的时间里完成驯化的，而蓝莓的驯化只花了 8 年时间。这场闪电战般的运动由两个人担当先锋：弗雷德里克·康维尔（Frederick Coville）和伊丽莎白·怀特（Elizabeth White）。前者是美国农业部的研究员，他开发了一套有效的蓝莓繁殖技术；后者是一位自学成才的科学家，还是一家大型蔓越橘公司老板的女儿。怀特家族的蔓越橘农场位于派恩瘠地（Pine Barrens），新泽西州南部的一片森林地带。之所以称为"瘠地"（barrens[①]），是因为这里的土壤呈酸性、砂质，而且养分含量低，因此不适合种植大多数作物。喜酸的蔓越橘和蓝莓是两个例外。

任何水果或蔬菜的驯化都开始于对有前景的野生植物物种的选择。怀特认为，原产于派恩瘠地的"野生沼泽黑果"（wild swamp huckleberry）是个很好的候选。它的拉丁学名是 *Vaccinium corymbosum*（伞房花越橘），严格来讲是一种蓝莓。儿时的怀特经常在树林中搜索最大而且味道最好的浆果，并幻想田野中长满这种超凡脱俗的果实。

怀特和康维尔一致认为，这种野生水果的主要缺点是尺寸太小。平均而言，每只浆果大约只有一颗豌豆大小。由于采摘一颗小

---

① barrens 意为"贫瘠之地"。——译者注

浆果的时间和采摘一颗5倍大的浆果的时间是一样的，所以种植大蓝莓可以降低人力成本。怀特设想了一个简单且划算的计划，用以创造更大的浆果：任何发现直径超过八分之五英寸的蓝莓的职业浆果采摘员，都能得到由她提供的3美元的奖励。（当时的3美元相当于今天的75美元。）到1916年时，怀特已经发现了100个优质野生灌丛。这些灌丛经过无性繁殖，被种植在怀特的一座实验果园里。当移栽植株结果的时候，第一轮淘汰便开始了。怀特和康维尔首先抛弃了果实颜色最深的灌丛。在他们看来，与深蓝色或黑色的浆果相比，颜色浅的浆果看上去更新鲜而且更有吸引力。接下来淘汰的是容易感染病害或者果实味道平庸的灌丛。当这个严格的筛选过程结束的时候，只有6株蓝莓留了下来。康维尔和怀特把接下来的几十年用来杂交这些出众的植株，以创造出更好的品种。随着时间的推移，其他育种者也开始用这些优质植株培育自己的杂交品种。如今，在商业蓝莓农场里种植的超过75个杂交品种都是这6棵植株之一的直系后代。

直到21世纪初，人们才知道，选择个头最大、颜色最浅的蓝莓，这样的做法是将最有营养的植株留在了派恩瘠地。大多数深蓝色蓝莓的花青素含量高于颜色浅的蓝莓，而花青素是这种水果最有益的植物营养素。选择最大的蓝莓也降低了它们的营养价值。在这个物种中，果实越小，每盎司含有的花青素就越多。我们让野生植物更高产、更漂亮、更能激起食欲、更容易收获的欲望又一次降低了它们的疗愈功效。

在针对这些沼泽浆果的长达一个世纪的大型改良中，有一种蓝莓的品质始终如一，它就是'鲁贝尔'（Rubel）蓝莓。这个品种是怀特和康维尔选择的最初 6 棵植株之一的无性克隆。它的果实相当宜人，不用和其他品种杂交或者以任何方式加以改进，就能够直接向种植商供应。在最近一项针对 87 个不同蓝莓品种的营养学分析中，'鲁贝尔'拥有最高的抗氧化活性和第二高的花青素含量。'鲁贝尔'蓝莓如今仍然能买到，虽然在超市里找不到这种蓝莓，但是你可以在农夫市场和自采摘浆果农场里找到它们。你还可以从某些种植园或者在网上订购。我在自己的园子里种植它们，并被它们浓郁的蓝莓味道折服。有些野生植物非常优秀，我们能对它们做的最好的事情就是什么也不做。

食用更多蓝莓的好处

蓝莓比大多数其他水果和蔬菜更有潜力治愈我们的"文明病"。在动物研究中，这种水果阻止了肿瘤的形成，降低了现存肿瘤的生长速度，降低了血压，减少了动脉斑块的形成，还抑制了炎症。在使用高脂高糖高热量的实验室饲料 —— 当代典型美国饮食的翻版 —— 喂养的大鼠中，蓝莓还能预防这些大鼠患上肥胖症和糖尿病。

蓝莓延缓老年痴呆的潜力或许是最令人兴奋的。阿兹海默症是美国第六大致死原因。阿兹海默症患者每年的护理费用据估计高达 2000 亿美元。至今为止，最先进的抗痴呆药物仅能延缓智力下降的速度。许多药物有严重的副作用。例如，一类名为胆碱酯酶抑制剂的药物与心率失常、眩晕和髋部骨折的风险增加有关。

食用更多蓝莓可能是更好的解决方案。20 世纪 90 年代末，美国农业部设立在塔夫斯大学（Tufts University）的人类老龄化营养研究中心（Nutrition Research Center on Aging）是此类研究的先驱。在一项早期研究中，他们测试了蓝莓对中年啮齿类动物的抗衰老作用。这项研究为期 8 个月。一开始，他们将实验大鼠分成 4 组，每一组摄入不同的食物。其中一组大鼠吃的是标准实验室膳食，另外三组每天分别在食物中添加菠菜、草莓和蓝莓。在实验结束时，年龄大了许多的大鼠会接受一系列测试。喂了蓝莓的大鼠大获全胜。与其他组相比，它们拥有更好的体力、平衡感和协调性。最引人注目的是，它们的脑化学表现比研究开始时还要年轻。这意味着，吃蓝莓不仅延缓了它们大脑的衰老，甚至逆转了这个过程。在对这项研究的总结中，研究人员如此评论道："这表明抗氧化饮食干预令人惊讶地产生了迅速且强有力的影响。"当研究人员在科学论文中使用"令人惊讶"和"强有力"这样的词汇时，意思就是研究结果超出了他们的想象。

蓝莓对大脑的影响

越来越多的证据表明，食用更多蓝莓或许还能帮助我们人类逆转与年龄相关的智力下降。在 2010 年的一项研究中，塔夫斯大学的同一批研究人员招募了少数老年男性和女性志愿者，平均年龄为 76 岁。志愿者在加入实验时有记忆力丧失和认知能力受损的早期迹象。在为期三个月的实验中，部分志愿者每天喝两杯野生蓝莓汁，其他志愿者喝同样多的不含蓝莓的饮料。在实验结束时的记忆力和认知能力测试中，喝了野生蓝莓汁的志愿者的得分比喝另一种果汁的志愿者高出 30%。有趣的是，他们的情绪也大大改善了 —— 不喝蓝莓汁的对照组就没有这个积极的副作用。

尽管研究者得到了这样有前景的早期结果，他们仍然十分谨慎，并未宣布蓝莓或者任何其他天然物质有抗衰老的功效，这是可以理解的。医学博士詹姆斯·约瑟夫（James Joseph）是蓝莓研究的领头人之一。在他 2003 年的书《色彩密码》（*The Color Code*）中，约瑟夫谈到了蓝莓的健康潜力："（我们的研究）能确保蓝莓对人类有同样的作用吗？当然不能。但是我不会等到有了证据再开始行动。我现在就在吃蓝莓。它们的味道很好，而且和某些被四处兜售的抗衰老疗法如'生长激素注射'相比，它们安全得多。"

蓝莓对心脏的影响

食用更多蓝莓或许还能降低心血管疾病的患病风险。根据几项膳食调查的结果，人们吃的蓝莓越多，就越不容易因为心脏病发作或中风而死。2008 年的一项为期两个月的临床试验或许解释了其中的原因。在这项研究中，72 名患心血管疾病风险高的超重男性和女性被分成了两组。其中一组每天摄入半杯营养丰富的蓝莓和一小杯蓝莓汁，另一组维持日常饮食。在这项短期研究结束时，与不吃蓝莓的试验组相比，吃蓝莓的试验组血压下降，血液凝块风险降低，具有保护作用的高密度脂蛋白胆固醇的水平有所提升。研究者记录道："志愿者对研究方案的配合程度非常高。"如果我参加了一项每天"必须"吃蓝莓的研究，我也会很配合的！

吃更多蓝莓

在至今进行的所有关于蓝莓的研究中，志愿者食用了比通常状态下更多的蓝莓，或者得到浓缩蓝莓提取物或极具营养的品种。一周吃少量蓝莓不会让你得到同样的效果。吃更多蓝莓——无论是什么品种——将提高你享受最健康状态的概率。设定合理的目标，例如每天吃半杯蓝莓。你可以在吃早餐时，在酸奶中加入蓝莓，开始自己的一天。还可以把蓝莓加到松饼、薄煎饼、华夫饼、速发面包和司康饼里。不要节省，按照食谱里两倍的量使用。还可以把新鲜蓝莓当餐后甜点吃。蓝莓和其他浆果可以做成肉类或家禽菜肴里的风味酱汁。

蓝莓汁不像某些其他果汁那样经过了精制，因此是花青素的良好来源，只是要确保你购买的是 100% 的蓝莓汁。标签上写着"蓝莓汁"的饮料可能是 40% 的苹果汁、30% 的白葡萄汁和仅仅 30% 的蓝莓汁兑出来的。白葡萄汁是许多果汁的常用添加剂，因为它味道甜而且价格低廉。它的抗氧化剂含量也相对较低，因此会稀释果汁的营养含量。

在超市选择最新鲜的蓝莓

一些超市在每年的 3 或 4 个月里出售新鲜蓝莓。通常而言，超市一次只出售一个品种，而且不会给出品种名。你必须去更远的地方才能按照品种选购。你能做的就是挑选所有蓝莓中最新鲜的。检查装着蓝莓的盒子，如果里面有变软、发霉、流汁或萎缩的果实，就不要买。和其他所有浆果一样，蓝莓不耐储存。它们是在完全成熟时采摘的，一周之内就会变质。如果你买了蓝莓并且不打算立即食用的话，就将它们储存在冰箱的保鲜抽屉里，让它们保持凉爽和湿润。果实表面的白粉（天然果蜡涂层）等到吃的时候再洗，因为这些白粉可以使果实保持多汁并抵御果实表面的细菌。记得尽快食用。

　　在你那里的蓝莓收获旺季，寻找出售本地种植的蓝莓的超市和特产商店。这些蓝莓是在完全成熟时采摘的，并且在收获后的一两天之内就会运输到这些商店。按"板"（flat）买更省钱。一次买几板，然后用半品脱或一品脱的冷冻袋把果实冻起来。在接下来的几个月里，你可以随时打开冰箱，拿出吃一顿的量。

冷冻蓝莓

　　冷冻蓝莓在超市全年有售。好消息是，它们几乎和新鲜蓝莓一样有营养。品质最好的冷冻蓝莓是极速冷冻的。行业术语是单体速冻（individually quick frozen，简称 IQF）。单体速冻会降低多酚氧化酶的活性，而这种酶会破坏蓝莓的植物营养素和维生素 C。如果你购买 2 磅或 5 磅的袋装蓝莓，每磅的价格会更低一些。一些商店出售冷冻的野生蓝莓，它们是更好的选择。

　　一个重要的新发现是，蓝莓不但应该极速冷冻，还应该极速解冻。使用微波炉解冻是最好的解冻方式。按照直觉，你可能会认为微波处理冷冻蓝莓会破坏其营养，然而，事实正好相反。实际上，与在室温或者在冰箱冷藏室解冻的蓝莓相比，在微波炉里解冻的蓝莓含有相当于前者两倍的抗氧化剂。微波解冻的速度非常快，以至于破坏营养成分的酶没有时间发挥作用。

　　如果你自己冷冻蓝莓和其他浆果的话，建议把白砂糖或粉砂糖、维生素 C 粉、果胶粉，或者以上三种粉末的任意组合洒在上面，这样就能保存更多营养。这三种物质都能降低氧化速度。你还可以在超市购买商用"保鲜"制剂。

---

① 板，一板蓝莓为 12 品脱。——译者注

冷冻蓝莓和其他浆果的最佳方法是将它们在托盘上铺成一层，然后冷冻几个小时。浆果冻好之后，将它们转移到独立的冷冻袋，再放回冰箱。浆果在托盘上铺开时冷冻得很快，这样能够保留更多的植物营养素。这样做还可以让它们单体冷冻，而不是冻成一团。当你在数周或数月之后打开冷冻袋时，浆果会一个个地滚出来。

烹饪后的蓝莓比生蓝莓对你更有好处

信不信由你，和新鲜蓝莓相比，烹饪后的蓝莓抗氧化活性更高。就连罐装蓝莓都比新鲜采摘的蓝莓对你更有好处——只要你把罐头里的汁液和浆果一起吃掉（参见图11-2）。烹饪和罐装过程增加营养含量的原因在于，加热会改变植物营养素的结构，让它们更容易被生物体利用。许多其他浆果也是如此。对于任何喜欢用浆果制作浆果馅饼、脆皮水果馅饼、司康饼、薄煎饼、酱汁、糖浆和派的人来说，这都是个好理由。它还提醒我们，新的科学发现会推翻我们长期以来秉持的许多关于食物和营养的观念。

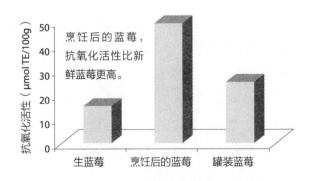

图11-2　生／烹饪后／罐装的蓝莓抗氧化活性对比图

浆果干不如新鲜浆果有营养

浆果干是方便的零食，但是浆果 50%~80% 的抗氧化活性都在干制过程中损失了。随着浆果的干燥，多酚氧化酶会分解它们的植物营养素。浆果干燥所需的时间越长，这种破坏就越彻底。古代将浆果放在太阳下晒干的做法是最慢的，也是最具破坏性的方法。在热风隧道中以更快的速度干制的水果会将它们最初的健康益处更多地保留下来。在包装上找一找"热风干燥"或"隧道干燥"的字样。一种更新的干制水果技术能够保留最多的植物营养素。这种方法名叫辐射能真空（radiant energy vacuum，简称 REV）干燥，它使用微波炉干制水果，与此同时还有一台真空泵把水果散发的水分排出去。

你或许已经注意到，如今超市里的大部分水果干比过去更柔软而且更甜了。销量也因此增加。只要食物变得更甜更容易咀嚼，任何时候都有现成的市场。但是更好的适口性伴随着某些代价——真金白银的代价。为了让浆果变软变甜，生产商在干制浆果之前向其中注入了果汁、甘蔗糖浆或者富含果糖的玉米糖浆。部分溶液会留在浆果里，因此它们才会有额外的甜味和水分。问题在于，你是在用和昂贵的浆果一样的价格购买廉价的甜味剂。下面这句直率的评论出现在一本食品科学期刊上："糖浆为高价水果注入了廉价的糖，增加了产品重量。"换句话说，添加富含果糖的玉米糖浆，生产商就能提高利润。不过，只要你货比三家，就能找到不含任何添加剂的浆果干——没有糖、糖浆、油或浓缩白葡萄汁。

如果你有食品脱水机，你可以制作比你在商店里能买到的更有营养的浆果干。它们更有营养的一个原因是，你不会往里面添加糖或糖浆。另一个原因是，你可以减少烘干时间，从而保留更多营养。家庭烘干水果的标准温度是 48~55℃。如果你将温度调高至 88℃，就可以缩短烘干时间，并保留两倍的营养。烘干时要密切留意水果，让它不要变得太干。

超市之外

当你在农夫市场购物，在自采摘农场采摘，或者自己种植时，你就可以选择极具营养的蓝莓品种。不同品种对你健康的影响可能差异很大。例如，半杯'爱丽丝蓝'（Aliceblue）的抗氧化价值等于一杯'贝克蓝'（Beckyblue），然而这两个品种的价格是一样的，而且也一样美味。想要了解其他品种，可以参考 262~265 页的列表。如果你在当地市场或自采摘农场找不到特定的品种，不妨考虑自己开辟一小片蓝莓田。在城市景观中，往传统种植里增加可食用作物是一个正在快速增长的趋势。蓝莓灌丛可以分散在景观中，或者种植在一起，构成一道绿篱。某些品种的叶片在秋天变成鲜艳的红色，让这些植物不但美味营养，还赏心悦目。

大多数蓝莓品种在美国北方各州和加拿大的冷凉气候下生长得最好，不过有些品种可以在更加炎热的气候下表现良好。如果你生活在美国南部，并且在美国农业部设定的植物耐寒性分区中位于 8~10 区，你可以种植下列品种：'夏普蓝'（Sharpblue）、'佛罗里达蓝'（Floridablue）、'埃文蓝''蓝岭'（Blue Ridge）、'开普菲尔'（Cape Fear）、'墨西哥湾岸区'（Gulf Coast）、'奥尼尔'（O'Neal）或'佐治亚宝石'（Georgia Gem）。要想知道你所属地区的植物耐寒性分区，可以登录美国农业部的网站，输入邮政编码查询。

黑　莓

与深受重视的蓝莓相比，黑莓一直处于被忽视的状态。现在该轮到它们享受镁光灯下的荣光了。许多黑莓品种的花青素含量比蓝莓还高，而且血糖负荷较低。它们的纤维素含量是每杯 8~10 克，这让它们在纤维素来源中名列前十。

和蓝莓一样，黑莓也是在 100~200 年前开始驯化的。从那以后，黑莓育种者就把努力的焦点放在消除植株的尖刺，把种子变小，增加果实的整体大小以及延长保质期上。到目前为止，还没有人致力于创造出浅色黑莓，所以大部分驯化品种保留了它们野生祖先浓郁的黑色和极高的花青素含量。

一个名为'野宝'（Wild Treasure）的黑莓新品种（拉丁名为 *Rubus* subg. *Rubus* spp. Watson）是新时代到来的标志。它由设在俄勒冈州立大学（Oregon State University）的美国农业部园艺作物研究站（Horticultural Crops Research Unit）培育，是小而美味的野生黑莓（*Rubus ursinus*）和一个名为'沃尔多'（Waldo）的驯化无刺黑莓品种的杂交后代。这个新的杂交品种拥有比野生黑莓更大的果实，而且植株没有刺，但是它保留了野生物种美妙的味道和营养含量。将驯化品种与野生植物杂交是重新找回我们千百年来丢失的一些营养的好方法。

所有黑莓都很柔软，易变质，而且在运输过程中容易受损。它们很难储存几天时间，这让它们比更结实的浆果更昂贵，也更不容易买到。要想吃到黑莓，你可能需要去自采摘农场采集，购买冷冻黑莓（和新鲜黑莓一样有营养），或者自己种植黑莓。若是想来一场野生食物探险，你还可以聚集朋友或家人，前往树林采集本地野生的蓝莓或黑莓。

罗甘莓、博伊森莓和马里恩莓

罗甘莓（loganberry）、博伊森莓（boysenberry）和马里恩莓（marionberry）是黑莓的人工杂交品种。它们不仅仅是不同的品种，还是不同浆果物种之间进行的复杂杂交实验的结果。令人惊讶的是，这三种人工杂交品种比大多数黑莓更有营养。至于它们的抗氧化活性，马里恩莓排名第一，接下来分别是博伊森莓和罗甘莓。

罗甘莓（拉丁学名：*Rubus* × *loganobaccus*）

罗甘莓是一株黑莓和一株红覆盆子意外杂交的结晶。这两株植物种植在律师兼园艺师詹姆斯·哈维·罗甘（James Harvey Logan）的园子里，恰好彼此挨着。罗甘播种了它们天然杂交授粉结出的种子，结果长出了一种此前从未存在过的新水果。罗甘莓果大，微酸，深红色。种子比两个亲本都小。

博伊森莓（拉丁学名：*Rubus ursinus* × *idaeus*）

博伊森莓是一种欧洲覆盆子、一种黑莓，以及罗甘莓（本身就是不同物种的杂种）人工杂交的结果。博伊森莓看上去像大号的绛紫色覆盆子，它们富含花青素和一种名为鞣花酸（ellagic acid）的化合物，这让它们的抗氧化能力指数高达普通蓝莓的两倍。它们还比大多数黑莓甜。它们是鲁道夫·博伊森（Rudolph Boysen）在19世纪末培育出来的，但是他无法从种植中获利，于是停止了生产。

到 20 世纪 30 年代时，只剩下几株藤蔓在他废弃的农场里苦苦支撑。这些藤蔓被一位名叫沃尔特·诺特（Walter Knott）的加利福尼亚人发现，并得到了他的移植和养护。诺特发现它们值得大量种植。后来，他的农场被称为诺特浆果农场（Knott's Berry Farm）。这座农场如今成了一座游乐园，里面有一家巨大的餐厅，可以同时为 900 名客人供应鸡肉晚餐。新鲜博伊森莓已经不在菜单上了。

马里恩莓（拉丁学名：*Rubus* subg. *Rubus*）

马里恩莓的血统最复杂。它们由美国农业部农业研究服务局培育，是红色浆果和黑色浆果的大熔炉。它们的遗传世系包括 4 种不同的黑莓，以及覆盆子、露莓和罗甘莓。马里恩莓于 1956 年发布，以其有光泽的黑色和浓郁的复杂风味而闻名，这无疑是它们复杂遗传背景的表现。它们曾被称为"黑莓中的解百纳"。用马里恩莓可以做出很棒的派。

储存和冷冻黑莓

大多数黑莓只能在冰箱里储存数天，然后它们就会开始变质，所以要在购买或收获之后迅速吃掉。如果你拥有的黑莓过剩，最好把它们冷冻起来。和蓝莓一样，如果你在黑莓上洒了糖、果胶粉和/或维生素 C 粉，然后在托盘上铺成单层再冷冻的话，就能保留更多的营养。冻好之后，将它们转移到冷冻袋里。解冻黑莓时将它们放入微波炉，档位设置为解冻。

表 11-1　蓝莓推荐类型和品种

在超市	
类型或品种	描述
蓝莓，新鲜或冷冻，所有品种	很少有超市会列出蓝莓品种的名字，不过，所有蓝莓都是花青素的良好来源。冷冻蓝莓几乎和新鲜蓝莓一样有营养。一些商店出售冷冻的野生蓝莓，价格稍贵，但是更有营养。在旺季多买几板蓝莓，在家冻起来。

农夫市场、特产商店、自采摘农场以及苗圃		
类型或品种	描述	园丁注意事项
黑果腺肋花楸	豌豆大小的黑色浆果，果肉也是黑色，味道干涩。又称 chokeberry（"窒息浆果"）。是最有营养的水果之一。新鲜的黑果腺肋花楸很少见。	最适合种植在 3~7 区。每株灌丛可以长到 6 英尺高、6 英尺宽，结出 40 磅果实。需要 4 年才能达到高产。
'巨蓝'（Bluechip）	果实大而结实。在一项针对 15 个品种的研究中，被认定为最有营养的品种之一。	最适合种植在 3~7 区。早熟至中熟品种。植株健壮，直立，形成中大小的灌丛。具观赏性。
'蓝宝石'（Bluegem）	浆果浅蓝色，中等大小，味道温和。在 2011 年一项针对 42 个品种进行的研究中，被认定为抗氧化剂含量最高的品种之一。	最适合种植在 6~9 区。兔眼蓝莓。主要种植在佛罗里达州。植株健壮。
'蓝金'（Bluegold）	浆果结实，浅蓝色，滋味浓郁，大小均匀一致。抗氧化剂含量非常高。	最适合种植在 4~7 区。北高丛蓝莓。晚熟品种。植株耐寒，灌丛紧凑，呈球形，可长到 4~6 英尺高。高产。

续表

农夫市场、特产商店、自采摘农场以及苗圃		
类型或品种	描述	园丁注意事项
'灿烂' (Brightwell)	深蓝色浆果几乎无籽，中等大小，多汁，味道好。被认为是全世界的顶级品种之一。可冷冻或干制。富含抗氧化剂。	最适合种植在 6B~9 区。兔眼蓝莓。中熟品种，灌丛可长到 6~8 英尺高。适用于营造绿篱或花境。需将数个品种种在一起，以利于授粉。
'斯卫克' (Brunswick)	野生蓝莓，最初来自加拿大新斯科舍省。果实小，有野生风味。稀有。	最适合种植在 3~6 区。低丛蓝莓。通过地下茎扩散。橙红色叶片构成美丽的秋季景观。
'缅因紫叶' (Burgundy Maine)	来自缅因州的野生蓝莓，以美味闻名。浆果小，植物营养素含量高于所有栽培品种。稀有。	最适合种植在 3~6 区。低丛蓝莓。专门经营本土野生植物的苗圃有售。通过地下茎扩散。紫红色叶片是一道亮眼的秋季景观。植株高约 1 英尺。
'伯灵顿' (Burlington)	中等大小的浅蓝色浆果，以结实程度和好味道闻名。抗氧化剂含量高。	最适合种植在 4~7 区。北高丛蓝莓。晚熟品种。极为耐寒。植株非常健壮，直立，产量适中。种植简单。
'百夫长' (Centurian)	中型到大型深蓝色浆果。在 2011 年一项针对 42 个品种的研究中，被认定为抗氧化剂含量最高的品种之一。	最适合种植在 6~9 区。兔眼蓝莓。晚熟品种。株型直立。容易管理。
'钱德勒' (Chandler)	非常大的浅蓝色浆果，味道甜而精致。虽然果实很大，但是抗氧化剂含量仍然很高。	最适合种植在 4~8 区。晚熟品种。长势苗壮，可达 5~6 英尺高。果实数量较少，但是更大。
'高潮' (Climax)	浆果大，成熟时间一致，有甜味。富含抗氧化剂。	最适合种植在 6B~9 区。超早熟品种。产量高。观赏性好。

续表

农夫市场、特产商店、自采摘农场以及苗圃		
类型或品种	描述	园丁注意事项
'康维尔'（Coville）	浆果甜而大，通常鲜食或者用于烹饪，制作蜜饯、果酱和蛋糕。在一项针对15个品种的研究中，被认定为最有营养的品种之一。	最适合种植在5~7区。北高丛蓝莓。7月末到8月初成熟。株高3~4英尺，宽4~5英尺。需要两个其他品种授粉。
'达罗'	味道甜而浓烈。是所有蓝莓中最大的品种之一。也是一项针对15个品种的研究中最有营养的品种之一。	最适合种植在5~7区。北高丛蓝莓。8月成熟。成年植株高5英尺，宽5英尺。
'早蓝'（Earlyblue，又称 Early Blue）	最早成熟的品种之一。味道甜，颜色浅。适合鲜食或烹饪。抗氧化价值稍逊于'康维尔'。	最适合种植在4~7区。北高丛蓝莓。早熟品种。产量中等。株高4~5英尺。
'五月初'（Early May）	浆果中等大小。稀有。在2011年一项针对42个品种的研究中，被认定为抗氧化剂含量最高的品种之一。	最适合种植在6~9区。兔眼蓝莓。需要两个其他品种授粉。
'艾略特'	小型到中型浆果，结实，浅蓝色。在2011年一项针对42个品种的研究中，被认定为抗氧化剂含量最高的品种之一。	最适合种植在4~8区。北高丛蓝莓。晚熟品种。株型直立。高产。有良好的观赏性。
'北村'（Northcountry）	小型到中型浆果，表面有一层蜡质天蓝色白霜。甜而温和，有一种野生蓝莓的味道。富含抗氧化剂。	最适合种植在3~7区。北高丛蓝莓。早熟至中熟品种。耐寒，灌丛紧凑，株高4英尺。产量高。有良好的观赏性。
'北空'（Northsky）	浆果个头小，天蓝色，有一种野生蓝莓的甜味。抗氧化剂含量稍高于'北村'。	最适合种植在3~7区。北高丛蓝莓。中熟品种。非常耐寒。株高2英尺，可盆栽。

农夫市场、特产商店、自采摘农场以及苗圃		
类型或品种	描述	园丁注意事项
'兰科克斯'（Rancocas）	浆果小，含糖量高，有一抹柠檬味。富含抗氧化剂。	最适合种植在 4~8 区。北高丛蓝莓。耐寒。中熟品种。叶片在秋天变红。果实的成熟期长达 7 周。产量高。
'鲁贝尔'（Rubel）	深蓝色小浆果，味甜且有强烈的野生味道。抗氧化剂含量是许多品种的两倍。是野生植物无性繁殖出的品种，没有经过改造。	最适合种植在 4~8 区。北高丛蓝莓。中熟至晚熟品种。灌丛苗壮，直立生长，高 6~7 英尺。产量稳定。秋季颜色靓丽。
'夏普蓝'	浆果中等大小，味甜，深蓝色。富含抗氧化剂。	最适合种植在 7~10 区。南高丛蓝莓。适宜温暖气候。需要其他品种授粉。

表 11-2　黑莓和黑莓杂种推荐类型和品种

在超市	
类型	描述
黑莓、博伊森莓、罗甘莓和马里恩莓，新鲜或冷冻	很少有超市会列出黑莓的品种名称，不过所有黑莓都是花青素的良好来源，整体抗氧化价值都比较高。博伊森莓、罗甘莓和马里恩莓都是很不错的选择。冷冻黑莓和新鲜黑莓一样有营养。在旺季多买几板黑莓，拿回家冻起来。

农夫市场、特产商店、自采摘农场以及苗圃		
类型或品种	描述	园丁注意事项
博伊森莓	绛紫色浆果非常大，柔软，味道酸甜可口。是一株欧洲覆盆子、一株黑莓和一株罗甘莓的杂交后代。抗氧化剂含量比许多黑莓高。	最适合种植在 6~10 区。耐热的中熟浆果。茎有刺，需要棚架支撑。

续表

农夫市场、特产商店、自采摘农场以及苗圃		
类型或品种	描述	园丁注意事项
'切斯特无刺'（Chester Thornless）黑莓	果实结实，多汁，味道饱满。适合鲜食和烘焙。	最适合种植在5~8区。7月成熟。半直立无刺黑莓。极为耐寒。自交授粉。非常高产（每棵植株20磅）。
'赫尔无刺'（Hull Thornless）黑莓	果实大或非常大，结实，味道温和。比其他大多数无刺品种更甜，抗氧化剂含量也更高。1981年引进美国。	最适合种植在5~8区。中熟品种。6月中旬至整个7月都是成熟期。产量高。半直立枝条需要棚架支撑。耐寒性和抗病性适中。
'特大无刺'（Jumbo Thornless）黑莓	在4个接受检测的品种中，抗氧化剂和整体植物营养素含量最高。	最适合种植在3~9区。需要棚架支撑。
罗甘莓	浆果中等大小，深红色，长而柔软，有一种独特的好味道。比许多黑莓种类更有营养。	最适合种植在5~9区。枝条有刺，但是有无刺类型。耐霜冻，抗病害。仲夏至仲秋结果，比其他黑莓早。
马里恩莓	全世界种植最广泛的杂交黑莓之一。抗氧化剂含量高于罗甘莓和博伊森莓。有强烈的香味。	最适合种植在7B~9B区。仲夏至夏末结果。
'沃尔多'黑莓	浆果个头不小，甜且有香味。抗氧化能力指数高，与马里恩莓相当。	最适合种植在6~10区。中熟品种。植株健壮，无刺，蔓生。产量高。
'野宝'黑莓	一个新的无刺品种，小型到中型浆果，种子小，味道好，让人想起它的野生亲本西部露莓（Western dewberry）。1998年发布。抗氧化能力指数高。最近才能买到。	最适合种植在5~8区。耐寒冷。蔓生黑莓，长势和马里恩莓一样旺盛。枝条脆弱，需要小心操作。

蓝莓和黑莓：要点总结

1.多吃蓝莓和黑莓。

蓝莓和黑莓属于你能吃到的最有营养的食物之一。它们富含维生素 C 和花青素，血糖负荷低，而且含有丰富的纤维素。要想获得最大的健康益处，应该每周吃几次甚至吃得更频繁。研究表明，它们有延缓大脑衰老、抗癌和降低心血管疾病风险的潜力。

2.冷冻浆果全年有售而且几乎和新鲜浆果一样有营养。

如果浆果被急速冷冻，它们和新鲜浆果一样有营养。然而，解冻过程会破坏许多营养物质，除非这个过程非常快。在微波炉里解冻浆果是最快速、最有效的方法。

3.要想获得最棒的品种，就去农夫市场或特产商店购买，或者在自采摘农场采摘。

当你在农夫市场选购，在自采摘农场亲手采摘，或者自己种植的时候，你可以找到极具营养的品种。我们今天的一些品种可以与野生浆果媲美。

4.马上吃掉浆果或者将它们冷冻起来。

蓝莓和黑莓的变质速度非常快。立刻把它们吃掉或者放进冰箱冷藏室，冷藏时间不要超过三天。如果你弄了一大批浆果，记得冷冻起来。要想使它们的植物营养素保留下来，应该将它们在托盘上铺成一层，冻起来之后转移到冷冻袋里。

5.烹饪和罐装蓝莓可以提高它们的植物营养素含量。

经过烹饪或罐装的蓝莓比新鲜蓝莓拥有更高的抗氧化活性。烹饪对黑莓的影响还不为人所知。

第12章

草莓、蔓越橘和覆盆子
我们的三种最有营养的水果

■ 现代草莓和野生草莓

当英格兰殖民者在 17 世纪初抵达美洲时，野生草莓覆盖着东部沿海的广大区域。詹姆斯敦殖民地（Jamestown Colony）的居民对这种浆果的数量之多感到非常震惊，并在他们的信件和日记里热情地谈论这些浆果。有人写道："要想在地上走而不让双脚沾上这种水果的汁液，那是完全不可能的。"他提到，要是自己骑马来，马腿也一定会被浆果染红。这种浆果的味道给该殖民地的重要成员罗杰·威廉姆斯（Roger Williams）留下了非常深刻的印象，他甚至写下了这段颂词："毫无疑问，万能的上帝可以创造出更好的浆果，但是毫无疑问，上帝从未这么做。"他也被这种水果的数量震惊了。他报告称，自己在数里格①之内见到的野生草莓"能够装满一艘大船"。野草莓田无穷无尽。

正如你所预料的那样，美洲原住民部落消耗了大量的野生草

---

① 里格，长度单位，1 里格约为 3 英里，即 4.83 千米。——译者注

莓。野生草莓是第一批成熟的浆果，所以它们的出现被当作春天的颂歌来庆祝。对于易洛魁人而言，它们是造物主一年一度的善意承诺的象征。易洛魁人在每年春天收获时都要举办"草莓感恩节"，这是他们的一项非常重要的典礼。易洛魁人准备这些浆果的常用方法是将它们在臼中研磨，与谷物混合，然后制作草莓面饼。草莓的药用价值同样备受重视。休伦人每年春天吃草莓干以抵御疾病。我们现在知道，草莓富含有抗病毒功效的维生素 C 和花青素。

一些部落不只是采集野生草莓——他们还自己种植。每隔几年，他们就会焚烧一次草莓田，以除去那些遮挡草莓阳光的高灌木和年轻的新生乔木。在短短几个月的时间里，焚烧区域外的草莓就会用大量鲜红色的匍匐茎占领此时已经变得开阔了的田野，每一条匍匐茎都会长成一株新的草莓。

驯化草莓

我们的现代草莓的祖先是两个不同物种的天然杂种，其中之一是生长在美国东部、小而美味的弗州草莓（*Fragaria virginiana*），另外一个物种是原产于美国西海岸、果实更大但是味道淡得多的智利草莓（*Fragaria chiloensis*）。非常幸运的是，它们那偶然的"联姻"发生在 18 世纪中期荷兰的一座植物园里，这两个物种恰好是紧挨着种植在那里的。一年春天，其中一个物种的花粉飘进了另一个物种的花里，一个天然杂种就这样诞生了。这个新杂种的果实和智利草莓一样大，又拥有弗州草莓的部分味道和鲜红的颜色。人们十分喜欢这个天然杂种，并让它成为全世界种植的大部分驯化草莓的祖先。

直到 2007 年，人们才发现这次植物学上的结合在营养学方面附带产生的结果。美国农业部的研究人员发现，野生弗州草莓的植物营养素含量高于智利草莓，而且抗癌能力更强。当我们选择意外产生的杂种时，我们得到了更大、更耐寒的草莓，但我们损失了弗州草莓那无与伦比的味道和更高的营养价值。

培育一种更大、更易于保鲜的草莓

在接下来大约 225 年的时间里，全世界的育种者都在努力创造这个新杂种的更新的改良品种。直到最近，草莓才变得精致且滋味相对浓郁。在我生活的地方，华盛顿州的瓦逊岛（Vashon Island），情况就是如此。在 20 世纪 40 年代之前，该地区拥有数百亩草莓田。最受欢迎的品种是'马歇尔'（Marshall）草莓，它被明星厨师詹姆斯·比尔德（James Beard）称作人类有史以来种植的最美味的草莓。当地社区每年都举行草莓节庆祝丰收。我们现在仍然举办草莓节，但是大部分草莓田都重新变成了林地，或者被划分成更小的地块，上面盖起了房子。'马歇尔'这个品种不再在该地区种植了，而且也不在美国的任何地方种植了。实际上，它已经接近灭绝，美国慢食运动的倡导者把它列在十大最濒危的水果和蔬菜品种的名单上。

'马歇尔'和其他传统品种之所以现在如此稀少，是因为它们不符合大型草莓生产商的需要。如今，美国 80% 的草莓都来自加利福尼亚沿海地区。该地区种植的大多数商业品种，果实的大小是'马歇尔'的两倍。这个性状被培育出来是为了减少采摘草莓的时间。虽然许多品种在完全成熟和新鲜采摘时口味十分宜人，但很少有消费者能吃到这样的草莓。为了防止这些柔软的浆果在运输过程中变质或受损，很多草莓都是在只有七八分成熟的时候采摘的。与桃子、鳄梨和香蕉不同，草莓一旦收获，就不会变得更熟或更甜；它们只会软化变质。半成熟草莓的营养也不如完全成熟的草莓，它们的维生素 C 和槲皮素含量都较低，植物营养素含量只有成熟草莓的 60%。对于草莓产业而言，为了解决问题只得牺牲美国大众的味觉享受和健康益处。

在超市选择最有滋味和最有营养的草莓

如果你在超市购买草莓时没有仔细检查，就很有可能把坚硬、半成熟、没有滋味而且植物营养素含量相对较低的草莓带回家。学会挑选最新鲜、最成熟的草莓，将大大增加你享用更有价值的果实的机会。首先，寻找全部呈红色的草莓 —— 而不是底部红色，上半部分还是白色的，那是未成熟且营养价值低的草莓的警告标志。新鲜草莓有一种鲜艳的红色光泽。如果盒子里有受损、流汁或发霉的草莓，整盒都不要买。如果你找不到成熟而且看上去新鲜的草莓，不如购买其他水果。如果消费者不再接受坚硬且无味的草莓，浆果产业就会想办法生产品质更高的草莓。

一些超市会在本地种植的草莓成熟时出售它们。这些草莓是在完全变红且成熟时采摘的，并在数天之内运到商店。与数百甚至数千英里之外长途运输而来的草莓相比，它们的颜色更红，气味更芬芳，味道更浓郁，更有益于身体健康。购买本地应季草莓就像是穿越回一百年前。

购买本地的有机草莓是更好的选择。一年又一年，草莓总是在污染最严重的美国水果和蔬菜中名列前茅。造成这种现象的部分原因是，种植商会用一些化学药剂来杀灭土壤中的真菌，而且他们还会使用许多其他种类的化合物。按照传统方式种植的草莓曾经被检测出 60 种不同农药的残留。有机草莓不仅更干净，还能为你提供更多抗癌保护。2007 年在瑞典进行的一项研究对比了有机草莓和按照传统方式种植的草莓，研究结果表明，有机草莓的维生素 C 含量要高得多，而且可以更有效地杀死癌细胞。如果你买的是非有机草莓，应该在吃之前清洗干净。

当你把草莓带回家或者从园子里采摘下来之后，在一两天内吃完味道最好。如果你打算将它们储存两三天，可以放进冰箱或者留在厨房柜台上。在室温环境下，草莓不会变得更成熟，但它们的香味会变浓，味道也会变好。令人惊讶的是，它们的抗氧化活性也会提高，这种现象只发生在极少数其他水果中。如果你打算冷冻草莓，只要在草莓上撒糖、果胶粉、维生素 C 粉，或者这三种粉末的混合物，你就能保留更多营养。食用时用微波炉解冻可以最大程度地保留草莓的花青素和维生素 C。

超市之外

当你从农夫市场、自采摘农场和特产商店购买草莓时，你可以得到最新鲜、最成熟的果实。你还能根据品种购买。推荐品种包括'卡姆罗莎'（Camarosa）、'钱德勒'（Chandler）、'晚星'（Late-star）、'喝彩'（Ovation）和'甜查理'（Sweet Charlie）。'喝彩'是美国农业部农业研究服务局在 2003 年发布的。这种草莓 6 月结果，它的抗氧化剂、花青素和糖含量高于大多数其他品种。它还是一种个头相对较大的浆果。（其他推荐品种见 281~282 页。）

不妨考虑自己种植草莓。草莓是宿根植物，每年都会重新生长出来，这让你最初的投资十分划算。如果你在初秋种植，它们会在冬天来临之前长出强壮的根系，并在第一个春天结出丰硕的果实。成熟的草莓对于鸟类、松鼠和花栗鼠而言仿佛是醒目的红色信号灯，所以，你可能需要在草莓成熟之前用网罩给它们提供保护。

拥有鲜红色匍匐茎的野生草莓是良好的地被植物。因此，你最有可能在专门经营本土植物的苗圃买到它们。如果你能保护好成熟的草莓浆果，使其不被鸟兽吃掉，那你在拥有这片景观的同时，还可以食用它们。若想拥有最好的味道和最高的营养，那就选择弗州草莓。

蔓越橘

蔓越橘（[大果越橘] *Vaccinium macrocarpon*）原产于北美。特拉华族（Delaware Nation）的伦尼 – 莱纳佩（Lenni-Lenape）部落叫它们 pakim，意思是"吵闹的水果"，因为当你咬开它时会听到"嘭"的一声。这些浆果的收获时间是第一次霜冻过后，因为低温会使它们的天然糖分浓缩。加拿大的一些部落会为这些有苦味的浆果增甜，但他们使用的是枫糖浆而不是像今天的我们一样使用的是浓缩白葡萄汁或富含果糖的玉米糖浆。

蔓越橘的驯化时间较晚。1816 年，一位名叫亨利·赫尔（Henry Hull）、参加过独立战争的老兵开始栽培生长在马萨诸塞州丹尼斯（Dennis）附近的野生"鹤浆果"（crane berry）。（清教徒称这些浆果为"鹤浆果"，因为这些浆果灌丛的茎秆看上去像鹤的长脖子。）从那之后，蔓越橘就几乎没有改变过。它们现在仍然非常酸，并呈现出醒目的红色。唯一改变的是，我们现在知道了它们对我们有多大的好处。它们的红色来自果实内丰富的花青素，这让它们的抗氧化活性与阿萨伊莓（acai berry）、黑果腺肋花楸和黑覆盆子一样同属最高之列。

蔓越橘曾被用作预防和治疗膀胱感染的民间偏方，这一健康益处如今已经得到了几项科学研究的证实。根据2009年的一项研究，每周只需吃一份蔓越橘，就能将膀胱感染的风险降低50%。更新的一个发现是，蔓越橘还能抑制食物中的多种细菌，包括葡萄球菌、李斯特菌和大肠杆菌。它们的抗癌功效已经成了另一个重点研究领域。

如今，我们吃的蔓越橘干的数量已经超过了蔓越橘鲜果。蔓越橘干的抗氧化活性只有鲜果的20%。不过，这种浆果的营养十分丰富，就算做成果干并注入糖浆，它们仍然具有一定的营养价值。在2005年的一项研究中，被诊断出膀胱感染的女性志愿者被分成两组，一组吃一小盒葡萄干，另一组吃分量相同、增加了甜味剂的蔓越橘干。仅仅数小时后的检测发现，后者尿液中的细菌附着在细胞膜上的能力降低了（细菌必须附着在细胞膜上才能让感染发生和存续）。葡萄干则没有这样的效果。

蔓越橘汁的植物营养素含量是完整蔓越橘的一半，但它也被发现有抗菌作用，包括抑制与胃溃疡有关的幽门螺旋杆菌（*Helicobacter pylori*）。饮用这种果汁会让细菌更难附着在消化道内壁的黏膜上。

储存蔓越橘

如果把完整的蔓越橘装进微孔密封袋里，并放入冰箱的保鲜抽屉里，它们可以保鲜长达一周。这种浆果通常会在感恩节和圣诞节之前的数周打折促销，到时候可以多买一些存在冰箱里。

寻找吃掉更多蔓越橘的新方法。将新鲜或冷冻的蔓越橘加入苹果派或苹果酥，或者加入标准的松饼食谱中。蔓越橘沙司、果冻和调味酱味道酸爽，适合搭配脂肪含量高的肉类，或者滋味平淡的鸡肉和猪肉。它们与火腿、炸鸡和烤肋排的搭配效果尤其好。可以将蔓越橘干添加到蔬菜色拉、混合干果、燕麦饼干、松饼、快速发酵面包、酥皮糕点和面包布丁中。还可以喝蔓越橘汁。不加甜味剂的蔓越橘汁相当苦，但是与蔓越橘汁鸡尾酒或蔓越橘汁混合饮料相比，它含有更丰富的植物营养素。

下面这道蔓越橘辣根调味酱制作起来只需要 15 分钟。蔓越橘和葱红绿相映，煞是动人。若是想要更加柔滑的奶油质感，可以添加酸奶油或酸奶。

蔓越橘辣根调味酱

总时间：15 分钟

分量：1¾ 杯

8 盎司完整新鲜的蔓越橘（约 2¼ 杯）

¼ 杯切成薄片的大葱（包括白色和绿色部分）

3 汤匙白砂糖或温蜂蜜

1 汤匙辣根酱

2 汤匙醋栗、切碎的葡萄干或蔓越橘干

2 汤匙酸奶油或酸奶（可选）

将新鲜的蔓越橘切碎，或者放入食品料理机搅拌 5~10 分钟。将切碎的蔓越橘转移到小号搅拌钵，然后倒入剩余食材并搅拌均匀。食用前静置约 15 分钟，让不同的味道充分融合，让果干在蔓越橘液体中膨胀起来。储存在冰箱备用。

覆盆子

红覆盆子

野生红覆盆子生长在欧洲、亚洲、北美洲的所有温带地区。根据公元 5 世纪一位名叫帕拉狄乌斯（Palladius）的罗马农场主的说法，它们是在一千八百多年前被驯化的。人们在英格兰的许多古罗马堡垒中都发现了覆盆子的种子，这佐证了古罗马士兵对这些浆果的重视：不带上覆盆子，他们绝不离家。英国人在中世纪培育了一些新品种，到 18 世纪初的时候已经在向纽约出口覆盆子植株了。

培育过程使得覆盆子损失了大量营养素。高加索悬钩子（*Rubus caucasicus*）是一种深红色的野生覆盆子，其抗氧化活性是现代品种'里昂谷'（Glen Lyon）的 2.5 倍。黄色品种如'安妮'（Anne）的抗氧化活性还不如'里昂谷'高。为了创造出新颖的黄色覆盆子，育种者必须使制造花青素的基因"沉默"下来 —— 这就像是从处方药里去除活性成分。我们今天最有营养的品种包括'传统红'（Heritage Red）、'托拉米'（Tulameen）和'卡洛琳'（Caroline）。

　　和黑莓一样，覆盆子也是一种聚合浆果，由几十个小而饱满的小核果（drupelet）构成。每个小核果都有一粒小小的种子。这种复杂的结构让它们的可溶性纤维素含量高得惊人——每半杯果实就有6克纤维素，高于大多数其他水果和蔬菜。

　　覆盆子以其柔软、滑腻的质感备受珍视，但这也让它们非常难运输。它们还会在数天之内变质，所以不能在仓库里浪费时间。一些大型浆果生产商现在可以做到在收获之后的数小时内运输覆盆子，并在一两天内抵达目的地。可以理解，这种特殊的措施一定会造成覆盆子的价格非常高昂。无论你是要买这种"豪华"的覆盆子，还是要买不那么娇贵的覆盆子，都要仔细检查，选择最新鲜的果实。新鲜覆盆子外形完好，没有汁液外流的迹象。如果覆盆子不应季或者你找不到品质足够高的果实，你可以选择购买几乎一样有营养的冷冻覆盆子。如果你买的是两加仑一袋的规格，每加仑的价格会更低一些，而且你会有足够的果实，可以制作覆盆子冰沙，把浆果加入水果色拉，或者制作覆盆子酥皮糕点当周日早餐。

　　如果你在自家后院开辟出一块覆盆子田，你就能有充足的供应。植株会产生许多萌蘗条，你可以把它们挖出来，送给邻居和朋友。我的两行覆盆子灌丛已经让许多朋友在院子里种上了覆盆子。

黑覆盆子

　　黑覆盆子原产于美洲。好消息是，我们的现代品种几乎和它们的野生祖先喜阴悬钩子（*Rubus occidentalis*）一样有营养。它们的抗氧化活性是我们最有营养的黑莓杂种马里恩莓的 3 倍。人们研究黑覆盆子的抗癌功效已经研究了十多年，主要进行的是试管研究和动物研究。研究发现这种浆果的提取物阻止了结肠癌和食道癌在啮齿类动物中的发展。这或许对人类也同样适用。目前最具前景的人体研究来自俄亥俄州立大学。在 2007 年的一项研究中，共有 25 名刚刚诊断出结肠直肠癌的病人参与，哲学博士加里·斯通纳（Gary Stoner）是这项研究的首席研究员。在接受预定外科手术的前几周，这些志愿者每人每天摄入 60 克冻干黑覆盆子粉。当病人的肿瘤被手术摘除后，研究人员发现，摄入这些浆果提取物让癌细胞本身和为它们供血的血管的生长速度降低了。让这项发现更加引人注目的是，病人摄入这些浆果提取物的时间只有 2~4 周。

2011 年，斯通纳和他的同事们在一项 I 期临床试验中测试了黑覆盆子提取物的效果，这项临床试验是新药物批准过程所需研究的第二阶段。他们得到了同样好的结果。该团队的长期目标是开发一种降低结肠癌风险并增加传统治疗方法有效性的无毒性疗法。一种味道很好的浆果有助于抵御结肠癌（我们的第三大常见癌症），这确实是个好消息。斯通纳没有超出自己有限的数据为这种浆果的健康益处下结论，但他的确建议人们每天吃一份黑覆盆子。

就目前而言，黑覆盆子还很难买到。在黑覆盆子产量最高的俄勒冈州，这种水果从 7 月初至 8 月中旬才有销售。不过，冷冻浆果和冻干粉末都可以买到。（你可以上网搜索。）冻干提取物是最有效力的，因为你从中得到的营养素比你从果实形态中得到的多得多。如果你生活在温带地区，不妨自己种植黑覆盆子。来自专家的警告：修剪枝条时要下得去手，否则它们会长到 20 英尺长。

表12-1 草莓推荐类型和品种

在超市	
类型	描述
新鲜	选择新鲜且完全成熟的草莓。某些商店在收获旺季时出售本地草莓。利用这个机会购买足够多的草莓，并且冷冻起来。
冷冻	冷冻草莓几乎和新鲜草莓一样有营养，而且全年供应。用微波炉解冻以保留最多的营养。

农夫市场、特产商店、自采摘农场，以及种子目录		
品种	描述	园丁注意事项
'丰饶'（Bounty）	中等大小的浆果，有光泽，深红色，心形，味道好。比某些品种柔软。富含植物营养素。于20世纪70年代初在加拿大培育。	最适合种植在4~10区。耐寒。对几种常见病害有抗性。高产。推荐种植在北方各州。
'卡姆罗莎'	果实大而结实，圆锥形，呈鲜艳的红色，味道很好，正在成为越来越受欢迎的自采摘品种。植物营养素含量和抗氧化能力指数非常高。	最适合种植在7~9区。早熟草莓。1993年发布。
'钱德勒'	大浆果，植物营养素含量高于大多数其他品种。味道很好，呈鲜艳的红色。适合冷冻。1983年发布。	最适合种植在5~8区。耐寒。在美国西海岸和东南地区长得最好。
'早红光'（Earliglow）	甜，味道好，有光泽，结实。呈均匀的深红色。建议冷冻，及用于制作甜点和果酱。美国农业部于1975年培育。	最适合种植在4~8区。6月初结果。耐寒。长势健壮，抗病害。
'哈尼'（Honeoye）	草莓味道浓郁。圆锥形浆果。抗氧化剂和花青素含量相对较高。	最适合种植在3~8区。6月结果。耐冬季寒冷。非常高产。对果腐病有很高的抗性。

续表

品种	描述	园丁注意事项
'晚星'	浆果漂亮又结实。风味宜人，带一抹酸味。更有可能出现在自采摘农场而不是商店里。抗氧化剂含量是某些品种的3倍。由美国农业部培育并在1995年引进市场。很难买到植株。	最适合种植在5~8区。6月结果。抗病性强。高产。
'喝彩'	大而鲜艳的红色浆果，芯小。有香味，味道温和。抗氧化能力指数高。	最适合种植在4~8区。极晚熟的品种。长势健壮，抗病性强。
'塞尔瓦'(Selva)	果实结实，多汁。抗氧化剂含量高于'甜查理'。	最适合种植在3~9区。种植3个月内结果，而且果期持续整个夏天。长势健壮且耐潮湿环境。
'甜查理'	高糖低酸品种，橙红色。是许多尝味测验的优胜者。提取物杀死人乳腺癌细胞的能力超过测试中的所有其他品种。1992年由佛罗里达大学发布。	最适合种植在7~9区。很适合东南各州、加利福尼亚州、俄勒冈州和华盛顿州。抗冠腐病、果腐病、棉红蜘蛛和粉霉病。对炭疽病引起的果实腐烂有很高的抗性。

农夫市场、特产商店、自采摘农场，以及种子目录

表12-2 蔓越橘推荐类型和品种

所有市场

品种或类型	描述
所有品种，新鲜或冷冻	所有品种都富含植物营养素，而且营养含量类似野生蔓越橘。

在果蔬园子

'早黑'（Early Black）、'豪斯'（Howes）和'本·李尔'(Ben Lear)是来自野外的品种，很受欢迎。它们的抗氧化剂含量高于大多数其他品种。'早黑'的植物营养素含量稍高于其他两个品种。'史蒂文斯'（Stevens）是美国农业部培育出的抗病性更强且更高产的杂交品种。它的植物营养素含量不及上述品种，但仍然是一种非常有营养的浆果。	最适合种植在2~7区。需要湿润或泥泞的土壤和较高的土壤酸性（pH为4.5~6.5）。蔓越橘需要特定的生长条件。你可以在网上找到更多种植建议。

表12-3　红覆盆子和黑覆盆子推荐类型和品种

在超市	
类型	描述
新鲜	寻找外形完好的新鲜浆果，或者购买冷冻覆盆子。
冷冻	冷冻覆盆子全年都有供应，并且保留了新鲜果实的大部分营养。使用微波炉解冻。

农夫市场、特产商店、自采摘农场以及苗圃		
红覆盆子	描述	园丁注意事项
'卡洛琳'	果实大，味道好，比其他许多品种更结实。抗氧化剂含量高，还有抗癌功效。	最适合种植在4~9区。耐寒。一年结两次果，一次是6月末，另一次是8月至9月，产量都很高。
'传统红'	市面上最受欢迎的、秋季结果的覆盆子。果实中等大小，味道好。富含抗氧化剂。	最适合种植在3~11区。秋末结实，果期为8月底到第一次霜冻。
'顶点'（Summit）	果实大，味道温和。	适合种植在3~11区，但是在温暖气候区生长状况最好。对根腐病有很强的抗性。
黑覆盆子	描述	园丁注意事项
所有品种	根据实验室检测和动物试验，所有黑覆盆子都富含抗氧化剂，并且有抗癌功效。	在种植黑莓或任何其他类型覆盆子处的75~100英尺范围之内，不应再种植黑覆盆子，因为可能发生杂交授粉。
'布里斯托尔'（Bristol）	果实大且黑，果皮有漂亮的光泽，果肉结实。味道好。适合罐装、烘焙、冷冻和鲜食。	最适合种植在5~8区。耐寒。植株健壮，直立的枝条不需要立桩支撑。7月成熟。易于采摘。自交授粉。
'珠宝'（Jewel）	果实大而结实，呈有光泽的黑色。味道甜且浓郁。是制作果酱和果冻的好选择。	最适合种植在4~8区。产量稳定且耐寒。高产的中熟作物。植株高而健壮。对于家庭和商业种植者来说都是推荐品种。

草莓、蔓越橘和覆盆子：要点总结

1.选择红色、成熟的草莓。

大多数草莓是在只有七八分成熟的时候收获的。它们不会继续成熟，永远都没有田野里成熟的果实甜，营养价值也更低。想要吃到最有滋味的草莓，可以购买当地种植的品种，在自采摘农场采收，或者自己种植。选择颜色均一的深红色果实，并在数天之内吃完。在厨房柜台上放两天可以增加它们的抗氧化活性。如果你买的是冷冻草莓，用微波炉解冻可以保留更多营养。解冻之前，在草莓上撒糖、维生素 C 粉、果胶粉，或这三种粉末的混合物，以保留其营养。你可以在超市找到商用"保鲜"制剂。

2.全年都要吃蔓越橘。

蔓越橘的抗氧化剂含量非常高。应该全年都将它们用在配菜、沙司和调味酱里，不应只是在假日期间食用。蔓越橘干不如新鲜蔓越橘有营养，但它们的抗氧化价值仍然很高，十分有益健康。蔓越橘汁同样对健康有益处。不加甜味剂的蔓越橘汁比蔓越橘汁鸡尾酒或蔓越橘汁混合饮料更有好处。

3.覆盆子富含纤维素和抗氧化剂。

深红色的覆盆子含有丰富的各类植物营养素，而且纤维素含量极高。黑色覆盆子比红色种类更有营养，而且它们的抗癌活性很有前景。新鲜的黑覆盆子最容易在太平洋西北地区买到。如果你生活在其他地区，你可以在某些商店和网上购买冷冻浆果或冻干粉末。

第13章

核果
是时候来一场味道复兴了

▦ '冰'樱桃、桃、野生李子

核果是一类果肉柔软且拥有一颗较大的坚硬种子（即"核"）而非多个独立种子的水果。桃、油桃、杏、樱桃和李子是美国最受欢迎的核果。

然而，仅仅过了几十年，人们对核果的喜爱程度已经不比从前了。事实上，有些人已经不再购买任何核果了，因为他们总是一次又一次地对传统超市出售的这些水果的口感和味道感到失望。为什么要花钱去买没有成熟的水果，或者粉状的、革质的、干巴巴的水果呢？香蕉和橙子是更保险的选择。然而，掌握了本章提供的信息，你就能变身专家，挑选出市面上最好吃、最有营养的核果。

桃和油桃

除了一个基因的差异，桃和油桃是完全相同的植物，该基因控制着有无绒毛以及其他几个不重要的性状。桃和油桃是孪生关系的证据是，桃会自发地结在油桃树上，而油桃也会出现在桃树上。根据中国古代典籍的记载，它们的共同祖先是一种原产自中国的水果。这种水果的果实小而多毛，味苦，早在公元前 4000 年就得到了驯化。通过精心育种和选择，中国的水果种植者开始将这种令人不悦的水果改造成可口的品种。亚历山大大帝这位"逍遥"的水果爱好者在他公元前 4 世纪进攻波斯期间品尝到了桃子的味道。他非常喜欢这种水果，并且搜集了一些桃核送回希腊。在欧洲，这种水果一开始被称为"波斯果"（Persian apple）。

1000 年后，桃和油桃已经种植在欧洲和亚洲的各个地方了。记录显示，1276 年，爱德华一世的位于威斯敏斯特的皇家园子里就种着桃树。15 世纪末，西班牙探险家们将桃引入如今的美国南部。桃树在新环境中表现得非常好，很快，整个东海岸都有桃树种植。美洲原住民收获了大量的桃子。当早期英国探险家看到桃树林的时候，他们还以为桃是新世界的本土物种。

桃子在殖民地时期很受欢迎。1815 年，托马斯·杰斐逊在给自己女儿玛莎·伦道夫（Martha Randolph）的信中写道："我们的桃子多得很。"这句话说得保守了。在仅仅一年的时间里，杰斐逊就下令在自己位于蒙蒂塞洛的北方果园（North Orchard）种植了 1157 棵桃树和油桃树。这是个规模宏大的种植工程，包括 38 个已命名的品种和更多不为人所知的品种，有些是他用桃核种的，有些树苗是他收到的礼物。

杰斐逊和他的随从开发了很多种吃桃子的方式。很多桃子被做成了派、蛋糕和水果馅饼。不加甜味剂的桃子布丁与肉类菜肴搭配食用。一些果实被酿成一种很受欢迎的酒精饮料，名叫"莫比潘趣酒"（Mobby Punch）。蒸馏这种潘趣酒，就能制成优质的桃子白兰地。有一年，一场严重的霜冻把杰斐逊的大部分桃树冻死了，这让他发现桃树还是很好的柴火。

19 世纪末 20 世纪初，可供美国人选择的桃子品种有数百个之多。它们当中的大多数品种如今已经灭绝了，留下的只有对它们的热情洋溢的描述。根据一份古老的水果目录的记录，'拉斐特自由'（Lafayette Free）桃"呈一种美丽的深红色，像太阳一样灿烂；果肉非常多汁且美味，从里到外都是深红色。是一个美丽的品种"。'早熟黄红'（Yellow Red Rareripe）拥有"深黄色果肉，滋味浓郁，甜而多汁，最为美味，是一流而出众的品种"。

桃子不再美味多汁

对于今天的桃和油桃 —— 至少是那些在传统市场出售的种类，我们就不那么满意了。令加利福尼亚水果种植商感到沮丧的是，它们已经滞销二十多年了。为了弄清滞销原因，加利福尼亚大学的水果研究人员随机选择了 1552 名消费者进行询问，让他们描述最近吃桃子的体验。他们得到了自己想要的答案。最常见的抱怨是超市里的桃子"太软"，"不甜"，"还没有到适合吃的时候"，"过熟"，"干巴巴的"，以及"难嚼"。难怪销售状况一直不佳。

我们超市里的桃和油桃品质低劣的原因是什么？和大多数柔软的水果一样，核果在成熟前采摘，以延长其保质期并让它们在运输途中不易损坏。和许多水果一样，只要保存在理想的环境条件下，它们会在收获之后继续成熟。问题在于，核果的需求非常独特：在运输和储藏的全部过程中，它们的内部温度必须时刻保持在 10℃

以上。如果它们被冷藏处理了，就会遭受冷却损伤（chilling injury，简称 CI）。当果实受到冷却损伤后，它们会发干，褐化，变成革质或粉状，或者根本无法成熟。冷却损伤在核果行业很常见，因为许多仓库和冷藏卡车里的温度有时会降低到10℃以下。根据加利福尼亚大学 2002 年的一项调查，每 10 个桃子里就有 8 个会暴露在能引起冷却损伤的环境中。之所以超市里出售的这么多桃和油桃都不能达到我们的期望，背后的原因就在这里。

在超市选择最好的桃和油桃

如果你选择那些成熟或接近成熟的果实，你就能降低把受到冷却损伤的果实买回家的概率。因为它们已经是柔软和成熟的，你就不必担心它们在家里无法成熟或者变得又硬又干。应该如何挑选这种水果呢？遗憾的是，你不能通过果皮的颜色判断。一些最新培育出的品种即使在未成熟的时候果实也呈现出一抹深红色，这让它们看上去就像已经成熟了。要想不上当，应该按照果皮的底色选择桃和油桃，而不应该看色晕。当果肉为白色的桃和油桃成熟时，它们的果皮底色会是奶油白色，几乎没有一丝绿色。成熟黄肉品种的果皮底色应是奶油色或黄色，没有白色或绿色。选出拥有正确底色的果实后，把果实放在手里，用双手手掌轻轻挤压它们，确认其整体成熟度。成熟的桃子应该略有弹性。

即便不列出品种名，也还有其他办法可以挑选出商店里最有营养的一部分桃和油桃。选择果肉为白色的品种而非黄色的品种 —— 这是根据颜色选购的普遍规则的又一个例外。实验室研究表明，你吃 6 个黄肉'味冠'（Flavorcrest）桃得到的植物营养素只相当于吃

1个白肉'雪王'（Snow King）桃。油桃也是如此。白肉油桃'布莱特珍珠'（Brite Pearl 或 Bight Pearl）的抗氧化剂含量是黄肉油桃'五月阳光'（May Glo）的 6 倍。白肉品种更甜。（更甜的桃子中多出来的糖分不足以引起血糖的突然升高。）选择白肉品种而不是黄肉品种，这个简单的做法就能让你获得更多营养。

桃和油桃的果皮是最有营养的部分。例如，按同等重量计算，桃品种'香槟'（Champagne）果皮的植物营养素含量是其果肉的 3 倍。尽可能吃掉果皮。如果你不喜欢带有绒毛的桃子果皮，可以用一块湿布擦拭桃子，去掉一些绒毛，或者改吃油桃。

如果你吃皮，那要购买经过有机认证的果实。年复一年，桃和油桃都是我们受污染最严重的水果。在最近的一项调查中，95% 随机选择的桃和油桃都被检测出了杀虫剂残留。某些桃子光是一个果实就含有 67 种不同的化学药剂 —— 比这项调查里的任何其他水果或蔬菜都多。如果你选择有机桃和有机油桃，你就能减少和化学药剂的接触，还能得到更多的抗氧化保护。意大利的一项研究发现，与按照传统方法种植的桃子相比，有机桃子的植物营养素含量要高得多。

超市之外

最好的桃和油桃是本地种植并且在成熟时采摘的。只要果实在树上停留到可以吃的状态，它们就不会受到冷却损伤。一些超市在收获旺季出售本地生产的水果，你一定要抓住这个机会。农夫市场出售的核果都是已经成熟且新鲜采摘的，而且它们大多数还是有机种植的。在这些地方，你还可以选择自己想要的品种。最有影响的一些品种包括'雪巨人'（Snow Giant）、'雪王''九月阳光'（September Sun）、'春冠'（Spring Crest 或 Springcrest）、'布莱特珍珠''红吉姆'（Red Jim）和'斯塔克红金'（Stark Red Gold）。留意果肉为红色的桃，这种桃被称为"血桃"。你可以从下面的图（图 13-1）中看出，它们是最有营养的桃。更多建议见 306~308 页列表。

如果你花半天时间在自采摘果园采摘桃子，你就能得到足够多的桃子，并将其罐装或冷冻。要想保留尽可能多的营养，应该将果实切片，并撒上糖、维生素 C 粉、果胶粉或者以上三者的混合物。你还可以在超市买到商用"保鲜"制剂。冷冻桃和油桃用微波炉解冻可以保留最多营养。

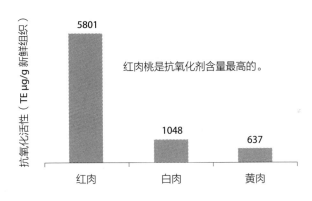

图 13-1　红肉 / 白肉 / 黄肉桃抗氧化活性对比图

杏

根据大多数植物学家的看法，杏（*Prunus armeniaca*）原产于中国西部。野生的杏仍然生长在这片地区，果实的大小只有我们现代品种的一半。它们没有现代品种多汁，不那么甜，而且更酸。在印度偏远的高海拔地区，村民仍然在采集这种水果。他们会吃掉一部分新鲜的杏，把剩下的做成杏干，供全年食用。一种传统的干制方法是把这些野杏放在自家茅草屋的屋顶上。太阳会在一周之内把它们晒干。晒干之后，村民有时会用少量水把杏干煮熟，并加少许粗糖。煮熟的杏会静置浸泡过夜。第二天早上，村民会把这种果泥——我们的杏酱的低糖版本——涂抹在新鲜面包上食用。

印度村民采集的杏中，有些杏的杏仁是苦的而且有毒，其他杏的杏仁是甜的，可以食用。村民就像吃扁桃仁一样吃甜杏仁，还把它们的油榨出来做饭用。（在我们的超市里出售的杏的杏仁是不能吃的，因为它们含有相当多的氰化物。）

杏是几千年前首次驯化的。在此后的千百年里，一代又一代聪明的农民培育出了果实更大、更美味的新品种。亚历山大大帝在波斯时发现了这些经过"改良"的杏。他把杏核带回希腊，种在自己的果园里。在几个世纪之内，杏就在整个南欧种植开来。

在公元最初的几个世纪，地中海地区的许多富裕之家开始建造"欢乐果园"，而杏成了此类园子中最流行的植物之一。这些带围墙的园子有下沉小径和带大理石长凳的遮阴区域。喷泉和雕像掩映在水果树和坚果树中。得益于温暖的地中海气候，园子里的水果可以全年收获。在炎热无云的夏季，欢乐果园就是凉爽的绿洲，成熟的橙色杏子更显娇媚。

1542年，一位法国牧师兼亨利八世的园丁游历欧洲大陆，想要寻找最美味可口的水果并将其种植在国王的园子里。这位牧师品尝了意大利的杏，认为它们配得上国王的宴席。大约两百年后，杏被带到北美。人们很快意识到，加利福尼亚的地中海气候非常适合这些果树的生长。

杏的现代品种

如今，美国 95% 的杏都种植于加利福尼亚的中部山谷。它们保留下来的营养大大超出了大多数人的认知。通常而言，杏的植物营养素含量是桃或油桃的 3~8 倍。然而，与其他所有核果一样，它们也是在半成熟时采摘的，以便在运输和储藏时尽量减少受损和变质的发生。如果一切顺利，果实会在仓库、杂货店或者你家厨房的柜台上成熟。然而，如果杏在成熟前经过冷藏，它们也很容易受到冷却损伤。

一些比较新的品种培育出来是为了满足大型生产商的需求而不是消费者的需求。杏很容易碰伤，所以人们培育出了不易损伤的非常结实的新品种，但它们没有那么多汁。人们还专门培育了一些早熟品种，以便在其他品种上市之前提前占领市场。这些早熟品种的营养价值往往远远不如数周后成熟的品种。2010 年的一项针对 27 个杏品种的研究表明，5 月成熟的品种，抗氧化剂的平均含量只有 8 月成熟品种的五分之一。"慢生长"应成为慢食运动必不可少的一部分。

在超市和农夫市场选择最好的杏

如果你能在购买时做出明智的选择，你就能享受到最美味且最有营养的杏。首先，如果你等到仲夏再买杏，它们很可能比当年早些时候买到的杏更成熟且更有营养。此外，确保你买到的杏是成熟的，这样你就不会遇到把半成熟的杏买回家却发现它们成熟不了的情况。成熟的杏果实饱满，果皮紧致。它的果皮是黄色或橙色的，只有极少量的浅黄色。当你轻轻触摸果实中部的时候，它会表现出略有弹性。

在农夫市场、特产商店和当地果园，你能够选择自己想要的品种。值得寻觅的一个品种是'皇家布伦海姆'（Royal Blenheim），或简称'布伦海姆'。它是一种珍贵的水果，浓郁的味道和精致的口感让它已经被超过16代人种植。我们现在知道，它的β-胡萝卜素含量还高于大多数其他品种。更多建议见308~309页列表。

杏 干

在美国，我们吃掉的杏干是新鲜杏子的3倍。用于制作杏干的杏是在完全成熟且味道最浓时采摘的，因此，它们会受欢迎也就不难理解了。问题在于，放在阳光下晒干会破坏它们的许多营养。在果肉的干燥过程中，酶会分解其中的有益化合物。干燥的时间越长，果肉就会变得越没有营养。晒干的杏，其植物营养素含量只有新鲜采摘下来的杏的一半。要想保留更多营养，就购买"隧道干燥"或称"热风干燥"的杏干，这种杏干的干燥过程更快。隧道干燥的杏，抗氧化剂含量比在阳光下晒干的杏高75%。

通常而言，美国生产的杏干在干燥之前都会先用二氧化硫处理，这种做法在20世纪初就开始了。硫可以杀死微生物，并防止这种水果褐化。直到2007年才有人在检测时发现，与未处理的深色杏相比，用硫处理过的杏含有的抗氧化剂要多得多。硫降低了对抗氧化剂有破坏作用的酶的活性。那硫的负面作用呢？有些人对高浓度的亚硫酸盐过敏，他们应该避免食用所有用硫处理过的产品。正是因为这个原因，美国农业部将用硫处理过的水果从"一般认为安全"（Generally Recognized as Safe，简称 GRAS）的名单上撤了下来。然而，大多数人不会产生不良反应。不过，很多人已经不再购买用硫处理过的水果了，无论对他们有没有害。在他们看来，化学品越少越好。

要想吃到不含化学药剂的杏干，你可以在自己家用食品脱水机做杏干。记得选择成熟的深橙色杏子。干燥的速度越快，它们保留的抗氧化剂越多。在家里制作干果的标准温度是 48~55℃。如果你将温度调高至 88℃，你就会得到更有营养的杏干。在如此高的温度下，你需要更密切地观察，以防杏肉变得过干。你可以在很多网站上找到关于烘干水果的更详细的信息。

如果你想买用硫处理过的杏干，你可以根据颜色选购，因为杏干会保持最初的颜色。土耳其种植的大多数杏品种呈黄色或橙黄色。它们的 β–胡萝卜素含量低于大多数美国品种，而且也没有后者甜。用硫处理过的杏干，最有营养的是深橙色或红橙色的。'布伦海姆'杏干呈红橙色，味道一流，质感柔软。如果你在商店里找不到，可以上网订购。

樱　桃

美国人所谓的"野樱桃树"（wild cherry tree）与汉语中的樱桃关系不大，它指的是原产于美国的美国稠李（*Prunus virginiana*）。两百年前，这种植物还生长在美国除了东南部以外的每一个地区。

这种果实的英语俗名是 chokecherry（字面意思是"窒息樱桃"）。吃它们不会让你窒息，但你很可能会把它们吐出来。

虽然味道苦，但这种水果仍然被许多北美部落食用。根据北美原住民饮食的权威专家丹尼尔·摩尔曼的记载，食用美国稠李的部落数量比食用任何其他植物的部落数量都多。最近一些年，人们发现美国稠李的植物营养素含量极高，超过了其他所有野生水果，包括野生蓝莓。它们的抗氧化剂含量是我们现代樱桃的 20 倍。然而，如果一种食物难以寻觅而且苦得难以下咽，那么无论它多有营养，对我们都毫无意义。"窒息樱桃"就是这种食物。

我们的现代樱桃来自地球上的另一个地区，而且属于完全不同的物种。甜樱桃来自一个名为欧洲甜樱桃（*Prunus avium*）的野生物种，酸樱桃来自欧洲酸樱桃（*Prunus cerasus*）。两个物种都原产于西亚。野生甜樱桃果实小，颜色深，味道要么甜要么苦，但不会是酸的。而酸樱桃，你应该已经猜到了，味道相当酸。甜樱桃和酸樱桃是在两千多年前被驯化的。公元 1 世纪的老普林尼曾在自己的作品中提到 8 个不同的樱桃品种，它们都是经过优选的果树的无性繁殖系。他记载道，樱桃在罗马非常受欢迎，甚至在不列颠这样远的地方都有种植。

樱桃是在美国种植的第一批旧世界水果之一。定居在纽约的法国殖民者在那里播下了数千颗最好的法国品种的樱桃核，在圣劳伦斯河沿岸开辟出巨大的樱桃园。这种水果的需求量非常大，因为大多数欧洲移民发现所谓的北美"樱桃"根本不能吃。詹姆斯敦的殖民者威廉·伍德（William Wood）在 1629 年直率地写道："这些（野）樱桃树会结出许多像葡萄一样簇生的果实，它们比我们英格兰的樱桃小多了……它们一点也不可口。一旦咽下这些红色的'坏蛋'果子（我是这样叫它们的），舌头就会不自觉地紧紧顶住上颚，喉咙仿佛肿了起来，变得嘶哑。"既然可以从欧洲进口更好的果树，那么没有人尝试去驯化野生的北美"樱桃"也就不足为奇了。

　　不久之后，美洲农民就开始自己培育这种欧洲水果的新品种了。他们种下樱桃核，让樱桃树长大，然后品尝结出的果实。对于那些最有希望结出可口的樱桃的果树，他们会用嫁接的方法使其繁殖。最受我们欢迎的樱桃品种'冰'（Bing）是来自爱荷华州的意志坚定的苗圃主亨德森·雷凌（Henderson Luelling）培育的。1847年，40 岁的雷凌带着自己的妻子、8 个孩子，以及 700 个精选品种的树苗，乘坐牛拉的大篷车队，沿着俄勒冈小道（Oregon Trail）从密苏里州直奔俄勒冈州的密尔沃基（Milwaukie），行程长达 1700英里。他最坚固的大篷车装着这座移动苗圃。旅途中，人们试图劝说他丢下这辆沉重的大篷车，警告他说拖着这玩意儿上路会危及他的牛和他的家人。雷凌毫不理会。他和他的家人在那年秋天安全抵达密尔沃基，然后他开始在那里开辟自己的果园，繁殖新的果树。仅仅六年后，他就拥有了 10 万棵供销售的果树，每棵树的售价是1~1.5 美元——这在当时可真是一笔可观的财富。

　　'冰'樱桃就是用雷凌培育出的一棵樱桃树的果核种出来的。这种果树结出的果实十分甜美诱人，雷凌对它进行了无性繁殖，并用自己雇佣的一个中国工人的名字为它命名。今天种植的所有'冰'樱桃都可以追溯到那一棵树上。另一个受欢迎的品种'兰伯特'（Lambert），一种深红色的心形樱桃，也来自他的果园。'冰'和'兰伯特'是如今种植最广泛的甜樱桃品种中的两个。

在超市选择最好的樱桃

甜樱桃和酸樱桃（又称"馅饼"樱桃）在大多数超市有售。甜樱桃通常是鲜食的，酸樱桃通常做成派、脆皮水果馅饼和其他甜点。一些品种比另外一些品种有营养得多。幸运的是，大多数超市都会列出樱桃的品种名，所以很容易挑选出最好的品种。雷凌培育的'冰'樱桃就是一个很棒的选择。从5月初到6月底，你可以在大多数超市找到这种樱桃。它们的花青素含量非常高，而且有消炎的作用，还能降低与关节炎和痛风相关的几种化合物的水平。它们的味道也很棒。'布鲁克斯'（Brooks）也是一个营养丰富且美味的品种。

'雷尼尔'（Rainier）是一个超甜樱桃品种，1952年引入市场。它的抗氧化活性是'冰'的四分之一。不过，喜爱'雷尼尔'的人仍然会购买它们。它们十分甜美，于是很多人愿意承受每磅5~6美元的价格。最近，它们在日本卖出了1颗1美元的天价。'安妮女王'（Royal Anne或Queen Anne）樱桃的外形像'雷尼尔'，但是它没有那么甜，植物营养素含量也比'雷尼尔'高得多。你可以在309~310页找到其他品种的相关信息。

超市之外

在超市之外，当你在农夫市场和特产商店购买时，你能找到更多的樱桃品种。最受欢迎的酸樱桃是'蒙特默伦西'（Montmorency）。研究表明，'蒙特默伦西'樱桃可以缓解疼痛和炎症，如剧烈运动引起的疼痛。2009年，57名赛跑运动员（男性、女性都包括）参与了俄勒冈健康与科学大学医学院开展的一项研究。实验者全部要参加俄勒冈越山向海接力赛（Oregon's Hood to Coast Relay）。接力赛全程长达 200 英里，要翻越两座山脉，这对参赛者来说是很大的挑战。实验者被分为两组，一组喝两杯'蒙特默伦西'樱桃汁——一杯在比赛之前喝，另一杯在比赛中间喝。另一组喝的是同等分量的樱桃味饮料。比赛结束后，饮用真正的樱桃汁的参赛者报告称感受到的疼痛小得多。一项类似的研究还发现，酸樱桃可以加快锻炼后的肌肉恢复速度。

另一种值得寻找的酸樱桃是'巴拉坦'（Balatan）。虽然它的植物营养素含量不如'蒙特默伦西'，但仍然高于大多数其他樱桃。它也被发现有消炎功效。'巴拉坦'是在匈牙利培育出来的品种，它在那里仍然是很受青睐的水果。匈牙利人很喜欢它的酸味，他们直接吃新鲜果实。

就目前而言，购买酸樱桃制品比购买酸樱桃果实更容易。你可以在天然食品商店、保健食品商店和在线购物平台上找到这些产品。果汁和干果都保留了鲜果很大部分的抗氧化活性。制作成果干后，不加糖的酸樱桃比加了糖的酸樱桃的抗氧化价值更高。（干制的'冰'樱桃虽然是甜的，但也富含植物营养素。）人们对酸樱桃健康益处的了解及兴趣与日俱增，所以，在未来的一些年里，酸樱桃鲜果的产量应该会增加。如果你有足够的空间，不妨自己种一棵樱桃树。你不必种植过去那种巨大的樱桃树，你可以种植矮化或半矮化的果树，无论是收获果实还是保护果实不被鸟儿吃掉，都会容易得多。在樱桃快要成熟时将一张防鸟网罩在树上，大多数果实就能安然地能进入你的厨房。具体推荐品种见 309~310 页。

吃樱桃，不要放

樱桃的呼吸速率都很快，一旦被采摘下来，果实中的抗氧化剂就会被迅速消耗。因此，购买你能找到的最新鲜的樱桃。新鲜樱桃结实，有光泽，没有凹陷、擦伤和小坑。然而，新鲜程度的最佳指标是果梗的颜色和柔韧性。果梗的呼吸速率是果实本身的 15 倍，所以它们会最先暴露樱桃的真实"年纪"。新鲜樱桃的果梗呈鲜绿色，柔软但结实。如果果梗已经枯萎或者变成棕色，说明樱桃是很久之前收获的，不要买它们。

选择最新鲜的樱桃可以大大改善你的健康状况。2004 年的一项实验室研究表明，新鲜采摘的樱桃可以降低低密度脂蛋白胆固醇被氧化的速度。氧化胆固醇最有可能堵塞你的动脉，引发心脏病或中风。采摘下来的樱桃存放数天就会失去这种功效。所以，寻找那些果梗为鲜绿色的樱桃吧！

根据美国食品药品监督管理局（FDA）和环保局（Environmental Protection Agency）的数据，美国樱桃的杀虫剂残留是进口樱桃的 3 倍，这和有些人认为的正好相反。检测人员曾在一批美国樱桃中发现了多达 16 种杀虫剂。最近的一年，只有百分之二的进口樱桃被检测出了超过一种杀虫剂。购买有机樱桃可以减少你和这些有毒化学品的接触。

当你将采摘下来的樱桃或商店里买来的樱桃带回家后，立刻把它们放进冰箱冷藏。将它们放入微孔密封袋里，允许一定程度的气体交换。然后，将这些果实放进冰箱的保鲜抽屉，尽快吃完。

没有比这更新鲜的了！

卢多维科·斯福尔扎勋爵（Lord Ludovico Sforza）是1489—1508年在位的米兰公爵，他最著名的事迹是委托达·芬奇创作了举世闻名的画作《最后的晚餐》。

斯福尔扎的艺术品位非常出名，但很少有人知道他对美食的热爱。这位公爵下令在自己的米兰城堡的周围开辟广阔的果园和菜园。这些园子十分高产，为城堡和附近的家庭提供了许多新鲜农产品。

然而，斯福尔扎和他的家眷亲随吃的水果来自更加稀有的资源。公爵有一座私家果园，那里的果树种在安装有大轮子的马车里。当公爵想吃某种水果时，他的"移动盛宴"就会被带到他的私人房间或者餐桌旁，让他可以伸出手，从活着的植株上摘下一颗完美的果子。

——《美洲编年史：新世界的新历史》（*Chronicle of America: A New History for a New World*），第12卷，贡萨洛·费尔南德斯·德·奥维耶多（Gonzalo Fernández de Oviedo［1478—1557］）。

李子和西梅 ①

野生印第安李（*Osmaronia cerasiformis*）生长在从北加利福尼亚延伸到不列颠哥伦比亚省的喀斯喀特山脉（Cascade mountain range）西部地区。它的果实很甜，但是非常小，果核的分量比果肉还大。不过，由于它们的含糖量高，北美原住民仍然会采摘这些李子。北加利福尼亚的托洛瓦（Tolowa）部落会大量采集这种水果，但他们并非毫无怨言。这种树在 2 月就开花了，这让他们觉得有望很早收获，但结出的李子直到夏天才成熟，反而比其他水果的收获时间晚得多。托洛瓦人认为这是一种"虚假宣传"。野生印第安李树在他们的语言中被称作"说谎的树"。

印第安李和所有其他野生李都含有丰富的营养。澳大利亚的"卡卡杜李"（Kakadu plum）② 的维生素 C 含量比迄今接受过检测的任何其他食物都多 —— 每份 3000 毫克，是一份橙子的 50 倍。卡卡杜李的抗氧化剂含量是常见蓝莓的 5 倍。

在超市购买李子

我们的现代李子品种在植物营养素含量方面不能与野生李子相比，不过，某些品种仍然很有营养，果皮为红色、紫色、蓝色或黑色的李子是最佳选择。有些深色李子的抗氧化活性甚至高于红色卷

---

① 本书提到的李子（plum）通常指西方常见的欧洲李，与中国常见李子同属李属（*Prunus*），但属于不同物种。欧洲李做成的李子干（prune）即西梅。下面提到的两种"野生李"只是与李子的果实外形相似，亲缘关系其实较远，第一种不属于李属，第二种甚至不属于蔷薇科。——译者注
② 即费氏榄仁，拉丁名 *Terminalia ferdinandiana*。——译者注

心菜、菠菜、洋葱或韭葱。果皮为黄色、粉红色或绿色的李子营养较低，因为它们的花青素含量较低。

和所有核果一样，李子容易受到冷却损伤。要想最大限度地避免这个问题，你可以购买成熟的李子。用手掌轻轻挤压果实，成熟的李子应该略有弹性。如果你等到7月再买李子，它们会比之前买到的李子更成熟、更有味道。想要得到品质最好、营养价值最高的李子，就在本地果园或农夫市场购买在树上成熟的果实。

在农夫市场购买李子或者为你的院子购买一棵李子树时，寻找310~312页列出的推荐品种。'查查克最优'（Cacak's Best）、'法国达姆森'（French Damson）、'意大利紫红'（Italian Prune）和'斯坦利'（Stanley）都在最有营养的品种之列。

西梅为何"管用"

为什么西梅和西梅汁有助于规律排便？

主要原因是它们富含可溶性和不可溶性纤维素。可溶性纤维素起到软化大便的作用，而不可溶性纤维素可以加快大便排出。

西梅还含有一种名为山梨醇（sorbitol）的糖，这种糖可以促进结肠内微生物的生长，从而促进规律排便。

李子干

李子干——从前叫作西梅（prune）——正在回归。在此前的几十年里，它们以强力的通便功效而闻名，并且总是和便秘的成年人联系在一起——有一个形容便秘者的词汇是"西梅脸"（prune-faced)。2000 年，在经历了长达十年的销量下降后，加利福尼亚西梅协会（California Prune Board）决定提升这种水果的形象。该协会进行了一项消费者调查，调查发现，如果西梅被重新命名为李子干的话，90% 的调查参与者都会更愿意购买它们。在掌握了这项信息之后，该协会说服 FDA 批准了这次改名。在新名字的加持下，西梅的销量开始攀升。法国的'阿让'（D'Agen）李子是最受欢迎的干制品种。或许加利福尼亚西梅协会 —— 现在叫加利福尼亚李子干协会了 —— 应该考虑再改一次名："法国李子干"或许能掀起购买狂潮。

然而，促进销量增长的不只是改名。人们发现，西梅的抗氧化剂含量高于其他许多营养丰富的水果，包括大多数蓝莓和草莓品种。它们还能强化骨骼。在英国的一项为期一年的研究中，160 名绝经后的低骨密度（骨量减少）妇女参与了吃水果的实验。在这一年的时间里，每个志愿者每天吃一份苹果干或李子干。研究过程中和结束后的检测结果显示，这两种果干的摄入都会导致骨密度的增加，但是食用西梅的妇女增加得更多。研究者认为，西梅有助于强化骨骼的原因在于它们可以减少造成骨量流失的炎症。它们还是矿物质元素硼的良好来源，这种元素可以加快骨骼发育。

从前，所有的李子干都是晒干的。如今，大多数李子干是在热风隧道中干燥的，脱水速度更快，从而可以保留更多抗氧化剂。李子干不需要用硫处理以避免变成棕色，因为它们一开始的颜色就很深。李子干是一种被忽视的廉价超级食品，虽然它们富含天然糖分，但它们丰富的抗氧化剂足以降低由糖分造成的大部分负面影响。

在如今的超市里，你可以找到两种不同类型的李子干 —— 一种在制作时浸泡了果汁或糖浆，以使它们变得更甜、更软；而另一种在制作时没有添加任何成分。没有浸泡在液体中的李子干相当结实而且有嚼劲。过去，人们会把李子干浸泡在水里或者用水煮来软化它们。在煮李子干时，应该把它们放进炖锅，并倒入足够多的水将它们完全盖住。先大火将水烧开，然后调成小火煮 20 分钟。加入一片柠檬或一点糖可以提升风味。

风味李子酱汁

准备时间：5 分钟

烹饪时间：30 分钟

总时间：35 分钟

分量：1½ 杯

1 个蒜瓣

12 个红色、蓝色或黑色李子，去核并切成两半

½ 杯红葡萄酒

1 汤匙不加盐的黄油

⅛ 汤匙盐

⅛ 汤匙丁香粉

½ 汤匙肉桂粉

1 汤匙蜂蜜或者压得紧实的浅色或深色红糖

用压蒜器把蒜压碎备用。把李子和红葡萄酒放进中号炖

锅，打开锅盖小火煮10分钟。盖上锅盖再煮10分钟。

加入其余食材，盖上锅盖，再煮10分钟。如果有需要的话，添加1或2汤匙水，以免酱汁过于浓稠。用勺子将煮好的酱汁舀进食品料理机或搅拌机，搅拌10次，或者直到果皮被完全打碎。趁温热倒在牛肉、猪肉、家禽肉或羔羊肉上。

表 13-1 桃和油桃推荐类型和品种

在超市	
类型	描述
白色果肉	白肉桃和白肉油桃的植物营养素含量高于黄肉品种。果皮是果实最有营养的部分。桃和油桃都会喷洒相当多的杀虫剂。购买有机桃和有机油桃可以减少与这些有害化学药剂的接触。

农夫市场、特产商店、自采摘农场以及苗圃		
桃	描述	园丁注意事项
'香槟'	离核桃，果大，白色果肉。奶油色果皮上有浅色红晕。多汁，甜，酸度低。口感细腻。抗氧化剂含量高，尤其是在果皮中。1982年发布。	最适合种植在7~9区。8月中旬成熟。果树健壮，高产。
'印第安之血粘核'（Indian Blood Cling）	粘核桃，果大，红色果皮，白色果肉带有红色条纹。成熟时有香味。不常见。富含花青素和抗氧化剂。是起源于18世纪的传统品种。	最适合种植在4~8区。9月中旬成熟。高产。有其他品种授粉时表现最佳。
'欧亨利'（O'Henry）	果大而结实，黄色果肉带有红色条纹。味道很好。传统品种。抗氧化剂含量高于大多数其他黄肉品种。	最适合种植在6~9区。中熟品种。果实健壮，长势旺盛，产量高，自交授粉。

续表

农夫市场、特产商店、自采摘农场以及苗圃		
桃	描述	园丁注意事项
'九月阳光'	黄肉离核桃，多汁，结实。在黄肉品种中抗氧化价值极高。	最适合种植在 5~9 区。晚熟桃，8 月末至 9 月初成熟。
'雪巨人'	白肉离核桃。果实非常大，结实，味甜，酸度低。奶油白色果皮上有红晕。植物营养素含量略低于'雪王'。	最适合种植在 4B~8B 区。8 月末收获。
'雪王'	果大，红色果皮，白色果肉，味甜。抗氧化剂含量在本列表推荐的所有品种中是最高的。1993 年引进。	最适合种植在 5~9 区。8 月收获。自交授粉。
'春冠'	果实中等大小，绒毛少。拥有结实的黄色果肉和泛红的果皮。在一项包括 11 个品种的研究中，营养含量名列第二。	最适合种植在 5~9 区。早熟品种。5 月末至 6 月中旬成熟。
油桃	描述	园丁注意事项
'北极雪'（Arctic Snow）	白肉离核油桃。味甜，酸度低，富含植物营养素。	最适合种植在 5~9 区。晚熟品种。8 月的最后一周至 9 月的第一周成熟。
'布莱特珍珠'	白肉油桃，抗氧化剂含量非常高。果皮的植物营养素比果肉丰富得多。	最适合种植在 5~9 区。不耐寒。
'赤金'（Crimson Gold）	黄肉离核油桃，金黄色的果皮上有鲜艳的红晕。	最适合种植在 5~9 区。不耐寒。
'约翰小子二号'（John Boy II）	黄肉离核油桃。酸甜可口。	最适合种植在 5~9 区。长势健壮。最早成熟的油桃。
'红吉姆'	红肉粘核油桃。富含花青素。	最适合种植在 5A~9B 区。

农夫市场、特产商店、自采摘农场以及苗圃		
油桃	描述	园丁注意事项
'Z 火' (Zee Fire)	黄肉粘核油桃。黄色果皮上有红晕。超甜，酸度低，相当结实。植物营养素含量最高的品种之一。	最适合种植在 5~9 区。5月成熟。高产。适合种植在温暖气候区，因为长而寒冷的冬天不利于它结实。

表 13-2　杏推荐品种

在超市	
品种	描述
所有品种	杏比桃和油桃更有营养。选择拥有深橙色或红橙色果皮和果肉的杏，以获取最多植物营养素。挑选时让农产品部的经理为你切开一个看看颜色。

农夫市场、特产商店、自采摘农场以及苗圃		
品种	描述	园丁注意事项
'布伦海姆'	结实的浅橙色果肉，味道浓郁，非常可口。果实大中型。加利福尼亚种植的杏 30% 都是 '布伦海姆'。	最适合种植在 4~8 区。6 月至 7 月初成熟。自交授粉。
'金击' (Goldstrike)	果大而结实。浅橙色果肉，果皮略有光泽。果肉结实，肥厚，汁水适度。味道和口感都非常好。	最适合种植在 4~8 区。7 月初成熟。果树生长速度快。需要其他品种授粉。
'哈尔格兰德' (Hargrand)	果非常大，甜而多汁，果皮和果肉都为深橙色。抗氧化能力指数非常高——是许多红葡萄品种的两倍。离核。1980 年发布。	最适合种植在 4~8 区。耐冬季寒冷。7 月中旬至 7 月底结果。自交授粉，抗病性强。
'哈罗宝石' (Harogem)	果实中等大小，橙色的底色上覆盖着一抹有光泽的鲜艳红晕。β-胡萝卜素的含量是普通桃子的 10 倍。1979 年发布。	最适合种植在 4~8 区。非常耐寒。6 月至 7 月结果。抗褐腐病和多年生溃疡。

续表

农夫市场、特产商店、自采摘农场以及苗圃		
品种	描述	园丁注意事项
'罗巴达'（Robada）	果实大而多汁，酸甜平衡得恰到好处。果皮颜色漂亮，有红晕。深橙色果肉。	最适合种植在 5~8 区。5 月末至 6 月中旬结果。健壮而高产。
'威尔逊美味'（Wilson Delicious）	金橙色果实，拥有独特的浓郁风味。在一项包括 22 个品种的调查中，抗氧化剂含量名列第三。	最适合种植在 5~8 区。7 月初成熟。产量高。自交授粉。

表 13-3　樱桃推荐品种

在超市	
品种	描述
'冰'	极为常见的甜樱桃，果皮颜色从深红到几乎为黑色。最有营养的品种之一。新鲜樱桃有鲜绿色的柔韧果梗。
'哈特兰'（Hartland）	果实紫色有光泽，结实，味甜。在最近的一项调查中，抗氧化剂含量是甜樱桃中最高的。
'安妮女王'	果实触感结实，大而甜，黄色果皮上有红晕。植物营养素含量是与之非常相似的'雷尼尔'樱桃的两倍。

农夫市场、特产商店、自采摘农场以及苗圃		
品种	描述	园丁注意事项
'巴拉坦'	果实大而结实的酸樱桃，果肉多汁，红色。匈牙利传统品种。	最适合种植在 5~8 区。7 月收获。果树健壮。
'冰'	极为常见的甜樱桃，果皮颜色从深红到几乎为黑色。最有营养的品种之一。富含花青素。美国传统品种。	最适合种植在 5~9 区。需要其他品种授粉。

续表

农夫市场、特产商店、自采摘农场以及苗圃		
品种	描述	园丁注意事项
'早黑'（Early Black），又称'骑士早黑'（Knight's Early Black）	果皮是暗沉的深红色，完全成熟时几乎是黑色。花青素含量显著高于大多数其他品种。起源于1810年的传统品种。稀有。	最适合种植在5~8区。6月中旬成熟。不易开裂，耐寒。
'哈特兰'	有光泽的紫色樱桃，触感结实，有光泽。不如某些甜樱桃甜，但味道仍然很好。在最近的一项调查中，抗氧化剂含量是甜樱桃中最高的。	最适合种植在5~9区。中熟品种。需要其他品种授粉。耐冬季寒冷。产量高。抗病性强，不易开裂和腐烂。
'蒙特默伦西'	酸樱桃，大中型果实，鲜红色，味道酸爽。做樱桃派很棒。已证明有消炎作用。	最适合种植在4~9区。6月成熟。树形直立，产量高。
'安妮女王'	果实触感结实，大而甜，黄色果皮上有红晕。植物营养素含量是与之非常相似的'雷尼尔'樱桃的两倍。	最适合种植在4~9区。5月末和6月初成熟。半自交可育，但受益于其他品种的授粉。
'顶点'（Summit）	脆甜多汁。果实很大，心形，果皮深红色，果肉浅粉色。触感适度结实，核小。	最适合种植在5~8区。早熟樱桃，6月中旬成熟。需要其他品种授粉。非常不易开裂。

表 13-4　李子推荐类型和品种

在超市	
类型	描述
红色、深蓝色及黑色李子	果皮为红色、深蓝色和黑色的李子比果皮为黄色或绿色的李子更有营养。

农夫市场、特产商店、自采摘农场以及苗圃		
品种	描述	园丁注意事项
'安哥诺'（Angeleno），又称'安吉莉娜'（Angelina）	果实大，果皮为紫色。加利福尼亚生产的十大品种之一。在一项包括 5 个品种的调查中，抗氧化剂含量是最高的。	晚熟品种。9 月中旬成熟。产量很高。
'秋甜'（Autumn Sweet）	非常甜的粘核李。抗氧化剂含量在 11 个品种中名列第二。新发布的品种。果实与'意大利紫红'相似，但是更大。	最适合种植在 5~8 区。晚熟品种。耐冬季寒冷。产量高。
'黑美人'（Black Beaut）	果实大，深紫色果皮，有漂亮的红色果肉。多汁，甜度适中。在一项包括 5 个品种的调查中，抗氧化剂含量名列第二。夏季最先成熟的李子品种之一。	最适合种植在 5~9 区。6 月初成熟。曾流行于加利福尼亚，但后来不再流行了。
'黑钻'（Black Diamond）	难以寻觅，营养丰富。抗氧化能力指数高达 7581，比洋蓟和黑豆还高。	最适合种植在 5~9 区。早熟至中熟品种。
'查查克最优'	来自南斯拉夫的蓝黑色大李子，果肉浅黄色。在 2003 年的一项研究中，被认为是最有营养的三种李子之一。	最适合种植在 5~8 区。中熟品种。需要其他品种授粉。对李痘病毒有很好的抗性。果树健壮，树冠开散。
'卡斯尔顿'（Castleton）	果实品质高，中等大小，果皮为蓝色，形似'斯坦利'。1993 年发布。	最适合种植在 4~7 区。耐冬季寒冷。8 月成熟。自交授粉。产量高。
'法国达姆森'，又称'达姆森'（Damson）	李子小而圆，果皮为蓝色，果肉为绿色。对于某些人而言味道过重过酸。在 2003 年的一项研究中，是最有营养的三种李子之一。	最适合种植在 5~9 区。9 月中旬成熟。抗病虫害。

续表

农夫市场、特产商店、自采摘农场以及苗圃		
品种	描述	园丁注意事项
'意大利紫红'	大中型果实，果皮为深紫色，果肉为黄绿色。最常制成西梅的李子品种。非常甜，不过还有一抹柠檬味。	最适合种植在5~9区。产量高。自交授粉。
'高个子约翰'（Longjohn，又称 Long John）	蓝色李子，呈拉长的水滴状。离核。在一项包括 11 个品种的研究中，抗氧化剂含量排名第三。1993 年培育。	最适合种植在 5~9 区。树形直立，形状有些条条柔软。半自交授粉，但是在其他品种授粉的情况下表现得更好。
'红美人'（Red Beaut，又称 Red Beauty）	果肉味道甜美，果肉相当酸。中等大小，鲜红色果皮在成熟时变成紫色。	最适合种植在 5~9 区。早熟品种。5 月末成熟。需要其他品种授粉。
'斯坦利'	果大，结实而柔软，果皮为深蓝色。甜。常见。	最适合种植在 5~9 区。夏末收获。开花晚。自交授粉，但有其他品种授粉时表现最佳。产量高且稳定。

核果：要点总结

1.选择成熟或接近成熟的核果。

未成熟时暴露在低温下的核果永远都不会完全成熟，或者果肉会变成褐色、革质或发干。如果你购买接近成熟或完全成熟的核果，就更有可能吃到品质不错的果实。

2.仔细选择桃和油桃。

在超市里购买桃和油桃时，寻找果皮底色为奶油白色或黄色，最好不带一丝绿色的成熟果实。果实应该没有凹陷和擦伤，用手掌轻轻按压时略有弹性。通常而言，果肉为白色的桃和油桃的植物营养素含量高于果肉为黄色的品种。

3.吃皮。

如果把核果的皮吃掉，你就会得到它们的全部健康益处。如果你不喜欢吃桃子的绒毛，你可以用湿布轻轻擦拭桃子，去除表面的绒毛。你还可以选择吃油桃，它们和桃是同一个物种。购买有机桃和油桃，减少和杀虫剂的接触，这些化学药剂主要集中在果皮里。

4.根据颜色购买杏干。

大多数按照传统方式种植的杏都会在干制之前用二氧化硫处理，以便杀死细菌和真菌并保持较浅的颜色。这个过程还可以保留更多的植物营养素。有些人会对含二氧化硫的产品过敏，但大多数人不会有不良反应。使用深橙色或红橙色果实制作的杏干比使用黄色或浅橙色果实制作的杏干更有营养。

5.选择最有营养的樱桃。

最常见的甜樱桃品种'冰'含有丰富的植物营养素。酸樱桃，如'蒙特默伦西'和'巴拉坦'樱桃，有助于抑制炎症。所有樱桃都是新鲜采摘时品质最好。果梗呈鲜绿色且柔韧是果实新鲜的最好标志。不妨自己种植矮化或半矮化的樱桃树，你就可以在自己的院子里收获自己喜欢的樱桃了。

6.红色、紫色、蓝色和黑色李子的抗氧化剂含量高于黄色和绿色品种。

李子果皮和果肉的颜色越深，其抗氧化剂含量就越高。通常而言，夏天成熟的品种比更早成熟的品种甜，酸度也较低。购买成熟或接近成熟的李子，以确保你能享有最好的品质。李子干（即西梅）是杂货店里最有营养的食物之一。

第14章

葡萄和葡萄干
从圆叶葡萄到'汤普森'无籽葡萄

※ 野生葡萄和'汤普森'葡萄

野生圆叶葡萄的果实大而圆，深紫色，生长在茁壮的藤蔓上。它们原产于美国东南部，分布范围曾经从佛罗里达州延伸至特拉华州，再向西至得克萨斯州。16 世纪的探险家们曾被它们狂野肆虐的生长特性震惊。1584 年，英格兰探险家、间谍和朝臣沃尔特·雷利爵士（Sir Walter Raleigh）提到它们出现在"沙子和绿地上，山丘和平原上，以及每一棵小灌木上 …… 还向高大的雪松的顶端爬去 …… 这样蔚为壮观的场面，在全世界任何地方都再也找不到了"。1585 年，雷利在探索北卡罗来纳州沿海的罗阿诺克岛（Roanoke Island）时发现了一棵巨大的圆叶葡萄藤。他记载道，这棵葡萄藤的基部粗达 2 英尺，枝叶覆盖了半英亩的土地。葡萄藤缠绕在乔木上，结出的果实距离地面达 60 英尺。相比之下，葛藤显得温顺多了。

　　这种葡萄不但多产，而且美味。雷利探险队中的博物学家托马斯·哈里奥特（Thomas Hariot）称赞它们"芬芳甜美"。英格兰人已经习惯了在欧洲酿酒用的酸葡萄，所以新世界的葡萄对他们而言简直就像糖果一样甜。按照我们现在的标准来看，它们也是相当甜的。圆叶葡萄的含糖量几乎高达 30%—— 比我们的大多数鲜食葡萄甜 25%。

美洲原住民大量食用这种葡萄，鲜食或者把它们做成果汁、葡萄干和果丹皮。意大利探险家乔瓦尼·达·韦拉扎诺（Giovanni da Verrazano）在 1525 年探索了北卡罗来纳州的开普菲尔（Cape Fear）地区，并提到当地人 "仔细地清理生长在它们周围的灌木丛，让果实更好地成熟"。他还评论了这些美洲原住民的健康状况。他说，他们 "四肢匀称，身高中等，体格总体而言比我们更大一些；胸腔宽阔，手臂强壮，他们的腿和身体的其他部位都很健美；他们非常机敏，动作敏捷，根据我们的经验判断，他们跑起来的速度应该会很快"。

会不会是这些葡萄帮助他们保持了良好的健康状态？很可能是这样。圆叶葡萄富含纤维素、锌、锰、铁和钙。果皮含有大量鞣花酸，一种有抗癌作用的植物营养素。它们的整体抗氧化活性高于我们的任何一种鲜食葡萄。它们甚至超越了石榴和蓝莓这些新的超级水果。

当西班牙征服者首次定居在被他们命名为佛罗里达的地方时，他们使用来自旧世界的酿酒技术酿造了圆叶葡萄酒，这是在美国制造的第一种葡萄酒。它是此后的 350 年里在美国最受欢迎的葡萄酒。托马斯·杰斐逊宣称，它 "在欧洲最好的餐桌上也会因为细腻的芳香和水晶般的清澈脱颖而出"。1920 年，禁酒令让葡萄酒的商业生产终止了，于是南方人开始使用圆叶葡萄私酿威士忌，以度过这段艰难时期。

对圆叶葡萄的记忆

在几个地方，野生的圆叶葡萄藤从一棵树伸到另一棵树，搭起一座座藤架，总会引来许多蝴蝶和嗡嗡叫的昆虫。

傍晚时分，栖身在这片绿藤下，嗅着一天即将结束时从泥土中升起的清凉、甜美的气味，真是叫人心旷神怡。

——海伦·凯勒（Helen Keller），1903 年

圆叶葡萄继续在美国东南部的偏僻地区恣意生长，然而，大多数人更喜欢商业葡萄园里排列成行的杂交品种。杂交品种拥有古铜色、红色或黑色的果皮。红色和黑色品种是最有营养的。无论是野生的，还是人为创造的品种，都有很高的抗病性，不需要施加化学药剂就能抵御细菌、霉病和昆虫等。

虽然圆叶葡萄味道甜，耐寒，而且比苹果派还更"美国"，但是，如今就连新培育的杂交品种也少有追随者。大多数人不喜欢它们较厚的果皮和较多的种子，这些性状在大多数其他葡萄中已经通过育种消除了。这种葡萄的麝香味道也暴露了它的野生起源。起决定性作用的缺陷是，这些果实会在成熟时从葡萄藤上掉落，使收获它们变得更困难，而且成本更高。

虽然很难在美国东南部之外的地方找到新鲜圆叶葡萄，但现在有几家公司正在生产圆叶葡萄提取物、粉末、果汁以及葡萄酒。（每种产品生产过程中的加工步骤决定了最初的营养有多少被保留下来。）一种曾经覆盖整个美国南部的葡萄，如今作为一种高价保健品焕发了新的生机。你可以在网上和健康食品商店里找到圆叶葡

萄产品。

双突变的'汤普森'无籽葡萄

最受我们欢迎的葡萄是'汤普森'（Thompson）无籽葡萄，它的销量是圆叶葡萄的1000倍。这些浅绿色的葡萄没有野生葡萄的任何缺点。它们皮薄，无籽，而且没有一丝麝香味。虽然'汤普森'葡萄看上去像是为现代水果产业专门杂交出来的品种，但它其实是几个世纪前就在奥斯曼帝国发现的古老品种，它在那里的名字是'苏丹娜'（Sultanina 或 Sultana）。'苏丹娜'葡萄与该地区种植的其他葡萄都不一样，它的颜色非常浅，而且还没有种子。这两个性状都是由于自发突变形成的。第一个突变抑制了这种葡萄制造花青素的能力，而花青素正是赋予其他葡萄鲜艳的颜色和众多健康益处的植物营养素。第二个突变使它们无法形成种子，这个变化给它们带来了极高的人气。就像现在一样，当时的人们也喜欢吃葡萄不用吐葡萄籽。同样重要的是，无籽葡萄在做成葡萄干时省去了费时的去籽过程。'苏丹娜'葡萄在1863年由英国葡萄酒商威廉·汤普森（William Thompson）引进加利福尼亚，他以自己的名字为它们重新命名。

2010年的一项研究表明，'汤普森'无籽葡萄的植物营养素含量较低。它们的抗氧化活性（总酚类）只有我们商店里出售的红色和黑色品种的四分之一至三分之一（参见图14-1）。又一次，营养学方面的弱势品种在销售上大获成功。

人类没有满足于自然产生的变化，一直在对'汤普森'无籽葡萄进行人为的改造。自20世纪60年代以来，大多数美国葡萄生产商一直在给它们喷洒一种名为赤霉酸（gibberellic acid）的植物激素。这种激素可以让果实拉长，从而让它们的总体大小增加75%。几乎所有在美国出售的'汤普森'无籽葡萄都用赤霉酸处理过。

红色和黑色葡萄比绿色葡萄更有营养。

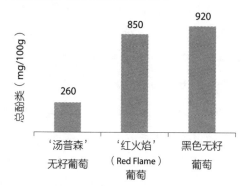

图14-1 '汤普森'无籽/'红火焰'/黑色无籽葡萄总酚类含量对比图

为了延长销售时间，并且让这些水果更容易运输和储藏，人们会在它们成熟之前将其收获。和某些水果不同，葡萄一旦被采摘下来就不会再继续成熟了。如果在成熟之前采摘，它们会一直是硬的和酸的，直到变质腐烂。使用赤霉酸处理并过早收获的'汤普森'葡萄与没有用赤霉酸处理并在葡萄藤上成熟之后再采摘的'汤普森'葡萄，在外观和味道方面都存在显著差异。未经处理的葡萄更小更圆，有更明显的金色，不那么脆，而且味道更甜更复杂。购买藤上成熟的有机'汤普森'无籽葡萄，可拥有最好的味道和口感，并减少和有害化学品的接触。

‘康科特’葡萄和韦尔奇的葡萄汁

和圆叶葡萄一样，‘康科特’（Concord）葡萄（*Vitis labrusca*）是在美国诞生和培育的。19 世纪 40 年代，马萨诸塞州的一位意志坚定的植物育种家以法莲·布尔（Ephraim Bull）创造出了这个标志性的品种，它是用东海岸野生的美洲葡萄杂交培育出来的。在对超过 22000 棵植株进行杂交之后，他才得到了令自己满意的成果。他的最终作品‘康科特’葡萄在 1853 年的马萨诸塞州园艺学会博览会上荣获冠军。这种葡萄直到今天仍然很受认可，如今，让它们得到赞赏的不只是味道，还有它们的健康益处。

‘康科特’葡萄汁是风靡全美的完美饮料。1869 年，作为新泽西州瓦恩兰（Vineland）一座卫理公会教堂的主管人，托马斯·布拉姆韦尔·韦尔奇博士（Dr. Thomas Bramwell Welch）开始寻找供圣餐仪式使用的不含酒精的饮品。由于葡萄被榨成汁后，果汁会开始发酵并在数天之内变成葡萄酒，韦尔奇想找到阻止这种自然发酵过程的方法，让信众在教堂里保持清醒。他发明了一种新颖的加热杀菌法，完美地解决了这个问题。他将这种果汁命名为“韦尔奇博士的不发酵葡萄酒”。我们现在将它称为“韦尔奇的葡萄汁”。

韦尔奇的葡萄汁在 20 世纪 50 年代尤其受欢迎。为了吸引儿童喝更多这种饮料，营销者在儿童电视节目上做了打动人心的广告，比如《胡迪·都迪秀》（*The Howdy Doody Show*），它是第一个插播专门面向儿童的广告的电视节目。为了让这种瓶装果汁与节目结合得更紧密，瓶子的包装上印着一张胡迪·都迪的照片，还有“我最喜欢的果汁！”的字样。现在，节目中胡迪·都迪、鲍勃船长（Captain Bob）和小丑克拉拉贝尔（Clarabell the Clown）的粉丝都已经到了领养老金的年纪，是时候仔细看看这种饮料的健康功效了。在2008 年加利福尼亚大学对多种类型和品牌的果汁的一项调查研究中，实验室检测表明，韦尔奇的'康科特'葡萄汁的抗氧化能力指数高于其他所有接受检测的果汁，包括阿萨伊莓汁，后者是来自巴西的一种价格昂贵的果汁，每夸脱售价超过 6 美元。

　　一些小规模的研究发现，这种果汁或许能延缓衰老造成的记忆丧失。在 2012 年的一项饮食研究中，英国研究人员招募了 21 位表现出记忆丧失早期症状的老年人。在为期 4 个月的研究中，一半志愿者每天饮用两杯'康科特'葡萄汁，另一半志愿者摄入同等分量的无营养饮料。志愿者在研究开始和结束时分别接受大脑扫描，测量负责学习和记忆的大脑区域的活动水平。喝了这种果汁的志愿者，这些关键区域的活性显著增强。其他志愿者则几乎没有变化。更多研究正在进行中。发表在《美国心脏病学学报》(*American Journal of Cardiology*) 的另一项研究发现，'康科特'葡萄汁可以软化人的动脉血管，从而降低血压。

　　其他研究表明，这种果汁还可以稀释血液，降低血栓风险，而血栓会引发心脏病和中风。这种果汁还能延缓低密度脂蛋白胆固醇的氧化速度，防止它们侵入动脉内壁。试管研究表明，'康科特'葡萄汁会保护正常乳腺细胞免受对 DNA 有破坏作用的有毒化学品的侵害。DNA 损伤常常是癌症的第一步。'康科特'葡萄汁价格低廉且美味，属于典型的美国货，各地的超市都有售，这些事实让该研究更加令人兴奋。我们从以法莲·布尔勤勉的育种中实在获益良多。

购买葡萄

生活在美国东海岸的人们最有可能找到新鲜的'康科特'葡萄。它们已经被新一代的无籽葡萄挤出市场了。不过，其他几个品种会为你提供类似的好处，而且它们很容易买到。黑色和红色葡萄是最有营养的，而且现在它们无籽和有籽品种都有了。'皇家秋天'（Autumn Royal）是一个新的无籽品种，于 1996 年由农业研究服务局发布。这种葡萄甜而脆，10 月成熟，晚于大多数其他品种。其他推荐品种包括'克瑞森无籽'（Crimson Seedless）、'火焰无籽'（Flame Seedless）、'红地球'（Red Globe）和'谢里丹'（Sheridan）。你还可以在 328~329 页找到其他建议。

选择最新鲜的葡萄

在传统超市里出售的某些鲜食葡萄可能已经在仓库里储存长达 8 周了。通常而言，葡萄生产商还会用二氧化硫对其进行处理以防止腐烂并保持新鲜的外观。在葡萄产量占全美 90% 的加利福尼亚州，常见的做法是立即用二氧化硫气体熏蒸包装好的葡萄，并在运输之前每周熏蒸一次。散装葡萄不会标明是否使用了二氧化硫，不过某些包装好的葡萄的标签会注明这一点。无论有没有提到二氧化硫，我们都可以默认大多数按照传统方法生产的葡萄都被熏蒸过。

要想选出超市里最新鲜的葡萄，应该寻找那些饱满、结实的果实。捏住果梗，拎起一串葡萄，轻轻摇晃一下，葡萄应该留在上面，不会掉下来。和樱桃一样，果梗是判断新鲜度最可靠的指标。果梗应该呈鲜绿色，柔韧，而且没有萎蔫的迹象。当葡萄被装在塑料袋里出售时，可能难以判断其新鲜度或品质。尽量透过塑料袋观察，如果袋装葡萄是黏的、潮湿的，或者里面有掉落的葡萄，就说明这些葡萄已经过了最佳食用期。

葡萄是所有水果和蔬菜中喷洒农药最多的作物之一。2011年，美国农业部报道称，在接受检测的所有葡萄中，97%的葡萄都有至少一种杀虫剂的残留。同一年，葡萄在环境工作组公布的"12种最脏水果和蔬菜"的名单中名列第七。环境工作组在一份进口葡萄样品中检测到了14种不同的化学品。美国本土的葡萄也没有好到哪里去：一份样品检测出了13种不同的杀虫剂残留。建议购买有机葡萄以减少和农药的接触。

采摘或购买葡萄后应尽快冷藏。迅速冷藏可以使抗氧化剂损失的速度降低，并使果实保持多汁。不要在储存之前清洗葡萄，因为额外增加的表面水分会加速葡萄变质。将它们放进微孔密封袋中，允许一定程度的气体交换。储存在冰箱冷藏室最冷的部位。（-1~4℃的冷藏效果最好，这个温度比大多数冰箱冷藏室更低。）当你准备吃葡萄的时候，用剪刀剪下你想要吃的量，剩余的部分放回冰箱，让它们保持凉爽和湿润。吃之前再洗葡萄。

多食用新鲜葡萄

葡萄是很好的零食，它们还是水果色拉中深受喜爱的成分。你还可以大胆试验一番，把它们加入蔬菜色拉。如果你将红色或黑色葡萄切成两半，它们会像宝石一样，从绿色和红色莴苣中脱颖而出。用牙签串起一颗新鲜葡萄和一块奶酪，就做成了一道简易的小吃。葡萄酒专家会建议你用山羊奶酪搭配'康科特'葡萄，用洛克福羊乳干酪（Roquefort）搭配黑色或红色无籽葡萄，不过，任何类

型的葡萄和任何类型的奶酪搭配起来的效果都很好。我个人的喜好
是黑葡萄搭配菲达奶酪（feta），再用一小片新鲜薄荷叶作为装饰。
下面的食谱将这些食材结合在一起做成一道清爽的色拉，一定会让
你做了还想做。

葡萄、薄荷和菲达奶酪色拉

准备时间：20分钟

静置时间：30分钟

总时间：50分钟

分量：4份

3杯（约1¼磅）黑色或红色无籽葡萄，切成两半

½杯菲达奶酪碎

¼杯切碎的核桃或美洲山核桃

2汤匙切碎的新鲜薄荷或2汤匙干薄荷

1汤匙鲜榨柠檬汁

2汤匙特级初榨橄榄油，最好是未过滤的

将切成两半的葡萄、菲达奶酪、坚果和薄荷倒进一个中
等大小的碗。

将柠檬汁和橄榄油倒入小碗，充分搅拌。将处理好的调
味汁倒在葡萄上，搅拌均匀。在室温下静置30分钟即可上桌。

葡萄干

当狩猎 — 采集者在葡萄生长季的最末阶段寻觅葡萄时，他们会在葡萄藤上碰到萎缩干枯了的果实。他们很快就发现，这些干掉的果实比新鲜葡萄还甜，而且存放数月也不会坏。后来，他们开始采摘成熟葡萄，然后将它们晒干或烤干，以便全年享受这些"浓缩能量"。

如今，晒干的葡萄干是最受我们欢迎的果干。但是，美国市场上出售的95%的葡萄干是用营养价值最低的'汤普森'无籽葡萄制作的。传统的干燥方法进一步降低了它们的抗氧化活性。干制浅色葡萄的传统方法是将葡萄铺在纸质托盘上，然后放置在成行的葡萄藤之间。在两三周内，葡萄就会充分干燥。与此同时，葡萄中的多酚氧化酶有充足的时间破坏葡萄中大量的植物营养素，并将葡萄干变成深棕色。

金色葡萄干和棕色葡萄干一样，同样是用'汤普森'无籽葡萄制作的，但金色葡萄干用二氧化硫处理过，以加快干燥过程和防止发霉，并阻止果实变成棕色。和杏干的生产一样，硫还能抑制破坏葡萄植物营养素的酶的活性。因此，金色葡萄干的抗氧化活性比深棕色葡萄干高得多（参见图14-2）。不过，金色葡萄干的确含有微量的二氧化硫残留，有些人无法忍受这些残留，那就选择尽量避免食用这种葡萄干。

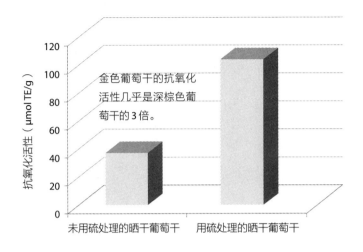

图 14-2　未用／用硫处理的晒干葡萄干抗氧化活性对比图

"醋栗"

公元 75 年，老普林尼描述了一种来自希腊科林斯（Corinth）的无籽葡萄。这种葡萄很小，皮薄，味甜多汁。美国只种植了极少量的这种如今被称为'黑科林斯'（Black Corinth）的葡萄品种，而且大部分都被做成了葡萄干，商品名是"桑特醋栗"（Zante currant）或"黑醋栗"。（虽然叫作"醋栗"，但它们属于葡萄 [*Vitis vinifera*] 这个物种。）"醋栗"在美国葡萄干市场中的份额只有 1%，但它们在大多数超市都有售。我们应该多吃一些。它们的植物营养素含量高于包括金色葡萄干在内的大多数干果。它们又酸又甜，味道比'汤普森'无籽葡萄干更清新。我把它们看成杂货店里的隐藏宝藏之一。去干果区寻找它们的身影。如果你去的超市或特产商店出售散装干果，比较一下"醋栗"和普通葡萄干的价格。在大多数商店，"醋栗"更便宜。

在欧洲，"醋栗"是多种传统面包、酥皮糕点、咖啡蛋糕甚至肉类菜肴不可或缺的食材。你可以在某些食谱中用"醋栗"代替葡萄干。可以把它们加入煮熟的麦片或即食干麦片中。还可以把它们加入司康饼、薄煎饼、华夫饼、肉桂卷和松饼中，效果都很好。把它们加入什锦干果中，以获得更多的抗氧化保护。在香蕉面包、苹果派、胡萝卜蛋糕或苹果蛋糕中也可以加入半杯或更多"醋栗"。还可以放在车上，当作健康零食。

表14-1　葡萄推荐类型和品种

在超市	
类型	描述
红色、紫色或黑色葡萄	很多超市会列出葡萄的品种名。如果没有列出名字，寻找紫色、红色或黑色的品种。'汤普森'无籽葡萄是营养价值最低的。如果列出了品种名，寻找下面提到的品种。

农夫市场、特产商店、自采摘农场，以及种子目录		
品种	描述	园丁注意事项
'皇家秋天'	脆而甜的无籽葡萄，果皮为黑色或紫黑色。富含植物营养素。	最适合种植在7~8区。不需要其他品种授粉。
'康科特'	蓝黑色葡萄，果大，有籽。在美国东海岸最常见。现在已有一个新的无籽品种。	最适合种植在4~9区。9月成熟。自交授粉。比许多其他品种更能忍耐较冷的温度。高产。
'克瑞森无籽'，或'红克瑞森无籽'（Red Crimson Seedless）	非常甜，中等大小，无籽，果皮红色。	最适合种植在6~10区。9月末至10月成熟。果序大，呈三角形。

续表

农夫市场、特产商店、自采摘农场，以及种子目录		
品种	描述	园丁注意事项
'格伦诺拉'（Glenora）	甜，有香料余味，无籽，极为多汁，蓝黑色，皮薄。1952年由康奈尔大学培育，是一种俄罗斯无籽黑葡萄和一个西方品种的杂交后代。	最适合种植在5~8区。一种健壮、高产、抗性强的葡萄。抗葡萄根瘤蚜和霉病。自交授粉。两年后开始结果。
'贵族'（Noble）	抗氧化剂含量是圆叶葡萄所有栽培品种中最高的。果实中等大小，品质非常好，含糖量16%。	最适合种植在7~9区。早熟至中熟。
'红火焰无籽'（Red Flame Seedless），又称'火焰无籽'	颜色呈红色至深紫色。果实脆，味道很好。是美国第二受欢迎的葡萄。在一项包括7种鲜食葡萄的调查中，其抗氧化剂含量第二高。20世纪70年代引入。	最适合种植在7~9区。葡萄藤健壮，高产，生长季较长。自交授粉。果序大而结实，果实中等大小。
'红地球'	非常大的有籽红葡萄，果肉结实。在受欢迎程度方面仅次于'红火焰无籽'。抗氧化剂含量高。	最适合种植在7~11区。9月至10月收获。
'瑞必尔'（Ribier）	起源于法国的黑色葡萄，大而圆，有籽。	最适合种植在7~10区。8月至10月成熟。

葡萄和葡萄干：要点总结

1.红色、紫色和黑色葡萄对你的健康最有好处。

'汤普森'无籽葡萄和其他浅绿色葡萄含有极少量花青素或不含任何花青素，而这种植物营养素是葡萄大部分营养益处的来源。圆叶葡萄和'康科特'葡萄的花青素含量尤其高，其他红色、紫色和黑色品种也一样。'康科特'葡萄汁是一种廉价、广泛易得、制作成本较低的饮品，其植物营养素含量比某些贵得多的果汁还高。

2. 寻找最新鲜的葡萄。

超市销售的一些葡萄在摆出来之前已经存放好几周了，这会影响它们的味道和健康益处。寻找果实饱满并与果梗连接紧密的葡萄。果梗应为鲜绿色，并且柔韧。不要买黏的、潮湿的或者包含掉落果实的袋装葡萄。

3. 用正确的方法储存葡萄，以保存新鲜度和风味。

拿到家之后立即将葡萄冷藏，以减缓其变质速度并保持其风味和植物营养素含量。将它们放入微孔密封袋，然后放入冰箱保鲜抽屉储存。食用时从一整串葡萄上剪下你想吃的量，剩下的放回冰箱。

4. 购买有机葡萄，以减少和杀虫剂的接触。

葡萄的杀虫剂残留比其他大多数水果多。要想减少与这些化学品的接触，应该将葡萄彻底清洗干净或者购买有机葡萄。

5. 金色葡萄干比传统的棕色葡萄干含有更多植物营养素。

美国的大部分葡萄干是用浅色的'汤普森'无籽葡萄制作的。晒干过程让葡萄的颜色变深并且会破坏它们的植物营养素。金色葡萄干是用同一种葡萄制作的，但是会使用二氧化硫处理以免褐化。这种处理方式会保留更多抗氧化剂，因此是更健康的选择。如果你对二氧化硫非常敏感，就不要吃金色葡萄干。

6. 吃更多"醋栗"。

所谓的"醋栗"指的是由'黑科林斯'葡萄（一个果实非常小的品种）制成的葡萄干。"醋栗"的抗氧化剂含量比传统葡萄干或金色葡萄干都高。它们有香味，酸甜可口。你可以在许多食谱中用它们代替传统葡萄干。如果你购买的是散装"醋栗"，它们很可能比散装传统葡萄干更便宜。

第 15 章

柑橘类水果
不只是维生素 C

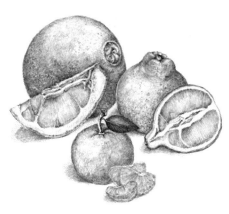

脐橙、橘柚、蜜橘

果珍（Tang）是一种添加了调味剂和色素的早餐饮品，1959年首次出现在美国人的早餐餐桌上。这种饮料是用水、蔗糖、柠檬酸、橙色食用色素，以及人造香精勾兑而成的。在当时，维生素C是柑橘中唯一被认为有重要健康益处的成分。于是，制造商决定向这种饮品中添加维生素C粉，这样一来它的营养学价值似乎就等同于橙汁了。

　　刚刚推向市场时，果珍的销量并不好，这种局面一直持续到20世纪60年代中期才有改观。当时，美国国家航空航天局（NASA）在约翰·格伦（John Glenn）的水星飞行任务和后来1965年的"双子座"（Gemini）计划中，都将果珍和宇航员一起送上了天。通用食品公司立即开始搭上NASA这辆顺风车大做文章，包括设计专门面向儿童的新广告。在《胡迪·都迪秀》上插播的电视广告播放了火箭飞船发射进入太空的短暂场景，配音如下："宇航员做的一些事跟你是一样的。在太空，他们喝果珍，但他们在零重力下必须用特制的小袋喝……果珍橙味满满！味道好极了！含有很多维生素 C 和维生素 A！遨游太空！喝果珍！"许多年之后，人们才发现，NASA 将这种饮品送入太空的唯一原因是为了掩盖太空飞船中的循环饮用水令人不悦的味道和气味。

果珍如今属于卡夫食品公司，现在包括几十个品种。一些最新的饮品增添了钙、维生素 E 和三种维生素 B。在某些产品中，一半的糖都被人工甜味剂代替了。果珍如今是含有多种维生素的粉末，冲制成人工染色、加味和增甜的饮品。

然而，无论食品制造商往果珍里加了多少维生素和矿物质，这种饮料的健康益处也永远比不上真正的柑橘。食品科学家已经发现，橙子含有超过 170 种植物营养素。这些化合物提供的抗氧化保护比著名的维生素 C 多多了。实际上，柑橘 76% 以上的抗氧化活性来自这些最近被鉴定出来的化合物。

将来，食品化学家或许会创造出一种新的"高抗氧化"果珍，但即使他们增添十来种植物营养素，也仍然缺少一百多种。他们大概不会增添的一种植物营养素是橙皮苷（hesperidin），它还不是个家喻户晓的词。动物研究表明，橙皮苷在减轻抑郁、抑制炎症、保护 DNA 免受辐射损伤，以及降低几种癌细胞的生长速度方面颇有潜力。如果我们想得到这些潜在益处的话，就应该吃掉完整的果实。

柑橘类水果的野生起源

柑橘类水果的野生祖先原产于东南亚。到公元前 500 年，这些水果传播到了地中海地区。大多数早期柑橘类物种非常苦——苦得人类学家推测它们被用作药物、美容产品、清洁剂和尸体防腐剂，而不是食物。酸橙（sour orange）和香橼（citron）是第一批真正能吃的柑橘类水果。香橼的果实大而苦、表面凹凸不平，果肉很少，果皮很厚。历史记载表明，它是一种很有效的解毒剂。根据出生于公元前460年的古希腊历史学家德谟克利特（Democritus）的说法，它甚至能中和蛇的毒液。在埃及旅行时，德谟克利特听说曾经有一群埃及囚犯被判决扔进毒蛇坑里咬死。根据他的记录，就在他们被扔进毒蛇坑之前，一个街头小贩给了他们一些香橼吃。结果他们虽然被毒蛇凶狠地咬了，却没有中蛇毒。

13世纪，地中海地区出现了甜橙（sweet orange），这很有可能是某棵酸橙自发突变的结果。两个世纪后，克里斯托弗·哥伦布将一袋橙子的种子装上"圣玛利亚"号，启程前往新世界，将这种美味的水果介绍给一群懂得欣赏的新受众。

在世界各地，只要是柑橘类水果生长的地方，新的种类就会自发出现 —— 不只是来自天然突变，也来自自发的杂交。柑橘类水果非常容易发生种间杂交。只要一棵果树的花粉为其他柑橘类物种的花授了粉，就有可能创造出杂交后代。这种情况十分频繁，必须劳烦DNA专家才能知道某种柑橘类水果是由哪些物种杂交出来的。最有可能的猜测是，我们的现代甜橙是蜜橘（tangerine）和果实更大的柚子（pomelo，学名 *citrus grandis*）杂交而成。柚子还可能是我们的现代葡萄柚的祖先。柚子在亚洲国家很受欢迎，外表像超大的葡萄柚。果实未成熟时果肉是绿色的，但是果肉会随着果实的成熟变成浅黄色。

水果的成熟

下面这些水果最好在完全成熟时采摘，因为它们不会在收获之后继续成熟：

柑橘类水果	浆果
樱桃	葡萄
菠萝	石榴

下面这些水果可以在半成熟时采摘，因为它们在收获之后可以继续成熟：

苹果	杏
鳄梨	香蕉
番石榴	猕猴桃
芒果	油桃
桃	梨
李子	西红柿

甜　橙

华盛顿脐橙

甜橙是在美国最受欢迎的柑橘类水果。美国柑橘种植商每年生产的甜橙超过 1100 万吨，是所有其他柑橘类水果产量之和的 3 倍。最有名的橙子是华盛顿脐橙（Washington navel），通常被称为脐橙。你可以通过它的"脐"认出它来。每个果实的末端都有一个圆环，里面有一个凸起。这个凸起是未发育完全的另一个小橙子，我们可以将它认为是双胞胎中发育失败的那一个。将脐橙剥开，你就能更清楚地看到双胞胎中这个未完全成形的个体的结构。这个有趣的附属结构编码在每一棵脐橙的基因里，相当于植物学上的"注册商标"。

华盛顿脐橙据信起源于 1870 年之前，原产于巴西巴伊亚州（Bahia）。和众多最受我们欢迎的水果及蔬菜品种一样，它也是自发突变的结果。一位目光敏锐、不知名的巴西农民发现，一棵传统橙子树的一根枝条上长出了这种果实。与原本的果实相比，它更大，更甜，容易剥皮，而且无籽 —— 这些好处都是它的基因组轻微改变的结果。巴西人叫它"有肚脐的橙子"（laranja de umbigo），这个名字一直沿用至今。

1871 年，美国农业部部长听说了这种有趣的水果，他从国外进口了许多树苗，种植在佛罗里达州。这些果树很难适应那里炎热潮湿的气候，没有一棵果树结果，而且大部分都死了。活下来的果树有三棵被运到了加利福尼亚州，人们希望它们能在更加凉爽、干燥的气候中更好地生长。这些树后来到了农业部部长的朋友，生活在加利福尼亚州里弗赛德市（Riverside）的伊莱扎·蒂贝茨（Eliza Tibbets）的手中。在她的精心照料下，这些果树得以茁壮成长。有传言说伊莱扎的先生拒绝付用管子抽淡水浇树的钱，于是伊莱扎不得不把洗碗水倒进桶里，用来给果树浇水。

当这些果树结果时，人们看得出来，这种橙子的品质优于该地区的所有其他品种。当地苗圃主争先恐后地购买蒂贝茨夫人橙子树上带芽的接穗。这些苗圃主把芽嫁接在其他品种的橙子树上，创造出了这个南美突变在美国的第一批无性繁殖系。这些最初的克隆增殖了数千倍，进入了数百座柑橘园；然后又增殖了更多倍，生长在全世界的各个地方。所有的华盛顿脐橙都可以追溯到伊莱扎的三棵橙子树之一。如果她浇水浇得不那么勤快，那么价值数十亿美元的脐橙产业可能根本不会存在。

令人难以置信的是，蒂贝茨夫人最初的三棵树中的一棵至今还活着。1902 年，它被转移到了位于里弗赛德市阿灵顿街（Arlington Avenue）和马格诺利亚街（Magnolia Avenue）交叉路口的一座公园。那时，脐橙已成了轰动全美的现象级水果。这棵树的移植是极有新闻价值的事件，甚至连西奥多·罗斯福（Theodore Roosevelt）总统都参加了移植典礼。在本书写作期间，这棵最早的脐橙树还能结出许多果实。对它的生存而言，最大的威胁不是昆虫或疾病，而是狂热的水果爱好者。成百上千的人曾试图砍下这棵闻名世界的果树的芽和树枝，拿回家无性繁殖出自己的脐橙。为了赶走这些人，果树旁不得不立起结实的栏杆。

如今我们知道，华盛顿脐橙不仅是一种又大又甜、没有种子的橙子，而且按照同等重量计算，它的植物营养素含量还高于其他许多营养丰富的水果和蔬菜，例如红葡萄、芦笋、黄洋葱或西洋菜。它还可以提供丰富的维生素 C 和纤维素，每个橙子可提供超过 3 克的纤维素，而且不会导致你的血糖剧烈升高。一个中等大小的果实，热量仅有 80 卡路里，因此它是一种高密度营养（nutrient-dense）食物。尽管脐橙的营养价值低于我后面介绍的其他一些橙子，但它仍然是一个非常好的选择。

橙子的脱青

在 19 世纪，人们可以轻轻松松地鉴别出一只成熟的橙子。成熟的橙子是橙色的，未成熟的橙子是绿色的。到了 20 世纪初，选出成熟橙子就变得困难多了，因为柑橘产业开始给未成熟的橙子"脱青"，让它们呈现出与成熟橙子相似的外表。这被视为必要之举，因为绿色果皮的橙子无论如何也不符合成熟的定义。柑橘种植商发现，如果他们将绿皮橙子在橙色染料里蘸一蘸，消费者的购买意愿就会变得更强烈。（在当时，生产商不需要告知消费者使用了染料。）这种做法一直持续到 1955 年，直到柑橘产业使用的染料"红 32"（Red-32）被发现有毒性为止。最高法院迅速宣布这种做法是非法的。

失去染料的使用权之后，柑橘产业必须开发另一种方法，用以掩盖橙子未成熟的事实。最有效而且沿用至今的方法是在成熟前收获橙子，运到仓库里，然后让这些水果暴露在浓度经过精确计算的乙烯气体里——这种气体可以诱导多种水果成熟。在适宜的温度、湿度和乙烯浓度下，橙子会在数天之内变成漂亮的橙色。这和如今用来催熟绿西红柿的过程类似。但是和西红柿不同的是，暴露在乙烯中并不会催熟橙子的果肉；它只是改变了橙子果皮的颜色。这样的橙子看上去是成熟的，但是与完全成熟的橙子相比，它们更酸，不那么甜，而且植物营养素含量较低。

如何鉴别真正成熟的橙子

如今，美国食品药品监督管理局已经允许橙子的脱青不必以任何形式告知消费者。这让人们更难挑选出最成熟、最有滋味的果实——但也并非不可能。首先，查看摆放出来的所有橙子。如果橙子的果皮颜色深浅不一，为黄色至深橙色，那么你就能知道它们没有接受过脱青。（如果它们接受了脱青，就会呈现出深浅程度一样的橙色。）如果是这样，只需要选出你看到的橙色最深的橙子就可以了。

但是，如果橙子都是一样的深橙色，你就不能分辨出它们是在成熟的过程中变成这样的，还是受到了乙烯气体的影响。如果所有橙子都是一个颜色，你可以选择最大的橙子，以提高自己买到成熟橙子的概率。和大多数水果一样，橙子会在成熟过程中变大，所以与小橙子相比，大橙子在树上停留的时间更长，因此也更有可能是成熟的。

你还可以等到橙子的收获旺季再购买。美国的第一批橙子在 10 月份进入超市。在一年当中的这个时候，大多数橙子还没有完全成熟，但它们的含糖量已经达到最低收获标准了。这些提前收获的果实是最有可能经过脱青处理的。然而，如果你等到 12 月再购买，它们就更有可能是成熟的、甜的、酸度低的，而且含有更多营养。大多数水果和蔬菜如今全年都能买到，但这并不意味着我们必须在它们成熟和应季之前购买它们。

如果你买的是有机橙子，你就能确定它们没有经过脱青处理。美国农业部对"有机"头衔设定的标准是不允许对橙子和大多数其他水果进行催熟，你的所见即所得。和所有经过有机认证的水果一样，有机橙子也没有杀虫剂以及其他可能有害的化学物质的残留。根据欧洲2006年的一项研究，与按照传统方法种植的橙子相比，有机橙子更有滋味，且含有更多植物营养素。

如何储存橙子和其他柑橘类水果

柑橘类水果在收获之后不会再继续成熟，所以不要把它们留在厨房柜台上，指望它们的果皮颜色变深，或者它们的果肉变得更甜并且酸度降低。这些果实不会继续成熟，而会开始皱缩，散发异味，长满绿色的霉菌。建议在数天之内吃完或者放进冰箱储藏。把它们放在冷藏室的架子上或者保鲜抽屉里都可以，但是不要装进塑料袋。塑料袋会保留太多水分，导致发霉。柑橘类水果可以在冰箱里储存大约两周。如果你不能在这段时间内把它们吃完，你可以把它们榨成汁冷冻起来。你也可以把果皮搓碎冷冻起来。

卡拉卡拉红肉脐橙

我在前面提到过，有几种橙子的植物营养素含量比脐橙高。卡拉卡拉红肉脐橙（Cara Cara）就是其中之一。卡拉卡拉红肉脐橙是华盛顿脐橙的一个自发突变，果实大小大约为华盛顿脐橙的三分之二。它同样含有一个未发育完全的橙子，但是尺寸更小。卡拉卡拉红肉脐橙的种子较少或者没有种子，容易剥皮和分瓣。

脐橙和卡拉卡拉红肉脐橙之间最重要的区别表现在果实内部。

卡拉卡拉红肉脐橙的果肉呈深玫红色，所以才叫红肉脐橙。番茄红素是红色的来源。（脐橙不含番茄红素。）由于番茄红素含量较高，卡拉卡拉红肉脐橙的抗氧化活性是传统脐橙的 2~3 倍。而且它们的味道更甜，酸度更低。不久之前，这个新品种还只能在特产商店买到；如今，你可以在大型超市里找到它们。它们的收获旺季是 12 月至次年 4 月。出售卡拉卡拉红肉脐橙的超市应该会把它们的名字列出来。

血　橙

血橙（*Citrus sinensis* Osbeck）比卡拉卡拉红肉脐橙更胜一筹。血橙的大小不及脐橙的一半，果皮很薄，种子很少或没有。随着果实成熟，这些美丽的柑橘类水果的果皮会呈现出漂亮的紫晕，而果肉的颜色会从粉橙色变成鲜血一样的深红色，这也是它们名字的由来。果肉的颜色来自含量极高的花青素，而不是番茄红素，后者是卡拉卡拉红肉脐橙的着色剂。血橙被称为鉴赏家的橙子，因为它们拥有浓郁而微妙的风味。热情洋溢的爱好者们在谈及血橙时会提到"覆盆子的余味""少许葡萄的味道""橙子和李子的结合"，以及"掺了橙皮碎的勃艮第葡萄酒"。要我说，一言以蔽之，就是美味。

对于许多水果和蔬菜的营养含量而言，气候具有决定性作用，血橙尤其如此。在美国，大多数血橙种植在加利福尼亚、得克萨斯或佛罗里达。与其他两个州相比，加利福尼亚的夜晚更为凉爽，这种气候条件会诱导血橙生成更多花青素。1990 年的一项研究发现，种植在加利福尼亚的血橙，其花青素含量是种植在佛罗里达或得克萨斯的血橙的 35 倍。

血橙在美国并不出名，但它们在整个地中海地区都很常见。实际上，在意大利，它们是最受欢迎的橙子。我们美国人早餐喝普通橙汁，而意大利人喝红色橙汁。通过将血橙用在色拉和酱汁里，以及将它们用作吸引眼球的装饰，美国的大厨们提高了人们对血橙的接受度。血橙的收获旺季是1月至4月，但是大多数商店销售它们的时间只有一个月左右。如果你看到了，一定要买来尝尝。

你生活在种植橙子的地区吗？考虑自己种植一棵血橙树吧！'摩洛'（Moro）品种的花青素含量异乎寻常地高。今年买一棵树苗，第二年你就能吃到自己种出来的血橙了。你还可以在自己的办公室或家里用盆子栽种一棵果树。照料得当的话，即使这些果树生长在室内也能结果。

瓦伦西亚橙

瓦伦西亚橙（Valencia Orange）是一种中等大小的橙子，主要用来榨汁。它是唯一一种在夏季成熟的橙子。这种水果是在一位名叫威廉·沃尔夫斯基尔（William Wolfskill）的加利福尼亚富人的后院里培育出来的，沃尔夫斯基尔在培育过程中使用的是他从西班牙瓦伦西亚进口的橙子树上取下的插条。出生于1798年的沃尔夫斯基尔不只以瓦伦西亚橙闻名，他的著名事迹还包括以1美元1个的价格向加利福尼亚的淘金者出售柠檬。

瓦伦西亚橙有种子，果皮薄而紧密，因此很难剥皮。如果你愿意费点力气吐出种子和对付果皮的话，你得到的类胡萝卜素就会是从脐橙中得到的两倍。而且这种橙子更甜，味道更浓郁。瓦伦西亚橙在大多数大型超市有售，但数量不多。它们的收获旺季是5月到

7 月，这也是其他种类的橙子短缺或者没有完全成熟的时候。

瓦伦西亚橙的不同寻常之处在于，它们在成熟且果皮变为橙色之后，还将在当年晚些时候重新变回绿色果皮。此时的绿色让它们看上去像是未成熟的，即使它们已经完全成熟了。如果发生了这种情况，许多生产商会用乙烯进行脱青处理，恢复这些橙子的橙色。和脐橙不同，它们在暴露于乙烯之前就已经成熟了，所以这不是一种欺骗性的做法。

橘　柚

橘柚（*Citrus×tangelo*）诞生于 1897 年，是一位柑橘种植商将蜜橘的花粉为葡萄柚的花授粉得到的。这种水果不像任何一个亲本，相反，它看上去像是一个大橙子顶端长了一个球形把手，整体像是一口钟——实际上，橘柚也经常被称作"蜜钟"（honeybell）。果肉有蜜橘的颜色和味道。橘柚的植物营养素含量（尤其是黄烷酮类 [flava-nones]）高于甜橙，因此它们是更健康的选择。它们还很多汁。

橘　子

橘子（mandarin，学名 *Citrus reticulate*）是一大类柑橘水果的统称，包括萨摩蜜柑（satsuma orange）、地中海橘子（Mediterra-nean mandarin）和蜜橘。该类群的所有果实都有易剥的果皮。蜜橘的果皮和果肉是橙红色的，而地中海橘子的颜色较浅。蜜橘的酸度低于大多数橙子，但种子很多。和橙子一样，橘子在成熟过程中变得更甜，酸度降低。一些种植商在它们未成熟时采摘，然后进行脱青。如果你买的是有机水果或者你是从小规模种植商那里购买的，就能确保它们没有经过脱青处理。美国农业部的有机食品标准禁止催熟，而小规模种植商也承担不起催熟的费用。如果一只有机橘子的果皮呈深橙色，那它一定是成熟的。萨摩蜜柑和克莱门氏橘（clementine）是没有种子的橘子。克莱门氏橘比蜜橘小，它们的果肉呈深橙色，富含 β-胡萝卜素。

保留橙子最有营养的部分

令人惊讶的是，橙子最有营养的部分不是果肉、果汁，也不是它颜色鲜艳的果皮。植物营养素最集中的地方是髓，即果皮下面的海绵状白色组织。髓的学名是白皮层（albedo）。白皮层富含果胶，还是黄烷酮类化合物集中的地方。然而它有淡淡的苦味，所以大多数人会把它丢掉。柑橘产业用机器剥皮，然后用化学处理的方式分解白皮层和内膜，让它们更容易去除，最后得到一只"裸露"的橙子。

吃掉白皮层对你的健康有好处。研究表明，保留一些白皮层的脐橙，每份的植物营养素含量为400毫克。去除所有白色组织之后，就只剩下100毫克了。下一次你剥橙子的时候，只要不影响口感和味道，就尽可能多地保留白皮层。

包裹果肉的膜对你也有好处。一些食谱建议你切开橙子的每一瓣并将膜丢弃。如果你把橙子切成小块，而不是分成单独的果瓣，这些膜几乎不会被注意到。

选择最好的橙汁

按照重量计算，美国人摄入的橙汁是完整橙子的 6 倍。直到大约 20 世纪 90 年代初，大多数人还在用冷冻浓缩汁制作橙汁。如今我们的选择多得令人眼花缭乱。我调查的一家超市拥有长达 15 英尺的橙汁区。纸盒、罐子和瓶子里装着各种各样的橙汁，标签上写着"鲜榨""浓缩汁制作""非浓缩汁制作"和"浓缩汁制作加钙"；还有"添加果肉"的橙汁、"低酸"橙汁，以及"添加维生素 C 和锌"的橙汁；某种橙汁的标签上写着"特级初榨"，另一种橙汁的标签上写的是"特级加维 C"；有趣的是，某个品牌的商业果汁上竟然赫然印着"家庭压榨"。

全球软饮巨头可口可乐公司和百事可乐公司占据了美国橙汁市场的 60%。可口可乐公司拥有的品牌包括美汁源（Minute Maid）和更新更贵的"简单橙"（Simply Orange）。百事可乐公司拥有纯果乐（Tropicana）和高端品牌"裸露果汁"（Naked Juice）。这两家公司的橙子和橙汁都来自美国本土和巴西。另一家更小的公司佛州鲜然（Florida's Natural）是一家种植商合作社，拥有大约 1000 家佛罗里达种植商，所以它的所有橙汁都来自佛罗里达的橙子。

当你购买橙汁时，你如何知道应该买哪一种？首先来看一些基础知识。和其他许多果汁相比，橙子保留了完整水果的更多营养价值，因为它没有经过那么多的精制过程。消费者都认为橙汁应该是不透明的，并且包含一些果肉。

某些品牌和类型的橙汁比其他橙汁更有营养。得克萨斯农工大学（Texas A&M University）的研究人员分析了他们从当地商店购买的 26 个不同品牌的橙汁。让所有人惊讶的是，与从未经过浓缩的橙汁相比，使用浓缩汁制作的橙汁的类黄酮平均含量高出 45%。他们还得到了另一个意想不到的发现。该研究涉及的一些最便宜的果汁，抗氧化剂含量却高于最昂贵的那些品牌的果汁。1 夸脱售价 4 美元的某高端品牌橙汁，植物营养素含量只有鲜为人知的"唐老鸭"（Donald Duck）品牌橙汁的一半，而后者的售价还不到 1 夸脱 2 美元。

许多人购买"非浓缩汁制作"的橙汁，是因为他们喜欢这种果汁的味道。然而，这种味道更有可能来自化学增味剂，而不是果汁本身。从未冷冻或浓缩过的橙汁会在数百万加仑的容器中储藏数周或数月，以满足全年的需求。橙汁中的氧气会被抽走，以避免变质或腐败，但这个过程会改变和稀释其风味。在装瓶之前，生产商会重新加入多种化学成分，以恢复橙汁的天然风味。如果在两种"非浓缩汁制作"的橙汁中，你喜欢一种超过另一种，那只是因为你更喜欢那种橙汁的专利添加剂配方。

"精品"（boutique）橙汁常常被装在 1 品脱容量的塑料瓶里出售，它在标准商业橙汁中脱颖而出，因为它是有机、新鲜压榨并经过巴氏消毒的橙汁。由奥德瓦拉（Odwalla，如今归可口可乐公司所有）和有机谷（Organic Valley）等公司出售，这种果汁会在压榨之后的数天或数周之内装瓶销售。由于周转迅速，它用不着去除氧气或者存放在储存罐里。也不需要添加增味剂，因为这种橙汁始终保持着自己的新鲜风味。一年当中的味道会有微弱的变化，因为会有不同品种的橙子收获上市。比较不同品牌，选择橙色最深、味道最新鲜的橙汁。橙汁的营养含量会因橙子品种的不同而发生变化。

无论你更喜欢哪种橙汁，含果肉或额外添加果肉的橙汁都比过滤橙汁对你更有好处。新研究发现，果肉中含有多种拥有抗氧化、抗菌、抗病毒、抗感染和抗过敏功效的植物营养素，例如柚皮素（naringenin）和橙皮苷。果肉应该在橙汁里。

最好的家庭压榨橙汁

味道最好、最有营养的橙汁是你在自己家榨出的橙汁——只要你选对品种。大多数商业橙汁用的是脐橙，以及不同比例的瓦伦西亚橙，后者可以起到加深颜色和增加甜味的作用。如果你用 100% 的瓦伦西亚橙制作橙汁，它的味道会很甜而且颜色鲜艳，还能给你更多植物营养素。如果你使用卡拉卡拉红肉脐橙、橘柚或血橙，做出的橙汁还会更鲜艳、更有营养。可以将不同种类的柑橘类水果混合搭配起来，创造出你自己的招牌混合橙汁。自己制作橙汁还有另一个营养学方面的好处：它不需要进行巴氏消毒。巴氏消毒法会降解橙汁中的部分植物营养素，让它们的功效降低 30% 之多。

粗略估计，两三个大橙子可以榨出大约 6 盎司橙汁。要想从橙子里榨出更多果汁，应该先将橙子用力压在柜台上滚动以弄破果瓣。将橙子切成两半，然后去籽。用压榨器、手压机或电动榨汁机将果汁挤出来。电动榨汁机榨出的果汁最多，而且含有更多髓。一些电动榨汁机有快速旋转档位，可以将果肉中的最后一滴果汁榨出来。不要过滤果汁。那些漂浮物和杂质比果汁本身含有更多植物营养素。将榨汁机中剩下的所有果肉重新加到橙汁中，并立即饮用橙汁。食品化学家发现，家庭压榨橙汁在冰箱里仅仅储存 24 小时，就会损失掉大部分香味和一半的抗氧化活性。

葡萄柚

　　直到 20 世纪初，所有的葡萄柚还都只有白色的果肉。后来，在 1905 年，佛罗里达州的一位葡萄柚种植商在自己一棵果树的树枝上发现了一些外表不寻常的葡萄柚。他将其中一个果实切开，看到了粉红色的果肉。长成那根树枝的芽发生过突变，创造出了颜色不一样的果实。他尝了一口，发现这种果实比白肉葡萄柚还甜。他从那根树枝上取下一个芽，进行无性繁殖，然后开始商业化生产粉肉葡萄柚。消费者对粉肉葡萄柚的喜爱大大超过了白肉葡萄柚。在不到十年的时间里，这个粉色突变的无性繁殖系就开始种植在佛罗里达和得克萨斯各地的柑橘园里了。

　　大约 25 年后，在得克萨斯，一棵结粉肉葡萄柚的果树又经历了一次自发突变，诞生了红肉葡萄柚。它被命名为'哈德逊粉'（Hudson Pink），不过这属于用词不当，因为它的果肉颜色更像是红色而不是粉色。这种新水果比粉肉葡萄柚更甜，深受消费者欢迎。得克萨斯州的柑橘育种者认为仍然有改良空间，于是在1959 年，得克萨斯农工大学金斯维尔柑橘中心（Kingsville Citrus Center）将数千粒'哈德逊粉'的种子送到布鲁克黑文国家实验室（Brookhaven National Laboratory）接受辐射处理，即按需突变。其中一粒受到辐射的种子长成的果树结出了'星红宝石'（Star Ruby）这个品种。这种果实的种子较少，而且果肉的红色比'哈德逊粉'更深。'星红宝石'的芽在 1963 年接受辐射后产生了'里约红'（Rio Red），它是所有红肉葡萄柚中果肉颜色最深的品种之一。这些意外和人为突变品种如今占据了整个美国市场。

纵观农业历史, 我们的许多或者说大部分育种努力都降低了我们的水果和蔬菜的营养含量, 但是与颜色较浅的葡萄柚相比, 深红色葡萄柚——来自一个接受过两次辐射处理的突变品种——的花青素含量更高, 总植物营养素更多。它们所含的丰富的花青素会对你的健康产生重大影响。1995 年, 一项为期 1 个月的葡萄柚研究项目招募了 57 名心脏病病人。所有病人都在不久前接受了心脏搭桥手术, 正处于恢复期, 并且对他们按处方服用的甘油三酯降低药没有反应。(高水平甘油三酯是与心脏病发作和中风相关的独立风险因素。) 这些病人被分成三组——第一组是对照组 (不吃葡萄柚), 第二组每天吃一个白肉葡萄柚, 第三组每天吃一个红肉葡萄柚。4 周后, 吃葡萄柚的两组病人的胆固醇水平都低于对照组, 但只有吃了红肉葡萄柚的病人的甘油三酯水平也降低了。

服用某些药物期间不能吃葡萄柚

摄入葡萄柚汁或新鲜葡萄柚会影响某些处方药和少数非处方药的药理作用。新研究发现, 在吃药数小时前或数小时后摄入这种水果或者它的果汁都会使进入你血液中的药物增加。这些增多的药物会加剧药物的副作用, 甚至会让你面临肝损伤和肾衰竭的风险。

已知受葡萄柚影响的药物包括一些降胆固醇、降血压、平复焦虑, 以及降低移植器官排异风险的药物。可以向医学专业人士询问上述以及其他危险的相互作用。

在杂货店选择最好的葡萄柚

和橙子一样，很多收获较早的葡萄柚也用乙烯脱青处理过。虽然这些水果符合法律条文对于"成熟"的定义，但是消费者希望看到黄色而不是绿色的果皮。12月之后收获的葡萄柚不太可能经过脱青处理，因为它们更接近真正的成熟。与经过脱青处理的半成熟葡萄柚相比，成熟葡萄柚更甜而且更有营养。

在选择葡萄柚时，寻找果皮光滑而且同等体积下果实较重的大果。（相对较轻的大葡萄柚果汁很少，而且会有很厚的皮。）果皮应该是紧绷的，按压时有回弹。不要购买有凹陷、擦伤、疤痕或柔软部位的葡萄柚。当白肉葡萄柚成熟时，它们的果皮是黄色的，而不是绿黄色的。完全成熟的红肉葡萄柚果皮会有一抹红晕。

如果你不喜欢白肉葡萄柚，那你可能是一名超级味觉者。这种水果的大部分苦味来自一种名为柚皮苷（naringin）的化合物。一个品种含有的柚皮苷越多，它的味道就越苦，超级味觉者就越不喜欢它。为了让葡萄柚吸引更多消费者，柑橘产业已经尽了最大努力通过育种消除这种化合物。与此同时，果汁制造商设计出了去除柚皮苷的复杂流程。最近，研究人员发现柚皮苷有降低低密度脂蛋白胆固醇水平和肿瘤生长速度的潜力。我们从食物中去除苦味的尝试或许又一次降低了我们对某些致命疾病的抵御能力。

柠檬和来檬

柠檬和来檬原产于中国南部山区和印度东北部山区。这两种水果的出身一直不明晰，直到2010年，一项DNA分析揭开了谜团。

现在我们知道，柠檬是香橼和酸橙的天然杂种。来檬是香橼和一种名为大翼橙（papeda）的相对未知的柑橘类水果的杂交后代。

至少在四千年前，柠檬和来檬就已经得到栽培了。公元前 4 世纪，它们被亚历山大大帝——还能是谁呢？——从波斯带到希腊。大约一千八百年后，克里斯托弗·哥伦布将它们的种子带到了海地，它们开始在那里旺盛地生长。到 16 世纪末，它们已经在佛罗里达以及南卡罗来纳的沿海地区站稳了脚跟。

如今，美国 90% 的柠檬都是在加利福尼亚州生产的。最常见的品种是'尤里卡'（Eureka）。梅尔柠檬（Meyer lemon，学名 *Citrus×meyeri*）并不是柠檬，而是柠檬与橘子或其他橙子品种的杂种。这种皮薄、酸度低的水果是在 1908 年引入美国的，但直到近些年被爱丽丝·沃特斯（Alice Waters）和其他先锋大厨重新发现之后，它们才变得广为人知。

美国已经根本不种植来檬了，因为它们容易感染亚洲柑橘溃疡病，一种可以摧毁柑橘果树的病害。现在美国市面上的来檬全部来自墨西哥。你在大多数商店见到的深绿色果实是波斯来檬（Persian lime，学名 *Citrus×latifolia*）。真正的来檬（Key lime，学名 *Citrus aurantifolia*）是圆的，大小差不多相当于一个高尔夫球。（来檬的英文名带有"Key"这个单词，是因为 1926 年的迈阿密飓风摧毁了佛罗里达州的大部分来檬果园，只有佛罗里达群岛 [Florida Keys] 上的果园幸免于难。）与波斯来檬相比，它们的香味更浓，味道更苦，而且更难找到。制作来檬派是这种水果最为人所知的用途，不过，如今大多数人都用瓶装果汁来做这种派了。

通常而言，我们不会直接吃柠檬和酸橙，或者喝它们的果汁，除非经过高度稀释并加糖调味。它们的果汁含有 5%~6% 的柠檬酸 —— 可以说是酸味满分，属于绝对让人龇牙咧嘴的级别。我们用它们的果汁和皮给食物调味或者用来保存食物。匈牙利科学家圣捷尔吉·阿尔伯特（Szent-Györgyi Albert）在 20 世纪初对柠檬和来檬进行了化学分析并从中发现了维生素 C。1937 年，圣捷尔吉因为发现这种重要维生素荣获诺贝尔生理学或医学奖。

恐怖而致命的坏血病就是由缺乏维生素 C 引起的。希波克拉底早在公元前 5 世纪就描述了这种疾病的症状。他记载道，这种疾病的主要特征是牙龈流血和严重内出血，会导致病人死亡。大约两千年后，当长途航海变得司空见惯，这种疾病就在无法接触新鲜水果和蔬菜的水手当中流行起来。据说，坏血病致使数以万计的人丧命，包括在 16 世纪和费迪南德·麦哲伦（Ferdinand Magellan）一起完成环球航行的队伍中最初上船的大部分船员。

在维生素 C 被发现的几百年前，人们就已经知道柑橘类水果可以预防坏血病了。1564 年，一位名叫博杜安·隆斯（Beaudouin Ronsse）的荷兰医生观察到，"从西班牙返航的途中，那些因为贪吃而被这种水果（橙子）新颖而浓郁的味道所吸引的水手，令人意想不到地免于遭到坏血病的侵扰"。然而，直到 230 年后，柠檬汁才被正式用于治疗坏血病。

像所有柑橘类水果一样，柠檬和来檬不只是维生素 C 的良好来源，它们还富含黄烷酮类化合物，这种物质可能拥有重要的抗氧化和抗癌功效。在对比各种水果抗癌活性的试管研究中，柠檬的抗癌活性名列第二，仅次于蔓越橘。柠檬还有助于保存其他食物中的植物营养素。一个鲜为人知的事实是，在泡绿茶之前，往你的茶杯或茶壶里挤一点柠檬汁，可以增加茶汤里植物营养素的含量，并提高你吸收这些植物营养素的能力。

选择和储存柠檬和来檬

在美国只能买到少数几种柠檬和来檬，而且它们之间几乎不存在营养学上的差异。你只需要选择最多汁、最新鲜的果实即可。新鲜、高品质的柠檬和来檬果实结实，但又不过于坚硬，而且果皮有光泽，没有柔软的部位。在同等尺寸下，最多汁的果实显得沉甸甸的。来檬和柠檬都是在未成熟时被收获的，以延长保存期限。果实收获时越成熟，就含有越多果汁。寻找果皮为深黄色且不带一丝绿色的柠檬。很少有人意识到成熟的来檬并不是绿色的，而是黄色的。商店里颜色最绿的来檬是最不成熟的，果汁含量最少。

所有类型的柑橘类水果都很容易长出青霉，这在很长一段时间里都是柑橘产业的烦恼之源。20 世纪 40 年代，食品科学家试验了一些保存果实的新方法，包括将果实浸在有毒的杀虫剂 2,4- 二氯苯氧乙酸（2,4-D）中。谢天谢地，这种做法已经在几十年前被取缔了。

和其他柑橘类水果一样，柠檬和来檬可以在室温下保存大约一周。如果你想将它们保存更长时间，应该放入冰箱冷藏。然而，即使放在冰箱里，它们的保鲜时间也不会超过两周。不要冷冻完整的柠檬，可以冷冻柠檬汁。冷冻可以使柠檬汁所含的植物营养素及其风味得以保留。你在自己家冷冻的柠檬汁，味道会比商店里出售的瓶装"新鲜"柠檬汁好得多。我建议你连柠檬皮一起冷冻。

购买有机柑橘类水果并且吃皮

按照同等重量计算，柑橘类水果果皮的植物营养素含量是果肉的许多倍。保健品公司一直在购买柑橘产业丢弃的果皮，把它们制造成富含抗氧化剂的高价保健品。你可以把自己买回家的果实的皮吃掉，省下这笔买保健品的钱。不过，除非你买的是有机水果，否则我不建议你吃它们的果皮。柑橘类水果的大部分杀虫剂残留都在果皮上。而清洗后的橙子仍然有16%~57%的农药留在果实表面或内部。

橙皮碎可以加入派、面包、蛋糕、腌泡汁、酱汁和色拉调味料中，作为一种别开生面的成分。它们还能为饼干、肉桂卷和布朗尼蛋糕增添一抹清爽的风味。把它们加到你的早餐水果奶昔里。当你将橙皮碎加到自制或商业色拉调味料中时，你增加的不只是风味，还有营养。还可以自己做橙子酱，多加一些橙皮；大多数商业橙子酱放了太多糖，而橙皮却放得太少。

你有柑橘刨皮器吗？刨皮器是一种廉价的手工工具，可以将橙皮有颜色的部位切削成短而薄的小条。不妨将颜色鲜艳、散发着香味的橙皮洒在色拉和蒸熟的蔬菜上。还可以将橙皮洒在巧克力蛋糕上，柠檬皮洒在苹果派上。胡萝卜蛋糕中也可以加入橙皮。

下面这道柠檬布丁的食谱使用了除了种子之外柠檬的所有部分。它是一道简单且滋味十足的甜点。由于存在细碎的柠檬皮，这道布丁没有柠檬蛋白霜派（lemon meringue pie）丝滑的口感，但其浓郁的柠檬风味十分宜人。我建议使用有机柠檬。

带柠檬皮的柠檬布丁

准备时间：15分钟

烹饪时间：约30分钟

总时间：约45分钟

分量：5份

1个大的或2个小的带皮柠檬，去籽并切成8块

1杯蜂蜜或1¼杯白砂糖

4个大鸡蛋

½杯（1块）加盐或不加盐的黄油，室温即可

1茶匙纯香草精华

¼杯切碎的核桃或美洲山核桃（可选）

将烤箱预热到160℃。拿出5个6盎司规格的耐热玻璃杯，在杯子内壁涂抹油脂。

将除了坚果之外的所有食材倒入食品料理机。用高档位搅拌6分钟。这是比较长的一段时间，所以用定时器确保你搅拌的时间足够长。其间将粘在内壁上的部分刮下来继续搅拌。混合物一开始是凝块状，但大约5分钟后就会变得柔滑。

将混合物倒入玻璃杯，放在烤箱中间的架子上。烘烤25分钟，然后检查熟了没有；如果布丁还没有凝固，就再烤5分钟，或者烤到凝固为止。从烤箱中取出，冷却。洒上坚果碎，趁温热食用，或者放到冰箱里冷藏30分钟或更久之后再食用。（布丁也可以提前做好，冷藏过夜。）

> 其他做法：将布丁混合料倒进全麦酥饼的壳（或者其他烤
> 好的馅饼面托里），烘烤30分钟或者烤到凝固为止。如果要
> 做柠檬布丁，应该用2~3个柠檬。用加了糖的椰蓉代替坚果酒
> 在布丁上。

下面推荐的大多数品种可以同时在大型超市、特产商店和农夫市场等买到，所以我将所有地点汇总到一起。我也没有给出柑橘类果树的具体种植指南，因为它们都只能生长在9~10号气候区。如果你生活在这些地区，你可以从当地农业技术推广员、果树苗圃、图书馆、园艺俱乐部等处获取详细的果树种植信息。

表15-1　柑橘类水果推荐类型和品种

超市、农夫市场、特产商店以及自采摘农场	
橙子	描述
血橙	血橙是一种小型橙子，果肉颜色如同深红色葡萄酒。味道酸甜均衡。橙色的果皮可能会有一抹紫晕。它们的抗氧化剂含量高于所有其他橙子品种。'摩洛'这个品种的花青素含量最高。供应旺季是1月到4月中旬。
卡拉卡拉红肉脐橙	卡拉卡拉红肉脐橙在部分大型超市和许多特产商店有售。它们是中等大小的橙子，果肉呈玫红色。它们的植物营养素含量是普通脐橙的2~3倍，而且味道更甜，酸度更低。旺季是12月至次年4月。
瓦伦西亚橙	瓦伦西亚橙是中等大小的多籽橙子，果皮薄，不易剥。果实比脐橙更甜、更多汁，是家庭压榨橙汁不错的选择。瓦伦西亚橙的植物营养素含量也更高。从2月到10月都可以买到，但旺季是5月到7月，正是美国的大部分其他种类的橙子已脱销或尚未上市的时候。

续表

超市、农夫市场、特产商店以及自采摘农场	
橙子	**描述**
华盛顿脐橙 （又称脐橙）	成熟的脐橙味道甜，酸度低，而且果皮和果肉都是深橙色。虽然其他品种更有营养，但脐橙富含维生素 C 和植物营养素，是超市里的最佳选择之一。新脐橙从 10 月起在商店出售，但 11 月后的脐橙更有可能是成熟的。
橘柚	**描述**
任何品种	橘柚比大多数橙子有营养，有蜜橘的浓郁味道和颜色。
橘子	**描述**
克莱门氏橘	克莱门氏橘是一种早熟橘子。没有籽，看上去与蜜橘相似，但是要更小一些。深橙色果肉富含 β - 胡萝卜素和其他植物营养素。
蜜橘	蜜橘是容易剥皮的小型柑橘类水果。味道甜，与大多数橙子相比酸度较低，味道更浓。它们的 β - 胡萝卜素含量也更高。
葡萄柚	**描述**
白肉品种	白肉葡萄柚品种比粉肉和红肉品种更苦，而且植物营养素含量也较低。不过它们仍然有降低低密度脂蛋白胆固醇以及阻碍几种人类癌症细胞生长的作用。
粉肉品种	粉肉葡萄柚比白肉葡萄柚甜，而且抗氧化价值稍高。
红肉品种	红肉葡萄柚是所有葡萄柚中番茄红素和总植物营养素含量最高的。红色越深，果实的健康益处越大。按照营养含量排序，最有营养的品种依次是'里约之星'（Rio Star）、'星红宝石''里约红'和'宝石红'（Ruby Red）。12 月以后收获的葡萄柚较不可能是用乙烯催熟的。

柑橘类水果：要点总结

1. 脐橙既受欢迎又有营养。

选择果皮和果肉为深橙色的大个脐橙。如果所有摆出来的脐橙都呈现出同样均匀的深橙色，就选择你看到的最大的脐橙。吃掉包裹果肉的膜，以获得更多营养。如果你将橙子切开，而不是分成独立的瓣，这些膜就不容易被察觉。

2.选择果肉颜色最鲜艳的柑橘类水果。

果肉的颜色越深，果实中的植物营养素含量就越高。果肉颜色格外鲜艳的品种包括卡拉卡拉红肉脐橙、血橙、瓦伦西亚橙、橘子和橘柚。

3.红肉和粉肉葡萄柚的植物营养素含量高于白肉葡萄柚。

与白肉葡萄柚相比，红肉和粉肉葡萄柚的味道更甜，而且对你的身体更好。经常吃红肉葡萄柚可以降低你的低密度脂蛋白胆固醇和甘油三酯。红色最深的果实所含的植物营养素最多。

4.选择最有营养的橙汁。

与不含果肉的浅色橙汁相比，含果肉的深橙色橙汁会提供更多营养。某些廉价橙汁（包括使用浓缩汁调配而成的橙汁）可能比高端品牌橙汁含有更多的植物营养素。经过快速巴氏消毒的有机橙汁是最有滋味的。使用瓦伦西亚橙、卡拉卡拉红肉脐橙或血橙制作的橙汁比使用普通脐橙制作的橙汁更有营养。自己在家榨汁时也使用这些品种。榨出的橙汁要在数小时之内喝完，才能得到最多的健康益处和最好的味道。

5.选择完全成熟的柠檬和来檬。

大多数柠檬和来檬是在成熟前收获并出售的。完全成熟的果实拥有最多果汁。选择外表为黄色、不带一丝绿色的柠檬。完全成熟的来檬也会开始变黄。值得购买的柠檬和来檬，果皮应该有光泽，而且在同等尺寸下，果实应该是沉甸甸的。

6.正确地储存柑橘类水果。

柑橘类水果可以在厨房柜台上放一周，但是，如果要储存更长时间，应该放到冰箱里冷藏起来。不要装在塑料袋里储藏，这样做会诱发霉斑。如果你的水果非常多，可以榨成果汁并将果皮搓碎，然后冷冻起来。

第16章

热带水果
充分利用全球化饮食

图 现代香蕉和野生香蕉

得益于贸易全球化，我们现在可以在全年365天买到热带水果。在美国，最受欢迎的进口水果是香蕉、菠萝和番木瓜。它们来自数千英里之外。例如，在堪萨斯城出售的香蕉大部分来自南边2000英里之外的厄瓜多尔。曼哈顿水果市场的菠萝是从哥斯达黎加或夏威夷运来的。我们的大多数番木瓜是从墨西哥或夏威夷运到我们身边来的。当我们吃热带水果时，我们是在享用全球化饮食，而不是本地饮食，我们让这些异域水果经历了数千英里的运输，并燃烧掉了大量的不可再生能源。而且最受我们欢迎的热带水果，其营养价值也显著低于在美国本土种植的大部分水果。不过，如果我们选择热带进口水果中最有营养的类型和品种，我们就能消除它们的这个缺点，增加我们获取最大健康益处的机会。

香　蕉

美国人吃的香蕉比其他任何水果都多——多于苹果和橙子的总和。我们每年要进口两千万吨才能满足需求。目前最受欢迎的品种是'卡文迪什'，这种黄色的长手指状香蕉是大多数美国超市唯一供应的品种。

香蕉原产于亚洲东南部。在野外，香蕉有数千个品种而不只是寥寥几个品种。有圆香蕉、粗短的香蕉、两英尺长的香蕉，以及 1 英寸长的小香蕉。一簇香蕉可以有 5~1000 个单果。果皮可以呈红色、黑色、绿色、粉色、紫色，或者绿色带白色条纹。许多野生香蕉都充满了大而坚硬的种子。一些种子非常大，有些人会把它们串在一起，当作项链戴在身上。野生香蕉中有极少量可食用的种类，果肉可能是红色、赭石色、白色或黄色的，但通常含有大量淀粉，口感很干。你绝对不会用野生香蕉喂婴儿，或者将它们加到你的早餐麦片里。

我们的东南亚先民早在公元前 6000 年就开始驯化香蕉了，让它成为第一批得到驯化的水果之一。早期农民播种香蕉的种子，或者用地下根抽出的茎秆扦插生根，进行无性繁殖。经过一代又一代的栽培，精心选育让栽培香蕉变得更适合人类的口味。

我们可以推想，在某一时刻，有人偶然发现了一丛香蕉，它的果实发生了突变，几乎没有种子。种子退化成了一列柔软的黑色微粒，排列在果实的中央。这些种子没有生活力，所以只能用扦插的方式繁殖这种香蕉，所幸扦插繁殖并不困难。将插条插入湿润的土壤，两年之内它们就会长出新根，开枝散叶，开花，结出和原来一模一样的无籽香蕉。携带一些插条来往于不同聚居点是很容易的，所以不久之后，无籽香蕉就扩散到了整个热带和亚热带地区。最初的这种无籽香蕉成了我们所有现代香蕉的样板。

据估计，今天全世界种植的无籽香蕉一共有一万两千个品种。它们主要分为两大类：（1）富含淀粉的香蕉（学名为 *Musa×para-disiaca*），叫作大蕉（plantain）或烹饪香蕉；以及（2）甜香蕉，又称甜点香蕉，如甘蕉（*Musa sapientum*）和香蕉（*Musa nana*）。从遗传背景上看，它们之间的差异非常小，但味道和口感方面的差异极大。大蕉是全世界大约两千万人碳水化合物的主要来源。通常而言，大蕉是在果皮还是绿色时被采摘的，人们会用刀削去皮，然后蒸、烤或炸。在某些贫困国家，部分成年人每年食用超过 800 磅大蕉；他们不只是喜欢这种水果，他们靠它维生。很少有美国人吃大蕉。在完全成熟之前，它们的果肉又干又涩。第一次吃到大蕉的时候，我吐了出来。和大多数人一样，我喜欢我们柔软且甜的'卡文迪什'蕉。

亚洲国家的人不但吃大蕉，还吃数百个品种的甜香蕉。大多数品种的 β-胡萝卜素含量至少是'卡文迪什'的 10 倍。来自密克罗尼西亚、果肉为橙色的雅蒲蕉（uht en yap），其 β-胡萝卜素含量更是'卡文迪什'的 275 倍（参见图 16-1）。

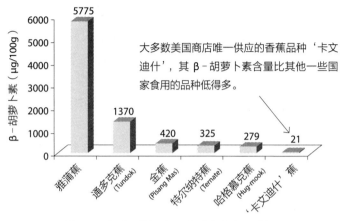

图16-1 部分香蕉品种β-胡萝卜素含量对比图

　　除了β-胡萝卜素含量低，'卡文迪什'蕉的总抗氧化价值也低于我们的几乎所有水果，只有瓜类以及另外两种进口热带水果番木瓜和菠萝是例外。而且它还富含消化吸收非常迅速的淀粉。这种香蕉越成熟，对你的血糖造成的影响就越大。一只成熟的'卡文迪什'蕉，其血糖负荷指数是12，而草莓只有1。

　　'卡文迪什'蕉在20世纪50年代开始占据美国市场，这件事发生在'大迈克'（Gros Michel，或Big Mike）蕉遭遇重大损失之后。'大迈克'是20世纪上半叶最受欢迎的品种。一场真菌病害毁灭了10万英亩的香蕉田，从此以后，'大迈克'就消失了。种植园重新种上了'卡文迪什'，一个对这种真菌病害的抗性更强的物种。至于'大迈克'，根据那些还记得它味道的人所言，它的味道比'卡文迪什'更浓郁。

　　'卡文迪什'蕉当然有自己的营养价值。一个中等大小的'卡文迪什'蕉可提供3.5克可溶性纤维素。虽然它在钾元素含量最丰富的水果中排不上前十，但其钾元素含量仍然很高。这种水果的另一个优点是价格低廉，而且可以在所有杂货店买到——即使是只有两条过道的便利店。

'卡文迪什'之外

'卡文迪什'之外还有什么香蕉？这个问题值得探究一番。较不常见的香蕉品种有令人陶醉的花朵香气、更浓郁的味道，以及苹果、梨、番木瓜、香子兰（香草）、小豆蔻和柠檬的余味。它们还更有营养。果肉的颜色是关键。果肉的颜色越深越鲜艳，对你的身体就越好。

还有另一个理由值得我们开始拓展香蕉世界的疆域。独霸美国的'卡文迪什'容易感染一种名为"热带4号"（Tropical Race Four）的恶性真菌。它已经摧毁了东南亚和澳大利亚大量的香蕉种植园，同样也能摧毁西半球的香蕉田。目前这种病害尚无有效的治疗方法，所以深受我们喜爱的'卡文迪什'很有可能步'大迈克'的后尘。香蕉研究专家鉴定出了许多对"热带4号"有抗性而且滋味浓郁的品种，但它们的味道和外表都不像'卡文迪什'。科学家们担心美国公众对特定无性繁殖系的忠诚度过高，会拒绝这些抗性更强的新品种。

下次购买香蕉时不要只认准'卡文迪什'。在大型超市，你还可以找到红香蕉，它的果皮为红色，果实短而粗。等到果实可以吃的时候，果皮几乎会变成黑色，让它看起来像是过于成熟的微型'卡文迪什'蕉。当你剥开红香蕉的香蕉皮，你会看到鲑鱼肉色、肥厚多汁的果肉，其中富含类胡萝卜素和维生素C。咬上一口，看看你是否能尝出一抹香草味。如果你家中有幼童，不妨考虑在食谱中加入红香蕉。对于你的孩子而言，这种香蕉的大小刚刚好，还能为他们提供更多营养。某些超市供应 3 英寸长的迷你香蕉（baby banana，或称 ninõ），即皇帝蕉（英文品种名为 Lady Finger）。这个黄皮品种的果肉，其类胡萝卜素含量也高于'卡文迪什'。

储存香蕉

香蕉是在未成熟且果皮为深绿色时被采摘和运输的。与柑橘类水果不同，它们会在收获后成熟，通常是在乙烯的帮助下成熟的，这种气体会将香蕉果皮变成黄色，将坚硬、淀粉感强烈的果肉变成柔软的"甜点"。如果你买的是绿香蕉，你可以将它们储存在室温下直到成熟，这需要大约一周的时间。要想加速这个过程，就将绿香蕉和一只苹果一起放入纸袋，因为苹果会天然制造乙烯。将成熟香蕉放在冰箱里以防止变质。虽然这样做它们的皮会变成褐色，但是和放在厨房柜台上相比，果肉的可食用期限会延长几天。然而，不要将绿香蕉放在冰箱里，因为低温会中断催熟过程。即使这些香蕉重新回到室温，它们也很有可能继续保持绿色和多淀粉的状态。这种热带水果就是不喜欢冷。

菠 萝

菠萝是我们的第二受欢迎的热带水果。和香蕉一样，它们的含糖量也相对较高，而植物营养素含量则相对较低。它们和野生菠萝差异巨大，后者果实苦而多籽，长着许多带刺的叶片以抵御捕食者。这些不良性状促使古代农民培育更加宜人的品种。他们成功了。根据沃尔特·雷利爵士的记载，到 1595 年时，就已经有更宜人的果实种植在如今的委内瑞拉了。就是在这一年，雷利沿着奥里诺科河（Orinoco River）逆流而上，遇到了来自迈普里（Maipure）部落的男男女女，他们都带着装满菠萝的篮子。从雷利的描述中可以看出，这些菠萝很像'卡宴'（Cayenne），如今主导着美国乃至全球市场的品种。若真是如此，我们今天的菠萝就是至少拥有 400 年历史的传统品种。

第一种挑战'卡宴'世界霸主地位的菠萝是一群夏威夷菠萝种植商在 20 世纪 90 年代培育的。这些种植商使用的繁育亲本中包括 20 世纪 30 年代从南美洲和非洲的丛林里采集的菠萝。经过几十年的杂交和回交，一个杂种结出了更加令人注目的菠萝。这种菠萝的代号是"MD-2"，与'卡宴'相比味道更甜，酸度更低。它的外表也更好看，果皮是金黄色的，而不像'卡宴'的果皮那样黄色中混合着绿色，而果肉也呈颜色更深的金色。

德尔蒙特公司（Del Monte）开始种植和评测"MD-2"，衡量其商业潜力。它的首次消费者尝味测试结果令人振奋。在盲品测试中，消费者按照随机顺序连续品尝传统'卡宴'菠萝和新的超甜菠萝的果肉。69% 的测试者更喜欢新品种。这个数字足以让德尔蒙特公司采取行动。1996 年，新品种被命名为'德尔蒙特黄金超甜'（Del Monte Gold Extra Sweet）并投放市场。尽管这种新菠萝的售价比'卡宴'贵 50%，销售量仍然迅速飙升，每年都在上涨。到 2002 年时，这家公司的菠萝销售额已经翻了一番。也是在这一年，一个国际食品生产商委员会将超甜菠萝评选为全世界最有价值的新水果品种之一。

为了维持自己对这个新品种的垄断地位，德尔蒙特公司打了10 年的官司。虽然这家公司在价值 3 亿美元的集体诉讼中胜诉，但一位联邦法官仍然判决其他热带水果公司可以免费使用其他品种名销售"MD-2"菠萝。市面上的两个竞争品牌分别是'夏威夷黄金'（Hawaii Gold）和'毛伊黄金'（Maui Gold）。再加上'德尔蒙特黄金超甜'，所有这三个品种都来自同一个遗传繁殖群。

在超市选择最好的菠萝

当你在大多数大型超市选购菠萝时，你会看到传统的'卡宴'菠萝以及至少一个超甜新品种。颇为矛盾的是，味道更甜的菠萝是更健康的选择。虽然它们的含糖量比'卡宴'高 25%，但二者的升糖指数是一样的。另外，与'卡宴'相比，"MD-2"的克隆还含有135% 的 β - 胡萝卜素和 350% 的维生素 C。一份果肉就能提供每日推荐量 95% 的维生素 C，是非常好的维生素 C 来源。

一旦决定了购买哪个品种，接下来只要选出最新鲜的菠萝就行了。菠萝是成熟后才收获的，而且一旦被采摘下来，就不会再继续成熟了。如果储存时间过久，它们就会开始变质。要想选出最新鲜的菠萝，应该看果实顶部的叶片，寻找叶片为深绿色且没有褪色或褐化迹象的菠萝。如果你可以将叶片从顶部拔下来，它大概已经过了最佳状态。把菠萝带回家后，应立即食用或者储藏在冰箱里不超过 4 天。菠萝不耐储藏。

番木瓜

咬一口成熟的番木瓜，它会像冰淇淋一样顺滑地滑过你的喉咙。作为第一批品尝番木瓜的欧洲人之一，克里斯托弗·哥伦布将它称为"天使之果"。美国消费者同样被这种天使般的水果迷住了。如今，美国进口番木瓜的数量在全世界排名第一。

番木瓜（*Carica papaya*）起源自美洲的热带森林。野生番木瓜树至今仍在由火灾、树木倾倒或伐木造成的林冠间隙中旺盛地生长。据信，首次驯化这种水果的是生活在墨西哥南部和中美洲的人。

现代番木瓜品种大小不一，小的只有梨子大，大的像足球一样大。果肉可能是红色、绿色、黄色、橙色、粉橙色或粉色的。'梭罗'（Solo）是美国超市里最常见的品种。它的形状有些像梨子，重量刚刚超过 1 磅。果肉呈金黄色。某些超市现在供应一种更大的番木瓜，它有四个名字——'加勒比红'（Caribbean Red）、'加勒比日出'（Caribbean Sunrise）、'墨西哥人'（Mexican）和'马拉多'（Maradol）。这种番木瓜种植在墨西哥和中美洲，形状像一个切去顶端的橄榄球，重达 2~5 磅。这种红肉番木瓜的类胡萝卜素含量是黄肉品种'梭罗'的两倍。它的单价也更低。

"我愿意吃更多番木瓜，"我的一个朋友说，"只要我知道怎样挑选好的番木瓜。"颜色是成熟度最重要的线索。成熟的番木瓜多半是黄色或橙黄色的。按压番木瓜较圆的一端，会稍有弹性，但果柄一端应该是坚硬的而不是柔软的。半成熟的番木瓜成熟的速度非常快。如果果皮颜色是黄绿各半的，那它在室温条件下只需要 2~4 天就能成熟。如果四分之三是黄色，四分之一是绿色，那它会在一两天内达到可食用状态。果皮上的棕色"斑点"不会减损果实的味道，降低它的品质。番木瓜一旦成熟，你就可以将它储存在冰箱里长达3天。

　　食用番木瓜的一种传统方法是削皮后将果肉切片或切块，然后淋一些柠檬汁。若想增添一抹墨西哥风味，可以添加少许辣椒粉并撒上一点切碎的芫荽。若要制作一道美妙的夏日甜点，可以将果实切成两半，挖出种子，然后填上冰淇淋或冰冻果子露。将切片番木瓜加入水果色拉和你的早餐奶昔中。

芒　果

　　很多美国人从未吃过芒果（*Mangifera indica*），但是在世界上的其他地方，它们被称为水果之王。实际上，在全世界范围内，芒果的消费量是苹果的10倍。销量巨大的原因是，这种水果是全世界许多人口稠密地区的主要水果——中国、印度、东南亚和拉丁美洲。美国人应该更好地了解这种水果。成熟的芒果可以像桃子一样甜且柔滑。绿芒果是南亚菜肴的传统食材，为汤、莎莎酱、色拉和酱汁增添一抹酸味。这种水果还能提供营养方面的回报。芒果的维生素C含量是橙子的5倍，纤维素含量是菠萝的5倍，还有大量植物营养素。

　　就像桃和油桃一样，果皮颜色并不是判断芒果成熟度的良好指标。某些品种在果肉仍然坚硬时也会有红晕，而另一些品种在可以食用时仍然全部是绿色的。它们的香味是更好的指标。成熟的芒果应该有芒果独特的香味，没有一丝氨的气味，那是果实过熟的迹象。它们的结实程度是另一个指标。当你用手掌轻轻按压果实时，它应该稍有弹性。芒果是一种采摘后可以在室温下成熟的水果。如果你将半成熟的果实带回家，可以将它们与一只苹果或一只香蕉一起放入纸袋，以加快其成熟过程。

果实一旦成熟，就可以储存在冰箱的保鲜抽屉里，使其保持多汁状态并防止过熟。芒果有数千个栽培品种，但美国超市只供应寥寥数个。想要吃到更多品种，应在东南亚或拉美特色市场购买。无论你选择的是哪种芒果，它们都会比香蕉、菠萝或番木瓜更有营养。

番石榴

最流行的理论是，我们的现代番石榴（*Psidium guajava*）的野生祖先原产于墨西哥南部或中美洲北部。这种野生水果小而多籽，味道酸。它们长 2~4 英寸，呈球形、卵形或梨形。大多数品种有薄薄的黄色果皮。

在美国，番石榴的产区位于夏威夷、佛罗里达、得克萨斯和加利福尼亚。虽然这种水果已经被改造得符合我们现代的口味了，但它比我们包括芒果在内的大多数其他热带水果更有营养。红肉番石榴的抗氧化能力指数比白肉番石榴高 60%，但白肉番石榴仍是富含营养的水果。实际上，白肉番石榴的抗氧化活性是成熟红肉番木瓜的两倍。此外，一杯切成片的番石榴含有 9 克纤维素，而血糖负荷指数只有 5。维生素含量是一只橙子的 4 倍，而总热量只有 50 卡路里。

新鲜番石榴在生产它们的州是最容易找到的。要想买到成熟的番石榴，应该寻找用手掌按压时稍有弹性的果实。它应该没有柔软部位、凹陷和疤痕。如果果实仍然是绿色的，那就将它放在厨房柜台上直到成熟。成熟番石榴可以在冰箱的保鲜抽屉里储存 3~4 天。

番石榴汁在大型超市、特产商店、拉美市场和在线购物平台上都有供应。红色番石榴汁含有的植物营养素最多。你可以直接喝或者添加到混合型果汁（fruit punch）中。将红色番石榴汁和伏特加、一点来檬汁以及新鲜薄荷混在一起，就可以做出漂亮的鸡尾酒。为健康干杯！

冷冻番石榴果泥在许多拉美市场有售。可以将它加入到奶昔中，或者在制作冰淇淋、奶者或冰冻果子露时用它代替其他果泥。在网上，你能找到制作番石榴派、蛋糕、布丁、酱汁、冰淇淋、果酱、黄油、橘子酱、调味酱、酸辣酱、番茄酱，甚至番石榴焦糖布丁的配方。

促进热带水果的公平贸易

数百年前，热带水果的生产和社会不公总是紧密联系在一起。这种联系直到今天还在延续。我们大多数人习以为常的工作条件——安全的工作场所、每周 40 小时的工作时间、加班工资，以及完备的卫浴设施——在热带水果产业里实际上并不常见。大多数热带水果作物每年会喷洒十几次杀虫剂，让工人经常暴露在有毒的化学物质之中。

还有另一种选择。发达国家和发展中国家的人们正齐心协力，促进热带水果的"公平贸易"（fair trade）。这种水果是在对环境危害更小，对工人和小规模种植商更公平的条件下生产的。一些最新最好的种植园是工人所有的。你可以在某些农夫市场和特产商店购买在公平贸易准则下生产的热带水果。如果你找不到当地资源，就在网上搜索。在公平贸易准则下生产的水果更贵，但你多付的钱将有助于保护生态系统，改善田间工人的生活。

表 16-1　热带水果推荐品种

在超市	
香蕉	**描述**
迷你香蕉 （又称皇帝蕉）	与'卡文迪什'相比，皇帝蕉拥有 3 倍的维生素 C 含量，还含有更多维生素 A、钾、钙、镁、锰和锌。它们在某些大型超市有售。
红香蕉 （又称红手指香蕉）	红手指香蕉像'卡文迪什'一样味道甜且口感柔滑，但它们含有更多维生素 C 和类胡萝卜素。果实可以吃的时候，果皮呈深洋红色并有棕色条纹。可以加入早餐奶昔或水果色拉中。
'布罗'（Burro）	在这种粗短饱满的香蕉成熟到果肉呈黄色时，味道最好。
菠萝	**描述**
金黄色，超甜品种	非常甜的金色菠萝是以多个品种名销售的，包括'德尔蒙特黄金超甜''夏威夷黄金'和'毛伊黄金'。与传统品种'卡宴'相比，它们更甜，β-胡萝卜素含量更高。
番木瓜	**描述**
'加勒比红'（又称'加勒比日出''墨西哥人'和'马拉多'）	这种超大番木瓜可能重达 2~5 磅。它的红色果肉所含的类胡萝卜素和番茄红素是更常见的黄肉品种的两倍。它的价也更低。这种番木瓜大多数种植在墨西哥和中美洲。
'梭罗'	'梭罗'是美国市场上最常见的番木瓜品种。富含维生素 C，但是类胡萝卜素和番茄红素含量低于'加勒比红'。
芒果	**描述**
'阿道夫'（Ataulfo）、'哈登'（Haden）、'弗朗西斯'（Francis）和'乌巴'（Uba）	所有的芒果品种都比香蕉、菠萝和番木瓜更有营养，而这 4 个品种是在美国出售的最有营养的品种。2010 年的一项研究表明，'阿道夫'和'哈登'拥有最好的抗癌功效。
番石榴	**描述**
红色或粉色番石榴	番石榴是美国超市里最有营养的热带水果。红肉和粉肉番石榴比白肉番石榴对你的健康更有益。番石榴的纤维素含量高，血糖负荷低。寻找红番石榴汁和冷冻番石榴果泥。如果你在超市里找不到番石榴，可以去民族特色市场购买。

拉美、夏威夷和亚洲特色市场	
香蕉	描述
'巴西侏儒'（Brazilian Dwarf 或 Dwarf Brazilian）	'巴西侏儒'的维生素 C、叶黄素、β-胡萝卜素和 α-胡萝卜素含量非常高。
夏威夷品种	夏威夷种植了超过 50 个不同的香蕉品种。如果你生活在夏威夷或者在那里度假，不妨了解一下这些令人愉悦的水果。果肉色素含量最高的香蕉是最有营养的。
番木瓜	描述
'彩虹'（Rainbow）	拥有橙红色果肉，是夏威夷种植的最重要的番木瓜。它经过基因改造，拥有了对环斑病毒的抗性。
'日出'（Sunrise）	拥有红橙色果肉，这使得它含有高水平的番茄红素、β-胡萝卜素及一种名为 β-隐黄素（beta-cryptoxanthin）的相关类胡萝卜素。它也经过了基因改造，拥有了对环斑病毒的抗性。

热带水果：要点总结

1.香蕉的含糖量相对较高，植物营养素含量相对较低。

'卡文迪什'蕉是美国最受欢迎的热带水果。它的植物营养素含量低于除瓜类、番木瓜和菠萝之外的几乎所有水果，而且血糖负荷指数相对较高。不过，'卡文迪什'蕉的确能提供一些纤维素，而且是钾的良好来源。果实一旦完全成熟，就可以储存在冰箱里，以延长其可食用期限。果肉为彩色的香蕉比'卡文迪什'蕉更有营养。

2.菠萝的超甜品种比传统品种更有营养。

我们销售最广泛的菠萝品种'卡宴'，其血糖负荷指数中等，但是植物营养素含量相对较低。更甜、金黄色更纯正的品种含有更

多 β-胡萝卜素和维生素 C。菠萝是在成熟时收获的，所以要选择你能找到的最新鲜的果实。新鲜菠萝的顶部长着深绿色叶片，没有褪色或褐化的迹象。

3.番木瓜在美国越来越受欢迎。

番木瓜的血糖负荷指数是 3，而且是维生素 C 的良好来源。红肉番木瓜比黄肉番木瓜更有营养，而且开始出现在更多超市里。番木瓜的成熟过程可以在你自己家的厨房柜台上完成。成熟后立即食用，也可以放在冰箱里冷藏几天。

4.美国人应该食用更多芒果。

芒果的维生素 C 含量是橙子的 5 倍，纤维素含量是菠萝的 5 倍，血糖负荷指数中等。果肉为深橙色的芒果会给你额外的植物营养素。

5.番石榴是美国最有营养的热带水果之一。

番石榴比香蕉、菠萝、番木瓜和芒果更有营养。红肉番石榴是最有营养的，但即便是白肉品种，也具有重要的健康益处。食用新鲜番石榴，饮用番石榴汁。番石榴果泥可以在拉美特色市场买到，可以用来制作奶昔和冰淇淋、冰冻果子露、布丁、酸辣酱、调味酱和果酱。

第17章

瓜
滋味清爽，营养单薄

■ 现代瓜类和野生瓜类

对于许多人而言，瓜免不了和夏天联系在一起。当我吃到一块美味的罗马甜瓜时，我的思绪总是会回到那些温暖的夏日早晨，仿佛又在跟我的父母和四个兄弟姐妹一起坐在露台上吃早餐。罗马甜瓜是我们最喜欢的水果。我父亲会在甜瓜上撒一点盐，说这样做会让它更甜。（科学研究证实了这一点。）我母亲用刀将罗马甜瓜切成小块，用叉子吃。我们五个孩子不用盐也不用叉子，直接用勺子挖着吃。在闷热的夏季夜晚，我们强烈要求吃切成几牙并在上面堆着香草冰淇淋的罗马甜瓜。我仍然记得冰淇淋融化并沿着甜瓜两侧流下来的样子。

夏季出售的瓜，大部分是在美国本土种植的；但是在春天、秋天和冬天，它们是从其他国家进口的。2010年，美国进口了价值4.78亿美元的瓜，它们大部分来自墨西哥。其余的来自危地马拉、哥斯达黎加和洪都拉斯。我们平均每人每年吃26磅瓜，这让它们在我们最喜欢的水果排行榜上名列前茅。实际上，如果将所有瓜的数据汇总在一起, 它们的总消费量仅次于香蕉。

瓜的含水量大约为 95%, 所以无论它们含有什么营养成分, 都被大大稀释了。这是它们的植物营养素含量低于几乎其他所有水果的原因之一。然而, 它们仍然是清爽多汁、低卡路里的美味水果, 能够提供相当多的维生素 C。如果你知道应该寻找什么品种, 你还能额外多获得一些植物营养素。

西 瓜

西瓜的祖先野生西瓜（*Citrullus lanatus* var. *tsamma*）原产南非。它的果肉是白绿色的, 酸且发干, 有硕大的棕色种子。最大的品种直径约 8 英寸。栩栩如生的栽培西瓜图案曾被发现于拥有四五千年历史的埃及象形文字中, 所以, 我们知道西瓜至少在四千年前就已经被人类驯化了。

如今, 野生西瓜是卡拉哈迪沙漠原住民的"植物水壶"。他们用棍子在果实顶部戳一个孔, 然后搅动棍子, 将果肉弄烂。之后, 他们把瓜竖起来, 喝掉搅烂的果浆。就在几年前, 在我生活的岛上, 有一些人会在每年 7 月 4 日[①]进行与之类似的传统活动。他们也在西瓜上戳出孔来, 但之后稍有不同: 他们将威士忌倒进孔里, 用吸管饮用酒精含量很高的果汁。

在西瓜的驯化过程中, 出现了一个红肉突变种。与白肉品种相比, 红肉西瓜更受喜爱, 很快就成了最流行的品种。我们现在知道, 红色来源于番茄红素。果肉为深红色的西瓜是这种植物营养素

① 美国国庆日。——译者注

的最佳来源之一。实际上,按照同等重量计算,某些西瓜品种的番茄红素含量比成熟西红柿还高。

和大多数被驯化的水果一样,西瓜在千百年的时间里变得更甜了。这种趋势在过去的一百年里仍在继续。大多数古老品种的含糖量是 8%~10%,最甜的杂交品种接近 14%。我们还去掉了西瓜的种子。这要归功于一位日本科学家,他发现 —— 尽管看上去或许很奇怪 —— 从番红花中提炼出来的一种化学物质会改变西瓜的 DNA。这种改变消除了西瓜的种子。第一批无籽西瓜是外表怪异的水果。然而,当这些经过实验改造的西瓜与传统西瓜杂交之后,它们的后代不但是无籽的,而且还有正常的外表和味道。即使价格更高,无籽西瓜如今仍然在全球市场占据了 50% 的份额。

在超市购买西瓜

最有营养且最美味的西瓜是完全成熟的,并且有深红色的果肉。红色成熟西瓜的番茄红素含量可以达到半熟粉色西瓜的 3 倍。它的味道还更浓郁、更甜。如何判断西瓜是否成熟呢?寻找表面开始失去光泽的西瓜,然后检查西瓜与土壤接触的部位,成熟西瓜应该是黄色的,而不是绿色或白色的。当你轻轻拍打西瓜时,应该能听到中空的回响,而不是简单的击打声音。

不过,挑选成熟西瓜最简单明了的方法,还是购买已经切成两半、四分之一个或者切成牙的西瓜。通过这种方式,你一眼就能看出果肉的颜色。这些切开的部分和整个西瓜一样新鲜,因为它们是在商店里切开的。然而,切成方块并装进塑料盒里的西瓜没有那么新鲜。它们是在距离遥远的加工厂里切块的。

近些年来，小型西瓜开始出现在市场上。它们重约两磅——
对一两个人而言是理想的大小。有趣的是，它们的番茄红素含量
高于大多数更大的西瓜。一些大型传统品种如'黑钻石'（Black
Diamond），其番茄红素含量只有小型西瓜的三分之一。一个例外
是'迪克西·李'（Dixie Lee），它不但是有深红色果肉的传统品
种，还是番茄红素的良好来源。

西瓜是在收获后抗氧化活性有所提高的极少数食物之一——
只要你别把它们放进冰箱里。把西瓜放在柜台上几天，它的番茄红
素会增加50%。吃之前冷藏一下，就能享受到凉爽的美味。

西瓜在夏季日间温度21~32℃、夜间温度保持在16℃以上的地
区生长得最好。如果你想在更冷的地区种植西瓜，应在室内或温室播
种发芽，然后等到土壤温度上升到16℃以上再将它们移栽室外。

罗马甜瓜

罗马甜瓜（*Cucumis melo* var. *cantalupensis*）的受欢迎程度仅次
于西瓜。平均而言，每个美国成年人每年消费11磅罗马甜瓜。由
于消费者更喜欢含糖量高的甜瓜，植物育种者最近一些年培育出了超
甜品种。遗传操纵是目前正在研究的增加含糖量的技术之一。再过一
些年，我们就能在市场上看到转基因的超甜品种了。

与此同时，如果你想找到味道甜而且营养丰富的品种，那就选
择果肉为深橙色的罗马甜瓜，这种颜色说明它们含有丰富的总类胡
萝卜素。在食品杂货店里确定果肉颜色的唯一方法是购买切成四分
之一个或两半的罗马甜瓜。

当你购买完整的甜瓜时，寻找那些没有凹陷、裂缝或霉斑的。若想挑选出成熟的甜瓜，那就先看果柄一端。那里应该有一个轻微的凹陷。如果有一点凸出的话，果实很可能是在未成熟时采摘的，没有时间发育出充分的风味。将果柄一端凑近鼻子，深深地闻一下。成熟的甜瓜会有甜香味和一点麝香味。检查对面一端。用大拇指按压下去，它应该会稍微下陷。

收获后立即食用的甜瓜味道是最好的。如果你买到的甜瓜还未成熟，在室温下存放一两天即可成熟。成熟的甜瓜可以在冰箱保鲜抽屉里储存长达 5 天，但还是要尽快吃完。

如果你自己种植果蔬，可以在种子目录中寻找果肉为深橙色的罗马甜瓜。然而，图片中显示的颜色不能代表它们真正的颜色，所以要在文字介绍中寻找"深橙色"这样的字眼。经过检测发现，'杜兰戈'（Durango）和'奥罗里科'（Oro Rico）这两个品种的 β - 胡萝卜素含量高于大多数其他品种。美丽的法国传统品种'查伦泰'（Charentais）是一种光滑的球形罗马甜瓜，有精致的味道和深橙色果肉。它在较冷的气候中生长得更好。如果想尝试更有异域风情和更古老的品种，我建议你阅读艾米·戈德曼（Amy Goldman）写的《种植达人的甜瓜》（*Melons for the Passionate Grower*）。无论选择什么品种，如果在食用之前将甜瓜切成两半并在上面堆满新鲜浆果或冷冻浆果，你都能得到 4 倍的营养益处。覆盆子和罗马甜瓜是很不错的搭配，蓝莓和白兰瓜也不错。

甜瓜生长时与土壤接触，可能会被土壤细菌污染，包括有害的沙门氏菌和可能有致死危险的大肠杆菌菌株 0157:H7。罗马甜瓜的果皮有深深的网纹，因此与果皮光滑的甜瓜相比，更容易滋生细

菌。在切开罗马甜瓜之前，先在自来水下用干净的蔬果刷将它彻底
擦洗干净。不应当使用肥皂或洗涤剂清洗水果或蔬菜，因为新鲜农
产品——尤其是表面渗水性强的食物如罗马甜瓜——会吸收洗涤
剂的残留。将罗马甜瓜切开后，可以用保鲜膜盖住放进冰箱冷藏，
低温会抑制细菌的生长。在一两天内吃完。

白兰瓜

　　绿色果肉的白兰瓜（honeydew melon）是所有甜瓜中最甜的，
也是营养价值最低的品种。近些年来，甜瓜育种者将白兰瓜与罗马
甜瓜杂交，得到了橙色果肉的白兰瓜。令人惊讶的是，这些杂种的
β–胡萝卜素含量比大多数罗马甜瓜更高。两个很受欢迎的品种是
'橙露'（Orange Dew）和'蜜金'（Honey Gold）。因为白兰瓜的果
皮是光滑的，所以它们的表皮相比于罗马甜瓜更不易滋生细菌，更
容易被清洗干净。

　　在同等尺寸的白兰瓜中，成熟白兰瓜显得沉甸甸的，而且果皮
是奶油色，不是绿色的。用大拇指按压果柄一端，它会稍有下陷。
如果下陷得太厉害，说明果肉不是成熟且脆爽的，而是绵软发糊
的。摇晃一下瓜，如果种子在里面发出声音，说明它是过熟的。

　　如果你自己种植这种甜瓜，有两种方法可以让它们更有滋味和
营养。第一，如果一根甜瓜藤上结出许多果实，掐掉其中的几个，
剩下的甜瓜就会更甜，营养物质更丰富。第二，如果你在甜瓜成熟
前的一周停止浇水，它们的味道就会更浓郁。

卡沙巴甜瓜

卡沙巴甜瓜（casaba，学名 *Cucumis melo inodorus*）是一种大小与白兰瓜相似的甜瓜，它没有白兰瓜的光滑果皮或罗马甜瓜的网纹果皮。相反，它的果皮有深皱纹，因此需要格外用心地擦洗。一些品种果皮呈鲜艳的黄色，而另一些品种的果皮则是绿色或奶油色的。果肉为浅绿色至深橙色。通常而言，卡沙巴甜瓜没有白兰瓜甜，也没有罗马甜瓜有营养。一份标准大小的果肉含有 2 克纤维素和 10 克糖。卡沙巴甜瓜的保存期限很长，所以很受生产商和零售商的青睐。

水果色拉

关于水果的这一部分，用一道富含植物营养素的水果色拉来作结尾，可以说是非常合适的。纵观美国历史，水果色拉曾以许多面貌出现。直到 19 世纪中期之前，大多数水果色拉还全部是用新鲜水果或果干制作的，因为那时冷冻和家庭罐头制造技术还没有发明出来。在约翰·L. 梅森（John L. Mason）于 1858 年发明梅森玻璃瓶之后，就开始有人使用罐装水果制作水果色拉了。

19 世纪末，水果色拉受到了家政学运动的影响。这项运动强调的是科学的家庭管理、生活卫生，以及最重要的一条，严格控制。为了符合这种理念，热切的家庭厨师们开始制作高度程序化的水果色拉。20 世纪初的食谱作者范妮·法默（Fannie Farmer）在《妇女的家政好伙伴》（*Woman's Home Companion*）一书中介绍了让读者着迷的"巴西色拉"，这道色拉使用了巴西果、葡萄、罐头菠萝、西芹和蛋黄酱，并且"将每一人份的色拉固定在用四块咸饼干搭成的小围栏中"。

20 世纪初，明胶色拉开始大受欢迎，这要归功于诺克斯明胶的问世。这种预包装的粉末状明胶可以溶解在水里，五分钟之内就能用在菜肴中，再也不用花一小时或更久的时间自制明胶了。将水果埋在明胶里成了最流行的时尚。20 世纪 30 年代进入市场的果冻结合了明胶、糖，以及人工香料和色素，让明胶色拉更受欢迎了。你只需要加水和水果罐头。在 20 世纪 40 年代，如果厨房里没有一套漂亮的明胶模具，那就称不上是完整的。

称霸于 20 世纪 50 年代家庭餐桌和餐厅的水果罐头鸡尾酒，是由切成小块的罐装梨子、桃、菠萝、绿葡萄和醉樱桃制作而成的糖浆混合饮品。作为德尔蒙特公司推出的一种非常适合正式宴会的时尚色拉，它成为该公司有史以来制造的最流行的罐头产品。现在我们知道，这种标志性的水果鸡尾酒之所以被创造出来，是为了给那些被剔除的残次品和畸形水果找到用处。

明胶色拉的统治力一直持续到 20 世纪 60 年代。最近在翻阅我母亲已经褪色而且油渍斑斑的食谱卡时，我发现了一道名为"菠萝奶酪色拉"的食谱，它是用柠檬果冻、奶油奶酪、碎菠萝、打发好的奶油、迷你棉花糖和卡夫奇妙酱（Miracle Whip）混合在一起做成的。"冰冻来檬牛油薄荷糖色拉"的食谱需要使用来檬果冻、碎菠萝、10 盎司装的迷你棉花糖、1 品脱打发好的奶油，以及（非常奇怪的是）一袋牛油薄荷软糖。"七喜色拉"只有 3 种配料：樱桃果冻、罐装苹果酱，以及一瓶七喜汽水。"柠檬代基里鸡尾酒色拉"

更复杂一些，它结合了柠檬明胶、冰冻代基里预混料，罐头梨子、农家干酪和酸奶油，不加朗姆酒。

如今，使用新鲜水果和天然果汁制作的水果色拉再次走俏。然而，这些色拉经常包括最没有营养的品种，例如'汤普森'无籽葡萄、'卡文迪什'蕉或白兰瓜。若要坚持"吃东西时偏向野生的一面"的原则，我建议你从下列更有营养的品种中选择。带上这张清单去市场，看看哪些品种是新鲜、成熟且应季的。

水果色拉推荐配料

苹果，带皮

浆果，任意种类，尤其是野生浆果、蓝莓、黑莓、草莓、覆盆子、蔓越橘、马里恩莓、罗甘莓和博伊森莓（鲜果、果干或冷冻浆果皆可）

白色果肉的桃和油桃，带皮

'冰'樱桃、'安妮女王'樱桃或酸樱桃

李子，红色、蓝色或黑色果皮的皆可

"醋栗"葡萄干

红色或黑色葡萄

脐橙、瓦伦西亚橙、卡拉卡拉红肉脐橙、血橙或橘柚

深红色葡萄柚

红色番木瓜、红色/绿色芒果、红色番石榴或红色香蕉

深红色西瓜、深橙色罗马甜瓜或橙色白兰瓜

坚果，例如美洲山核桃、核桃、开心果、南瓜籽或葵花籽

下次做水果色拉时不妨使用下面这种调味汁。它的味道酸甜平衡，能为各种色拉带来活力。这个配方是由天才的西雅图大厨兼厨艺总监普拉尼·克鲁桑尼·哈尔沃森（Pranee Khruasanit Halvorsen）创造的。普拉尼每年都去泰国探望她的家人。在那里，她从自己家的热带种植园里收获水果，采集异域香草和香料，带回美国使用。

我建议你在这道食谱中使用椰枣糖（date sugar），你可以在大型超市的食糖分区或者在线购物平台上找到这种糖。椰枣糖是用脱水的椰枣制造的。干椰枣非常甜——含糖量高达50%~70%，以至于不需要额外添加甜味剂。它的抗氧化价值非常高，媲美赤糖渣（blackstrap molasses）。作为泰国饮食不可或缺的灵魂配料，香茅草是一种高大的多年生禾草，有柑橘类植物的芳香和味道。它也富含抗氧化剂。你可以在许多大型超市的农产品区以及亚洲特色市场买到香茅草。

泰式香草柠檬汁应季什锦水果色拉

准备时间：30分钟

分量：5杯（约4大份）

5杯切片或切块的各式应季新鲜水果（见388~390页建议）

3汤匙椰枣糖或压实的浅色或深色红糖

2~3汤匙新鲜压榨的柠檬汁，根据个人口味酌量增减

¼茶匙盐

1汤匙切碎的柠檬草

⅔杯切碎的新鲜薄荷，或者2汤匙干薄荷

2个来檬搓碎的果皮

　　将水果放入中等大小的碗中。将糖、来檬汁和盐放入小碗中搅拌，直到糖完全溶化。浇在水果上，搅拌均匀，直到所有水果都覆盖了调味汁。静置30分钟，让各种味道充分混合。上桌之前再加入香草和来檬皮碎。这道色拉应该在制作的当天食用，这样才能保持其新鲜味道。

表 17-1　瓜推荐类型和品种

在超市	
西瓜	描述
无籽小西瓜品种	通常而言，无籽小西瓜品种的番茄红素含量高于较大的有籽西瓜。
提前切好的西瓜	如果西瓜是被切成两半或四分之一个出售的，那就购买果肉颜色最红的——保证番茄红素含量很高。
罗马甜瓜	描述
提前切好的罗马甜瓜	因为你看不到完整的罗马甜瓜的果肉颜色，所以不妨寻找那些提前切好并摆放在冰上的罗马甜瓜。选择果肉橙色最深的罗马甜瓜。
白兰瓜	描述
橙色果肉品种	果肉为橙色的白兰瓜新品种比传统的绿色果肉品种更有营养。
卡沙巴甜瓜	描述
所有品种	卡沙巴甜瓜不如罗马甜瓜有营养，也没有白兰瓜甜。它们非常多汁。

农夫市场、特产商店、自采摘农场，以及种子目录		
西瓜	描述	园丁注意事项
'迪克西·李'	非常大（重达 30 磅），有籽，老品种，番茄红素含量高于大多数传统西瓜。	移栽户外 90 天后成熟。最适合种植在 5~9 区。
'艾克泰西'（Extazy）	小而圆的无籽西瓜，深红色果肉。重 6~7 磅。深绿色果皮，有浅色条纹。在近期的文献综述中被认为是番茄红素含量最高的西瓜品种。	移栽户外 90 天后成熟。最适合种植在 5~9 区。
'力可甜'（Lycosweet）	深红色无籽西瓜，果实圆，深绿色果皮。重 6~7 磅。专门培育的番茄红素含量较高的品种。	移栽户外 98 天后成熟。最适合种植在 5~9 区。
'千禧年'（Millennium）	无籽杂交西瓜。重 9~11 磅。深绿色果皮，无条纹。深红色果肉。番茄红素含量高于'迪克西·李'。	移栽户外 85 天后成熟。最适合种植在 5~9 区。需要有籽西瓜授粉
'莫希干'（Mohican）	小而圆的无籽西瓜，直径约 7 英寸。中绿色的瓜皮上有模糊的条纹。番茄红素含量高。以优良的味道和柔嫩的果肉闻名。	移栽户外 85 天后成熟。最适合种植在 5~9 区。需要有籽西瓜授粉。
'夏之味 710 号'（Summer Flavor #710）	果实大，味道好，深红色果肉，有籽。可以长到 30 磅。浅绿色瓜皮上有深绿色条纹。番茄红素含量在这张表上名列第二。	移栽户外 80~90 天后成熟。最适合种植在 5~9 区。不需要其他西瓜授粉。
罗马甜瓜	描述	园丁注意事项
'布莱尼姆橙'（Bleinheim Orange）	古老的罗马甜瓜品种，有深橙色果肉。	90~100 天内成熟。最适合种植在 4~11 区。在温暖或炎热的气候条件下表现得最好。

农夫市场、特产商店、自采摘农场，以及种子目录		
罗马甜瓜	描述	园丁注意事项
'查伦泰'	甜而小的法国传统品种，果实为非常深的橙色。味道好。大多数市场不出售，因为质地过脆，容易损坏。	75~90天内成熟。在温暖气候区，可以在土壤温度达到20℃以上时直接播种。
'杜兰戈'	果肉结实，深橙色。β-胡萝卜素含量极高。	90天内成熟。在冷凉气候区比某些品种生长得更好。
'奥罗里科'	果肉甜而脆，质地结实。β-胡萝卜素含量高，但没有'杜兰戈'高。加利福尼亚常见品种。	90~95天内成熟。适合种植在5~11区。
白兰瓜	描述	园丁注意事项
'蜜金'	杂交白兰瓜，果肉为深橙色。	藤蔓苗壮，产量高。在潮湿的热带条件下和炎热、干燥的条件下都生长良好。
'橙色喜悦'（Orange Delight）	不如'橙露'甜，β-胡萝卜素含量也没有它高。	100天内成熟。适合种植在5~11区。
'橙露'	味道甜而独特。重约6磅。果肉颜色比'橙色喜悦'深，β-胡萝卜素含量也比它稍高。	105天内成熟。适合种植在5~11区。

瓜：要点总结

1.大多数瓜味道清爽，但营养价值有限。

所有瓜的含水量都很高，因而营养物质被大大稀释了。浅色果肉的瓜，营养含量低于深色果肉的瓜。

2.深红色果肉的西瓜是番茄红素的良好来源。

如果购买提前切好的西瓜，你就能在付钱之前看到里面果肉的

颜色。通常而言，小而无籽的西瓜比大的传统西瓜更有营养。成熟
西瓜的皮会失去光泽，而且与土壤接触的部位是黄色的。拍打成熟
西瓜时会听到中空的深沉的回响。将西瓜在室温下储存几天，它的
抗氧化价值会提高。

　　3.通常而言，白兰瓜和卡沙巴甜瓜是最甜也最没有营养的瓜。

　　这条规律的一个例外是橙色果肉的白兰瓜，其 β - 胡萝卜素含
量高于大多数罗马甜瓜品种。

　　4.将瓜擦洗干净，去除表面细菌。

　　由于瓜躺在地上，所以会和有潜在危害的土壤细菌直接接触。
将它们放在自来水下，用干净的软毛刷擦洗。带网纹的甜瓜如罗马
甜瓜更容易在果皮中藏纳细菌，因此需要更彻底的擦洗。

致　谢

　　我要向弗朗西丝·罗宾逊（Frances Robinson）表达由衷的感谢，她是我的顾问、"情报站"、研究助手、商业伙伴，还是我的妹妹。如果没有她，我不可能写成这本书。我非常感谢 Roobiblue 工作室的安迪·史泰纳（Andie Styner），她总是能够捕捉到我想要描绘的内容的精髓，并制作了如此精美的插图。如果没有摩西·罗森菲尔德（Moshe Rosenfeld）博士在研究方面的帮助，我进行了许多年的研究还将会拖延更多年。我要感谢医学博士亚瑟·阿盖斯顿（Arthur Agatston）对我这项工作很早就表示出来的兴趣以及慷慨无私的支持。在建造和维护我用来种植优异水果和蔬菜的示范菜园时，迪伦·鲍恩（Dylan Bowen）伸出了不可或缺的援手。

　　感谢我的经纪人理查德·派因（Richard Pine），他又一次对我的工作充满热情。他发现了一家很棒的出版社并促成了本书问世。我的编辑，利特尔＆布朗出版社的特蕾西·比哈尔（Tracy Behar）为我提供了莫大的鼓励，并且发挥了不可或缺的作用，让《食之养》这本书更实用，更容易被读者理解。我还要向利特尔＆布朗出版社优秀的宣传部门表达我的谢意，尤其是尼科尔·杜威（Nicole

Dewey)、卡洛琳·奥基夫（Carolyn O'Keefe)、希瑟·费恩（Heather Fain)、布列塔尼·博特（Brittany Boughter)和阿曼达·布朗（Aman-da Brown)，感谢他们的坚持和努力让本书的发行获得了巨大的成功。最后，我想要感谢里克·梅伦（Rick Mellen)，我的朋友和伴侣，当我将许多年的时间花在人类营养、植物化学和人类学的琐碎知识上时，感谢他对我的巨大耐心。

科学文献

参考文献按照它们在各章出现的顺序排列。登录网站 http://www.ncbi.nlm.nih.gov/pubmed，在搜索栏中输入文献的标题，就可以阅读相关研究的摘要。你还可以使用任何大型搜索引擎进行检索。部分文献是全文免费的，但大多数文献的文本需要付费才能阅览。价格是每篇 25~45 美元，而且大多数都可以在线购买。你还可以在附近的学院或大学的医学或科学图书馆里检索到这些文献，唯一的成本是复制费。

引言 野生营养：失而复得

Vafa, Mohammad Reza et al. 2011. "Effects of Apple Consumption on Lipid Profile of Hyperlipidemic and Overweight Men." *International Journal of Preventive Medicine* 2:94–100.

Gibbons, Ann. 2006. "Ancient Figs Push Back Origin of Plant Cultivation." *Science* 312:1292. 无花果（figs）是一种不育植物，需要人类的选择和繁殖才能生长。

Kreutzmann, Stine, Lars P. Christensen, and Merete Edelenbos. 2008. "Investigation of Bitterness in Carrots (*Daucus carota* L.) Based on Quantitative Chemical and Sensory Analyses." *LWT—Food Science and Technology* 41:193–205.

第1章 从野菜到冰山莴苣：在繁育中消除药效成分

Korcan, S. Elif et al. 2012. "Evaluation of Antibacterial, Antioxidant, and DNA Protective Capacity of *Chenopodium album's* Ethanolic Leaf Extract." *Chemosphere* 90: 374–379.

Tordoff, Michael G. and Mari A. Sandell. 2009. "Vegetable Bitterness Is Related to Calcium Content." *Appetite* 52:498–504.

Kang, Ho-Min and Mikal E. Saltveit. 2002. "Antioxidant Capacity of Lettuce Leaf Tissue Increases After Wounding." *Journal of Agricultural and Food Chemistry* 50:7536–7541.

Higdon, Jane V. et al. 2007. "Cruciferous Vegetables and Human Cancer Risk: Epidemiologic Evidence and Mechanistic Basis." *Pharmacological Research* 55: 224–236.

Ninfali, Paolino et al. 2005. "Antioxidant Capacity of Vegetables, Spices, and Dressings Relevant to Nutrition." *British Journal of Nutrition* 93: 257–266.

Innocenti, Marzia et al. 2005. "Evaluation of the Phenolic Content in the Aerial Parts of Different Varieties of *Cichorium intybus* L." *Journal of Agricultural and Food Chemistry* 53: 6497– 6502.

McBride, Judy. 1999. "Can Foods Forestall Aging?" *Agricultural Research Service News and Events*. http://www.ars.usda.gov/is/AR/archive/feb99/aging0299.htm.

Gil, Maria I., Federico Ferreres, and Francisco A. Tomás-Barberán. 1999. "Effect of Postharvest Storage and Processing on the Antioxidant Constituents (Flavonoids and Vitamin C) of Fresh-Cut Spinach." *Journal of Agricultural and Food Chemistry* 47: 2213– 2217.

Pandjaitan, N. et al. 2005. "Antioxidant Capacity and Phenolic Content of Spinach as Affected by Genetics and Maturation." *Journal of Agricultural and Food Chemistry* 53: 8618–8623.

Goltz, Shellen R. et al. 2012. "Meal Triacylglycerol Profile Modulates Postprandial Absorption of Carotenoids in Humans." *Molecular Nutrition & Food Research* 56: 866–877.

Ghanbari, Rahele et al. 2012. "Valuable Nutrients and Functional Bioactives in Different Parts of Olive (*Olea eruopaea* L.)." *International Journal of Molecular Science* 13: 3291–3340.

Tsmidou, Maria Z. et al. 2005. "Loss of Stability of 'Veiled'(Cloudy) Virgin Olive Oils in Storage." *Food Chemistry* 93: 377–383.

第2章 葱属蔬菜：令所有人满意

Moerman, D.E. 1996. "An Analysis of the Food Plants and Drug Plants of Native North America." *Journal of Ethnopharmacology* 52: 1–22.

Allard, H.A. 1955. "Chicago, a Name of Indian Origin, and the Native Wild Onion to Which the Indians May Have Had Reference as the 'Skunk Place'." *Castanea* 20:28–31. *Castanea* 是南阿巴拉契亚植物学学会（Southern Appalachian Botanical Society）会

刊的名字。

Gunther, Erna. 1973. *Ethnobotany of Western Washington*. Seattle and London : University of Washington Press. First published in 1945.

Mansell, Peter and John P.D. Reckless. 1991. "Garlic: Effects on Serum Lipids, Blood Pressure, Coagulation, Platelet Aggregation, and Vasodilation." *British Medical Journal* 303:379–380.

Rahman, K. and Lowe, G. M. 2006. "Garlic and Cardiovascular Disease: A Critical Review." *Journal of Nutrition* 136: 736S–740S.

Abdullah, Tariq et al. 1988. "Garlic Revisited: Therapeutic for the Major Diseases of Our Times?" *Journal of the National Medical Association* 80: 439–445.

Ankri, Serge and David Mirelman. 1999. "Antimicrobial Properties of Allicin from Garlic."*Microbes and Infection* 2: 125–129.

Choi, Hwa Jung et al. 2009. "Inhibitory Effects of Qucercetin 3-Rhamnoside on Influenza A Virus Replication." *European Journal of Pharmaceutical Science* 37: 329–333.

Boivin, Dominique et al. 2009. "Antiproliferative and Antioxidant Activities of Common Vegetables: A Comparative Study." *Food Chemistry* 112: 374–380.

Song, Kun and John A. Milner. 2001. "The Influence of Heating on the Anticancer Properties of Garlic." *Journal of Nutrition* 131:1054S–1057S.

Lee, J. and Harnly, J. M. 2005. "Free Amino Acid and Cysteine Sulfoxide Composition of 11 Garlic (*Allium sativum* L.) Cultivars by Gas Chromatography with Flame Ionization and Mass Selective Detection." *Journal of Agricultural and Food Chemistry* 53: 9100–9104.

Gorinstein, Shela et al. 2007. "The Atherosclerotic Heart Disease and Protection Properties of Garlic: Contemporary Data." *Molecular Nutrition & Food Research* 51: 1365–1381.

Yang, Jun et al. 2004. "Varietal Differences in Phenolic Content and Antioxidant and Antiproliferative Activities of Onions." *Journal of Agricultural and Food Chemistry* 52: 6787–6793.

Lee, Seung Un et al. 2008. "Flavonoid Content in Fresh, Home-Processed, and Light-Exposed Onions and in Dehydrated Commercial Onion Products." *Journal of Agricultural and Food Chemistry* 56: 8541–8548.

Griffiths, Gareth et al. 2002. "Onions—A Global Benefit to Health." *Phytotherapy Research* 16:603–615.

Ioku K. et al. 2001. "Various Cooking Methods and the Flavonoid Content in Onion." *Journal of Nutritional Science and Vitaminology* 47:78–83.

Lu, Xiaonan et al. 2011. "Determination of Total Phenol Content and Antioxidant Capacity of Onion (*Allium cepa*) and Shallot (*Allium oshaninii*) Using Infrared Spectroscopy." *Food Chemistry* 129:637–644.

Bonaccorsi, Paola. 2008. "Flavonol Glucosides in *Allium* Species: A Comparative Study by Means of HPLC-DAD-ESI-MS-MS." *Food Chemistry* 107:1668–1673.

Stajner, D. 2004. "*Allium schoenoprasum* L., as a Natural Antioxidant." *Phytotherapy Research* 18:522–524.

Guohua, H. et al. 2009. "Aphrodisiac Properties of *Allium tuberosum* Seeds Extract." *Journal of Ethnopharacology* 122: 579–582.

Hsing A. W. et al. 2002. "Allium Vegetables and Risk of Prostate Cancer: A Population-Based Study." *Journal of the National Cancer Institute* 94: 1648–1651.

第3章　棒子上的玉米：超级甜！

Flint-Garcia, Sherry A., Anastasia L. Bodnar, and M. Paul Scott. 2009. "Wide Variability in Kernel Composition, Seed Characteristics and Zein Profiles Among Diverse Maize Inbreds, Landraces, and Teosinte." *Theoretical Applied Genetics* 119: 1129–1142.

Kingsbury, Noel. 2009. *Hybrid: The History and Science of Plant Breeding*. Chicago: University of Chicago Press.

Guohua, H. et al. 2009. "Aphrodisiac Properties of *Allium tuberosum* Seeds Extract." *Journal of Ethnopharmacology* 122: 579–582.

Tsuda, Takanori et al. 2003. "Dietary Cyanidin 3-O-Beta-D-Glucoside-Rich Purple Corn Color Prevents Obesity and Ameliorates Hyperglycemia in Mice." *Journal of Nutrition* 133: 2125–2130.

Bradford, William. 1856. *Of Plymouth Plantation*. Boston: Massachusetts Historical Society. http:// www.americanjourneys.org/aj-025/summary/.

Carter, G.F. 1948. "Sweet Corn Among The Indians." *Geographical Review* 38: 206–221.

Rea, Mary-Alice F. 1975. "Early Introduction of Economic Plants into New England." *Economic Botany* 29: 333–356.

Singleton, W. Ralph. 1944. "Noyes Darling, First Maize Breeder." *Journal of Heredity* 35: 265–267.

Wilkinson, Albert E. 1915. *Sweet Corn*. New York and London: Orange Judd Company.

"Effects of an Atomic Bomb Explosion on Corn Seeds." Declassified Document 473888, published by the Armed Forces Special Weapons Project on July 6, 1951.

Maize COOP Information, by the Maize Genetics Cooperation and the University of Illinois, Urbana/Champaign. Published online: http://maizecoop.cropsci.uiuc.edu/mgc-info.php.

Laughnan, John R. 1953. "The Effect of the sh2 Factor on Carbohydrate Reserves in the Mature Endosperm of Maize." *Genetics* 38: 485.

Showalter, R.K. 1962. "Consumer Preference for High-Sugar, Sweet Corn Varieties." Florida State Horticultural Society.

Frank, Guido K.W. et al. 2008. "Sucrose Activates Human Taste Pathways Differently from Artificial Sweetener." *NeuroImage* 39: 1559–1569.

Scott, C.E. and Alison Eldridge. 2005. "Comparison of Carotenoid Content in Fresh, Frozen, and Canned Corn." *Journal of Food Composition and Analysis* 18: 551–559.

Asami, Danny K. et al. 2003. "Comparison of the Total Phenolic and Ascorbic Acid Content of Freeze-Dried and Air-Dried Marionberry, Strawberry, and Corn Grown Using Conventional, Organic, and Sustainable Agricultural Practices." *Journal of Agricultural and Food Chemistry* 51: 1237–1241.

Dewanto, Veronica, Xianzhong Wu, and Rui Hai Liu. 2002. "Processed Sweet Corn Has Higher Antioxidant Activity." *Journal of Agricultural and Food Chemistry* 50:4949–4964.

第 4 章　马铃薯：从野生到炸薯条

Smith, Andrew F. 2006. *Encyclopedia of Junk Food and Fast Food*. Westport, CT: Greenwood Press.

Iwai, Kunihisa, and Hajime Matsue. 2007. "Ingestion of *Apios Americana* Medikus Tuber Suppresses Blood Pressure and Improves Plasma Lipids in Spontaneously Hypertensive Rats." *Nutrition Research* 27: 218–224.

Im, Hyon Woon et al. 2008. "Analysis of Phenolic Compounds by High-Performance Liquid Chromatography and Liquid Chromatography/Mass Spectrometry in Potato Plant Flowers, Leaves, Stems, and Tubers and in Home-Processed Tomatoes." *Journal of Agricultural and Food Chemistry* 56: 3341–3349. 相应图表中的数据也来自这篇文章。

Soliman, K. M. 2001. "Changes in Concentration of Pesticide Residues in Potatoes During Washing and Home Preparation." *Food and Chemical Toxicology* 39: 887–889.

Friedman, Mendel. 1997. "Chemistry, Biochemisry, and Dietary Role of Potato Polyphenols. A Review." *Journal of Agricultural and Food Chemistry* 45: 1523–1540.

Foster-Powell, Kaye et al. 2002. "International Table of Glycemic Index and Glycemic Load Values: 2002." *American Journal of Clinical Nutrition* 76:5–56.

Lewis, Christine E. et al. 1998. "Determination of Anthocyanins, Flavonoids, and Phenolic Acids in Potatoes. I: Coloured Cultivars of *Solanum tuberosum* L." *Journal of the Science of Food and Agriculture* 77:45–57.

Thompson, Matthew D. et al. 2009. "Functional Food Characteristics of Potato Cultivars (*Solanum tuberosum* L.): Phytochemical Composition and Inhibition of 1-Methyl-1-Nitrosourea-Induced Breast Cancer in Rats." *Journal of Food Composition and Analysis* 22: 571–576.

"SCS Launches First Program to Certify Exceptional Nutrient Density in Fresh Produce."

Annie Gardiner, Scientific Certification Systems, Director of Communications. May 2, 2006.

Vinson, Joe A. et al. 2012. "High-Antioxidant Potatoes: Acute in Vivo Antioxidant Source and Hypotensive Agent in Humans after Supplementation to Hypertensive Subjects." *Journal of Agricultural and Food Chemistry* 60: 6749–6754.

Ik, Kai Lin, Jennie Brand-Miller, and Les Copeland. 2012. "Glycemic Effect of Potatoes." *Food Chemistry* 133:1230–1240.

第5章　其他根茎类蔬菜：胡萝卜、甜菜和番薯

Milton, Katharine. 1984. "Protein and Carbohydrate Resource of the Maku Indians of Northwestern Amazonia." *American Anthropologist* 86: 7–27.

Silverwood-Cope, Peter. 1972. "A Contribution to the Ethnography of the Columbian Maku." Ph.D. Dissertation, Selwyn College, University of Cambridge.

Moerman, D.E. 1996. "An Analysis of the Food Plants and Drug Plants of Native North America." *Journal of Ethnopharmacology* 52: 1–22.

Banga, Otto. 1963. "Origin and Distribution of the Western Cultivated Carrot." *Genetica Agraria* 17: 357–370.

Metzger, Brandon T. and David M. Barnes. 2009. "Polyacetylene Diversity and Bioactivity in Orange Market and Locally Grown Colored Carrots. (*Daucus carota* L.)" *Journal of Agricultural and Food Chemistry* 57: 11134–11139. 相应图表中的数据也来自这篇文章。

Carlsen, Monica et al. 2010. "The Total Antioxidant Content of More Than 3100 Foods, Beverages, Spices, Herbs and Supplements Used Worldwide." *Nutrition Journal* 9: 3–23.

Hunter, Karl J. and John M. Fletcher. 2002. "The Antioxidant Activity and Composition of Fresh, Frozen, Jarred, and Canned Vegetables." *Innovative Food Science and Emerging Technologies* 3: 399–406.

Rock C.L. et al. 1998. "Bioavailability of β–Carotene Is Lower in Raw Than in Processed Carrots." *Journal of Nutrition* 128: 913–916.

Kobaek-Larsen, Morten et al. 2005. "Inhibitory Effects of Feeding with Carrots or Falcarinol on Development of Azoxymethane-Induced Preneoplastic Lesions in the Rat Colon." *Journal of Agricultural and Food Chemistry* 53: 1823–1827.

Hornero-Méndez, Dámaso and María Isabel Mínguez-Mosquera. 2007. "Bioaccessibility of Carotenes from Carrots: Effect of Cooking and Addition of Oil. "*Innovative Food Science and Emerging Technologies* 8: 407–412. 相应图表中的数据也来自这篇文章。

Li, Chaoyang et al. 2011. "Serum Alpha-Carotene Concentrations and Risk of Death among US Adults: The Third National Health and Nutritious Examination Survey Follow-up Study." *Archives of Internal Medicine* 171: 507–515.

Poudyal, Hemant, Sunil Panchal, and Lindsay Brown. 2010. "Comparison of Purple Carrot Juice and β-Carotene in a High-Carbohydrate, High-Fat Diet-Fed Rat Model of the Metabolic Syndrome." *British Journal of Nutrition* 104: 1322–1332.

Alasalvar, Cesarettin et al. 2001. "Comparison of Volatiles, Phenolics, Sugars, Antioxidant Vitamins, and Sensory Quality of Different Colored Carrot Varieties." *Journal of Agricultural and Food Chemistry* 49:1410–1416.

US Census Bureau, Statistical Abstract of the United States: Table 104. Expectation of Life at Birth, 1970—2008, and Projections, 2010—2020.

US Department of Health and Human Services. National Diabetes Statistics, 2011.

American Heart Association. Statistical Fact Sheet 2012 Update.

Carrera-Bastos, Pedro et al. 2011. "The Western Diet and Lifestyle and Diseases of Civilization." *Research Reports in Clinical Cardiology* 2: 15–35.

Nielsen, F. H. et al. 1987. "Effect of Dietary Boron on Mineral, Estrogen, and Testosterone Metabolism in Postmenopausal Women." *Journal of the Federation of American Societies for Experimental Biology* 1: 394–397.

Bor, M., F. Özdemir, and I. Türkan. 2002. "The Effect of Salt Stress on Lipid Peroxidation and Antioxidants in Leaves of Sugar Beet *Beta vulgaris* L. and Wild Beet *Beta maritima* L." *Plant Science* 164: 77–84.

Reddy M. K. , R. L. Alexander-Lindo, and M. G. Nair. 2005. "Relative Inhibition of Lipid Peroxidation, Cyclooxygenase Enzymes, and Human Tumor Cell Proliferation by Natural Food Colors." *Journal of Agricultural and Food Chemistry* 53: 9268–9273.

Lansley, Katherine E. et al. 2011. "Dietary Nitrate Supplementation Reduces the O_2 Cost of Walking and Running: A Placebo-Controlled Study." *Journal of Applied Physiology* 110: 591–600.

Murphy, Margaret et al. 2012. "Whole Beetroot Consumption Acutely Improves Running Performance." *Journal the Academy of Nutrition and Dietetics*.112: 548–552.

Reynolds, Gretchen. 2012. "Looking for Fitness in a Glass of Juice." *New York Time*, August 8, Science section.

Jiratanan, Thudnatkorn, and Rui Hai Liu. 2004. "Antioxidant Activity of Processed Table Beets (*Beta vulgaris* var. *conditiva*) and Green Beans (*Phaseolus vulgaris* L.)" *Journal of Agricultural and Food Chemistry* 52: 2659–2670.

Ravichandran, Kavitha et al. 2012. "Impact of Processing of Red Beet on Betalain Content and Antioxidant Activity." *Food Research International*. http://dx.doi.org/10.1016/j.foodres.2011.07.002.

Nottingham, Stephen. 2004. *Beetroot*. Published online.

International Potato Center. 1988. "Exploration, Maintenance, and Utilization of Sweet Potato Genetic Resources: Report of the First Sweet Potato Planning Conference 1987."

Foster-Powell Kaye, Susanna H. A. Holt, and Janette C. Brand-Miller. 2002. "International Table of Glycemic Index and Glycemic Load Values: 2002." *American Journal of Clinical Nutrition* 76: 5–56.

Teiow, Choong C. et al. 2007. "Antioxidant Activities, Phenolic and β -Carotene Contents of Sweet Potato Genotypes with Varying Flesh Colors." *Food Chemistry* 103:829–838.

Truong, V.D. et al. 2007. "Phenolic Acid Content and Composition in Leaves and Roots of Common Commercial Sweet Potato (*Ipomea batatas* L.) " *Journal of Food Science* 72: C343–C349.

第 6 章 西红柿：重现它们的滋味和营养

Smith, Andrew F. 1994. *The Tomato in America*. South Carolina: University of South Carolina Press.

Grolier, P., and E. Rock. 1998. "The Composition of Tomato in Antioxidants: Variations and Methodology." Proceedings of Tomato and Health Seminar. Pamplona, Spain.

Cox, Samuel E. 2001. "Lycopene Analysis and Horticultural Attributes of Tomatoes."Master's thesis. Colorado State University.

Jefferson, Thomas. *Garden Book*. 1776—1824 Kalender. Available online at http://www.masshist.org/thomasjeffersonpapers/garden/index.html.

Sturtevant, Lewis E. 1885. "Kitchen Garden Esculents of American Origin." *The American Naturalist* 19: 658–669.

Powell, Ann L.T. et al. 2012. "Uniform Ripening Encodes a Golden 2-Like Transcription Factor Regulating Tomato Fruit Chloroplast Development." *Science* 336: 1711–1715.

Beckles, Diane M. 2012. "Factors Affecting the Postharvest Soluble Solids and Sugar Content of Tomato (*Solanum lycopersicum* L.) Fruit." *Postharvest Biology and Technology* 63: 129–140.

Unlu, Nuray Z. et al. 2005. "Carotenoid Absorption from Salad and Salsa by Humans Is Enhanced by the Addition of Avocado or Avocado Oil." *Journal of Nutrition* 135:431–436.

Kuti, Joseph O., and Hima B. Konuru. 2005. "Effects of Genotype and Cultivation Environment on Lycopene Content in Red-Ripe Tomatoes." *Journal of the Science of Food and Agriculture* 85: 2021–2026.

Shi, John, and Maguer, Marc Le. 2000. "Lycopene in Tomatoes: Chemical and Physical Properties Affected by Food Processing." *Critical Reviews in Food Science and Nutrition* 40: 1–42.

Barrett, D. M. et al. 2007. "Qualitative and Nutritional Differences in Processing Tomatoes Grown Under Commercial Organic and Conventional Production Systems." *Journal of*

Food Science 72: C441–C451.

Toor, Ramandeep K., and Geoffrey P. Savage. 2005. "Antioxidant Activity of Different Fractions of Tomatoes." *Food Research International* 38: 487–494.

Dewanto, Veronica et al. 2002. "Thermal Processing Enhances the Nutritional Value of Tomatoes by Increasing Total Antioxidant Activity." *Journal of Agricultural and Food Chemistry* 50: 3010–3014. 相应图表中的数据也来自这篇文章。

Gärtner, Christine, Wilhelm Stahl, and Helmut Sies. 1997. "Lycopene is More Bioavailable from Tomato Paste Than from Fresh Tomatoes." *American Journal of Clinical Nutrition* 66: 116–122.

Stahl, Wilhelm et al. 2000. "Dietary Tomato Paste Protects Against Ultraviolet Light-Induced Erythema in Humans." *Journal of Nutrition* 131: 1449–1451.

第 7 章 不可思议的十字花科蔬菜：消除它们的苦味，获得回报

Johnston, Carol S., Christopher A. Taylor, and Jeffrey S. Hampl. 2000. "More Americans Are Eating '5 a Day' but Intakes of Dark Green and Cruciferous Vegetables Remain Low." *Journal of Nutrition* 130: 3063–3067. 相应图表中的数据也来自这篇文章。

Vallejo, Fernando, Franciso Tomás-Baberán, and Cristina Garcia-Viguera. 2003. "Health-Promoting Compounds in Broccoli as Influenced by Refrigerated Transport and Retail Sale Period." *Journal of Agricultural and Food Chemistry* 51: 3029–3034.

Agricultural Marketing Resource Center. Broccoli Profile. Revised April 2012.

Lucier, Gary, Susan Pollack, and Agnes Perez. 1997. "Import Penetration in the U.S. Fruit and Vegetable Industry." USDA Ecomonic Research Service.

Nath, A. et al. 2011. "Changes in Post-Harvest Phytochemical Qualities of Broccoli Florets During Ambient and Refrigerated Storage." *Food Chemistry* 127: 1510–1514.

Cieślik, Ewa et al. 2007. "Effects of Some Technological Processes on Glucosinolate Contents in Cruciferous Vegetables." *Food Chemistry* 105: 976–981.

Vermeulen, Martijn et al. 2008. "Bioavailability and Kinetics of Sulforaphane in Humans After Consumption of Cooked Versus Raw Broccoli." *Journal of Agricultural and Food Chemistry* 56: 10505–10509.

Miglio, Cristiana et al. 2008. "Effects of Different Cooking Methods on Nutritional and Physiochemical Characteristics of Selected Vegetables." *Journal of Agricultural and Food Chemistry* 56: 139–147.

Zhang, Donglin and Yasunori Hamauzu. 2004. "Phenolics, Ascorbic Acid, Carotenoids and Antioxidant Activity of Broccoli and Their Changes during Conventional and Microwave Cooking." *Food Chemistry* 88: 503–509.

Yuan, Gao-feng et al. 2009. "Effects of Different Cooking Methods on Health-Promoting

Compounds of Broccoli." *Journal of Zhejiang University* 10: 580–588.

Wang, Grace C., Mark Farnham, and Elizabeth H. Jeffery. 2012. "Impact of Thermal Processing on Sulforaphane Yield from Broccoli（*Brassica oleracea* L. ssp. *italica*)." *Journal of Agricultural and Food Chemistry* 60:6743–6748.

Boivin, Dominique et al. 2009. "Antiproliferative and Antioxidant Activities of Common Vegetables: A Comparative Study." *Food Chemistry* 112: 374–380.

Chun, Ock Kyoun et al. 2004. "Antioxidant Properties of Raw and Processed Cabbages." *International Journal of Food Sciences and Nutrition* 55: 191–199.

King, G. J. 2003. "Using Molecular Allelic Variation to Understand Domestication Processes and Conserve Diversity in *Brassica* Crops." *Acta Horticulturae* 598: 181–185.

Gratacós-Cubarsí, M. et al. 2010. "Simultaneous Evaluation of Intact Glucosinolates and Phenolic Compounds by UPLC-DAD-MS/MS in *Brassica oleracea* L. var *botrytis*." *Food Chemisry* 121: 257–263.

Volden, Jon, Gunnar B. Bengtssoon, and Trude Wicklund. 2009. "Glucosinolates, L-Ascorbic Acid, Total Phenols, Anthocyanins, Antioxidant Capacities and Colour in Cauliflower (*Brassica oleracea* L.): Effects of Long-Term Freezer Storage." *Food Chemistry* 112: 967–976

Volden, Jon et al. 2009. "Processing (Blanching, Boiling, Steaming) Effects on the Content of Glucosinolates and Antioxidant-Related Parameters in Cauliflower (*Brassica oleracea* L. ssp. *botrytis*). "*LWT — Food Science and Technology* 42: 63–73.

Annual Report of the Agricultural Experiment Station, Michigan State University. 2003.

Olsen, Helle et al. 2012. "Antiproliferative Effects of Fresh and Thermal Processed Green and Red Cultivars of Curly Kale (*Brassica oleracea* L. convar. *acephala* var. *sabellica*)." *Journal of Agricultural and Food Chemistry* 60: 7375–7383.

Dinehart, M.E. et al. 2006. "Bitter Taste Markers Explain Variability in Vegetable Sweetness, Bitterness and Intake." *Physiology and Behavior* 87: 304–313.

Korus, Anna and Zofia Lisiewska. 2011. "Effect of Preliminary Processing and Method of Preservation on the Content of Selected and Antioxidative Compounds in Kale (*Brassica oleracea* L. var. *acephala*) Leaves." *Food Chemistry* 129:149–154.

第8章　豆类：豌豆、小扁豆和其他豆子

Abbo, Shahal et al. 2008. "Wild Lentil and Chickpea Harvest in Israel: Bearing on the Origins of Near Eastern Farming." *Journal of Archaeological Science* 35: 3172–3177.

Dorsey, Owen J. 1884. "An Account of War Customs of the Osages." *The American Naturalist* 18: 113–133.

Quinn, David B. 1967. "Martin Pring at Provincetown in 1603." *The New England Quarter-*

ly 40: 79–91.

Sherwood, N. N. 1896. "Garden Peas." *Journal of the Royal Horticultural Society* XX, Part 1(1896): 117.

Bowles, Emily. 1888. *Madame de Maintenon* . London: Kegan Paul, Trench & Co.

Ou, Boxin et al. 2002. "Analysis of Antioxidant Activities of Common Vegetables Employing Oxygen Radical Absorbance Capacity (ORAC) and Ferric Reducing Antioxidant Power (FRAP) Assays: A Comparative Study." *Journal of Agricultural and Food Chemistry* 50: 3122–3128.

Murcia, Antonia, Antonoia Jiménez, and Magdalena Martínez-Tomé. 2009. "Vegetable Antioxidant Losses During Industrial Processing and Refrigerated Storage." *Food Research International* 42:1046–1052.

Wu, Xianli et al. 2004. "Lipophilic and Hydrophilic Antioxidant Capacities of Common Foods in the United States." *Journal of Agricultural and Food Chemistry* 52: 4026–4037.

Campos-Vega, Rocio, Guadalupe Loarca-Piña, and B. Dave Oomah. 2010. "Minor Components of Pulses and Their Potential Impact on Human Health." *Food Research International* 43: 461–482. 相应图表中的数据也来自这篇文章。

Flight, I. and Clifton, P. 2006. "Cereal Grains and Legumes in the Prevention of Coronary Heart Disease and Stroke: A Review of the Literature." *European Journal of Clinical Nutrition* 60: 1145–1159.

Luthria Devanand L. and Marcial A. Pastor-Corrales. 2006. "Phenolic Acids Content of Fifteen Dry Edible Bean (*Phaseolus vulgaris* L.) Varieties." *Journal of Food Composition and Analysis* 19: 205–211.

Adebamowo, C. A. et al. 2005. "Dietary Flavonols and Flavonol-Rich Foods Intake and The Risk of Breast Cancer." *International Journal of Cancer* 114: 628–633.

Phillips, R. D. and Bene W. Abbey. 1989. "Composition and Flatulence-Producing Potential of Commonly Eaten Nigerian and American Legumes." *Food Chemistry* 33: 171–280.

Xu, Baojun and Sam K.C. Chang. 2008. "Effect of Soaking, Boiling, and Steaming on Total Phenolic Content and Antioxidant Activities of Cool Season Food Legumes." *Food Chemistry* 110: 1–13.

Xu, Baojun and Sam K.C. Chang. 2010. "Phenolic Substance Characterization and Chemical and Cell-Based Antioxidant Activities of 11 Lentils Grown in the Northern United States." *Journal of Agricultural and Food Chemistry* 58: 1509–1517.

Floegel, Anna et al. 2011. "Comparison of ABTS/DPPH Assays to Measure Antioxidant Capacity in Popular Antioxidant-Rich US Foods." *Journal of Food Composition and Analysis* 24: 1043–1048.

Konovsky, John, Thomas A. Lumpkin, and Dean McClary. 1994. "Edamame: The Vegetable

Soybean." In A. D. O'Rourke, ed., *Understanding the Japanese Food and Agrimarket: A Multifaceted Opportunity*. Philadelphia, PA: Haworth Press.

U.S. Army Medical Research Institute of Infectious Diseases, Fort Detrick, Frederick, Maryland. AD-A221-205.

第9章 洋蓟、芦笋和鳄梨：尽情享用吧！

Pinelli, Patrizia et al. 2007. "Simultaneous Quantification of Caffeoyl Esters and Flavonoids in Wild and Cultivated Cardoon Leaves." *Food Chemistry* 105:1695–1701.

Eaton, Boyd S., Marjorie Shostak, and Melvin Konner. 1988. *The Paleolithic Prescription*. New York: Harper Collins.

Lutz, M., C. Henríquez and M. Escobar. 2011. "Chemical Composition and Antioxidant Properties of Mature and Baby Artichokes (*Cynara scolymus* L.), Raw and Cooked." *Journal of Food Composition and Analysis* 24: 49–54.

Ferracane, Rosalia et al. 2008. "Effects of Different Cooking Methods on Antioxidant Profile, Antioxidant Capacity, and Physical Characteristics of Artichoke." *Journal of Agricultural and Food Chemistry* 56: 8601–8608. 相应图表中的数据也来自这篇文章。

Gil-Izquierdo, A. et al. 2001. "The Effect of Storage Temperatures on Vitamin C and Phenolics Content of Artichoke (*Cynara scolymus* L.) Heads." *Innovative Food Science & Emerging Technologies* 2: 199–202.

Halvorsen, Bente L. et al. 2006. "Content of Redox-Active Compounds in Foods Consumed in the United States." *American Journal of Clinical Nutrition* 84: 95–135.

Cato, Marcus. 1934. *On Agriculture*. Loeb Classical library.

Ferrara, L. et al. 2011. "Nutritional Values, Metabolic Profile, and Radical Scavenging Capacities of Wild Asparagus (*A. acutifolius* L.)" *Journal of Food Composition and Analysis* 24: 326–333.

Rosati, Adolfo. Personal correspondence. April 27, 2011.

Yamaguchi, Tomoko et al. 2001. "Radical-Scavenging Activity of Vegetables and the Effect of Cooking on Their Activity." *Food Science and Technology Research* 7: 250–257.

Lill, R.E., G.A. King, and E.M. O'Donoghue. 1990. "Physiological Changes in Asparagus Spears Immediately After Harvest." *Scientia Horticulturae* 44: 191–199.

Papadopoulou, Parthena P., Anastasios S. Siomos and Constantinos C. Dogras. 2003. "Comparison of Textural and Compositional Attributes of Green and White Asparagus Produced Under Commercial Conditions." *Plant Foods for Human Nutrition* 58: 1–9.

Eleftherios, Papoulias et al. 2009. "Effects of Genetic, Pre- and Post-Harvest Factors on Phenolic Content and Antioxidant Capacity of White Asparagus Spears." *International Journal of Molecular Sciences* 10: 5370–5380.

Popenoe, Wilson. 1935. "Origin of the Cultivated Races of Avocados." *California Avocado Association Yearbook* 20: 184–194.

Galindo-Tovar, María Elena, Nisao Ogata-Aguilar, and Amaury M. Arzate-Fernández. 2008. "Some Aspects of Avocado (*Persea americana* Mill.) Diversity and Domesticaton in Mesoamerica." *Genetic Research and Crop Evolution* 55: 441–450.

Wu, Xianli et al. 2004. "Lipophilic and Hydrophilic Antioxidant Capacities of Common Foods in the United States." *Journal of Agricultural and Food Chemistry* 52: 4026–4037.

Lerman-Garber, Israel et al. 1994. "Effect of a High-Monounsaturated Fat Diet Enriched with Avocado in NIDDM Patients." *Diabetes Care* 17: 311–315.

Unlu, Nuray Z. et al. 2005. "Carotenoid Absorption from Salad and Salsa by Humans Is Enhanced by the Addition of Avocado or Avocado Oil." *Journal of Nutrition* 135: 431–436.

第 10 章 苹果：从强力药物到温和的无性繁殖系

Stushnoff, C. et al. 2003. "Diversity of Phenolic Antioxidant and Radical Scavenging Capacity in the USDA Apple Germplasm Core Collection." *Acta Horticulturae* 623: 305–312. 相应图表中的数据也来自这篇文章。

Yoshizawa, Yuko et al. 2004. "Antiproliferative and Antioxidant Properties of Crabapple Juices." *Food Sciences and Technological Research* 10: 278–281.

Turner, Nancy J. 1995. *Food Plants of Coastal First Peoples.* Vancouver: University of British Columbia Press.

Ferree, D.C., and I. J. Warrington, eds. 2003. *Apples: Botany, Production, and Uses.* Oxfordshire, U.K.: CABI Publishers.

Rea, Mary-Alice F. 1975. "Early Introduction of Economic Plants into New England." *Economic Botany* 29: 333–356.

Schoolcraft, Henry Rowe. 1847. *Notes on the Iroquois.* Albany, NY: E.H. Pease & Company.

Parker, Arthur C. 1968. *Parker on the Iroquois*, Syracuse, NY: Syracuse University Press.

Hokanson, Stan C. et al. 1997. "Collecting and Managing Wild *Malus* Germplasm in Its Center of Diversity." *HortScience* 32: 173–176.

"Apple Boosts Fight Against Cancer." *Otago Daily Times*, April 3, 2008. Online edition. http://treecropsresearch.org/montys-surprise/.

Awad, M.A., Wagenmakers, P.S., and de Jager, A. 2001. "Effects of Light on Flavonoid and Chlorogenic Acid Levels in the Skin of Jonagold Apples." *Science of Horticulture* 88: 289–298.

Tarozzi, Andrea et al. 2004. "Cold-Storage Affects Antioxidant Properties of Apples in Caco-2 Cells." *Journal of Nutrition* 134: 1105–1109.

Lui, Rui Hai, Marian V. Eberhardt, and Chang Yong Lee. 2001. "Antioxidant and Antiproliferative

Activities of Selected New York Apple Cultivars." *New York Fruit Quarterly* 9: 11.

Wolfe, Kelly, Xianzhong Wu, and Rui Hai Liu. 2003. "Antioxidant Activity of Apple Peels." *Journal of Agricultural and Food Chemistry* 51:609–614.

Petkovsek, M. et al. 2009. "Accumulation of Phenolic Compounds in Apple in Response to Infection by the Scab Pathogen, *Venturia inaequalis.*" *Physiological and Molecular Plant Pathology* 74: 60–67.

Van der Sluis et al. 2002. "Activity and Concentration of Polyphenolic Antioxidants in Apple Juice. Effect of Existing Production Methods." *Journal of Agricultural and Food Chemistry* 50: 7211–7219.

Oszmianski, J. et al. 2007. "Comparative Study of Polyphenolic Content and Antiradical Activity of Cloudy and Clear Apples Juices." *Journal of the Science of Food and Agriculture* 87: 573–579.

Wojdylo, Aneta, Jan Oszmianski, and Piotr Laskowski. 2008. "Polyphenolic Compounds and Antioxidant Activity of New and Old Apple Varieties." *Journal of Agricultural and Food Chemistry* 56: 6520–6530.

第 11 章 蓝莓和黑莓：极具营养

Parker, Arthur C. 1968. *Parker on the Iroquois.* Syracuse, NY: Syracuse University Press.

Moerman, D.E. 1996. "An Analysis of the Food Plants and Drug Plants of Native North America." *Journal of Ethnopharmacology* 52: 1–22.

Zheng, Wei and Shiow Y. Wang. 2003. "Oxygen Radical Absorbing Capacity of Phenolics in Blueberries, Cranberries, Chokeberries, and Lingonberries." *Journal of Agricultural and Food Chemistry* 51:502–509. 相应图表中的数据也来自这篇文章。

Hosseinian, Farah S. et al. 2007. "Proanthocyanidin Profile and ORAC Values of Manitoba Berries, Chokecherries, and Seabuckthorn." *Journal of Agricultural and Food Chemistry* 55: 6970–6976.

Giampieri, Francesca et al. 2012. "The Strawberry: Composition, Nutritional Quality, and Impact on Human Health." *Nutrition* 28: 9–19.

Castrejon, Alejandro D.R. et al. 2008. "Phenolic Profile and Antioxidant Activity of Highbush Blueberry（*Vaccinium corymbosum* L.）During Fruit Maturation and Ripening." *Food Chemistry* 109: 564–572. 注：在蓝莓中，大小与抗氧化水平的关系仅适用于高丛蓝莓（*Vaccinium corymbosum*），不适用于所有物种。

Ehlenfeldt, Mark K. and Ronald L. Prior. 2001. "Oxygen Radical Absorbance Capacity (ORAC) and Phenolic and Anthocyanin Concentrations in Fruit and Leaf Tissues of Highbush Blueberry." *Journal of Agricultural and Food Chemistry* 49: 2222–2227.

Gill, Sudeep. 2009. "Dementia: Cholinesterase Inhibitor Use Link with Syncope."*Archives of Internal Medicine* 169: 867–873.

Joseph, James A. et al. 1999. "Reversals of Age-Related Declines in Neuronal Signal Trans-duction, Cognitive, and Motor Behavioral Deficits with Blueberry, Spinach or Strawberry Dietary Supplementation." *The Journal of Neuroscience* 19: 8114–8121.

Krikorian, Robert et al. 2010. "Blueberry Supplementation Improves Memory in Older Adults." *Journal of Agricultural and Food Chemistry* 58: 3996–4000.

Joseph, James, Daniel Nadeau, and Anne Underwood. 2003. *The Color Code: A Revolutionary Eating Plan for Optimum Health.* New York: Hyperion.

Wallace, Taylor C. 2011. "Anthocyanins in Cardiovascular Disease." *Advances in Nutrition* 2: 1–7.

Erlund, Iris et al. 2008. "Favorable Effects of Berry Consumption on Platelet Function, Blood Pressure, and HDL Cholesterol." *American Journal of Clinical Nutrition* 87: 323–331.

Lohachoompol, Virachnee, George Srzednicki, and John Craske. 2004. "The Change of Total Anthocyanins in Blueberries and Their Antioxidant Effect after Drying and Freezing." *Journal of Biomedicine and Biotechnology* 5: 248–252.

Oszmianski, Jan, Aneta Wojdylo, and Joanna Kolniak. 2009. "Effect of L-Ascorbic Acid, Sugar, Pectin, and Freeze-Thaw Treatment on Polyphenol Content of Frozen Strawberries." *Food Science and Technology* 42: 581–586.

Hatton, Daniel C. 2004. "The Effect of Commercial Canning on the Flavonoid Content of Blueberries." Report for the Canned Food Alliance by the Oregon Health Sciences University. 相应图表中的数据也来自这篇文章。

López, Jessica et al. 2010. "Effect of Air Temperature on Drying Kinetics, Vitamin C, Antioxidant Activity, Total Phenolic Content, Non-Enzymatic Browning and Firmness of Blueberries." *Food and Bioprocess Technology* 3: 772–777.

Wang, Shiow Y., Hangjun Chen, and Mark K. Ehlenfeldt. 2011. "Variation in Antioxidant Enzyme Activities and Non-Enzyme Components among Cultivars of Rabbiteye Blueberries (*Vaccinium ashei* Reade) and *V. ashei* Derivatives." *Food Chemistry* 129: 13–20.

Finne, Chad E. et al. 2010. " 'Wild Treasure' Thornless Trailing Blackberry." *HortScience* 45: 434–436.

第12章 草莓、蔓越橘和覆盆子：我们的三种最有营养的水果

Wada, Leslie and Boxin Ou. 2002. "Antioxidant Activity and Phenolic Content of Oregon Caneberries." *Journal of Agricultural and Food Chemistry* 50: 3495–3500.

Connor, Ann Marie et al. 2005. "Genetic and Environmental Variation in Anthocyanins and Their Relationship to Antioxidant Activity in Blackberry and Hybridberry Cultivars."

Journal of the American Society of Horticultural Science. 130: 680–687.

Gaustad, Edwin S. 2005. *Roger Williams*. Oxford: Oxford University Press.

Fletcher, Stevenson Whitcomb. 1917. *The Strawberry in North America: History, Origin, Botany, and Breeding*. New York: Macmillan.

Parker, Arthur C. 1968. *Parker on the Iroquois*. Syracuse, NY: Syracuse University Press.

Wang, Shiow Y. and Kim S. Lewers. 2007 "Antioxidant Activities and Anticancer Cell Proliferation Properties of Wild Strawberries." *Journal of the American Society of Horticutural Sciences* 132: 647–658.

Bertelsen, Diane. 1995. "The US Strawberry Industry." Commercial Agriculture Division, Economic Research Service, U.S. Department of Agriculture Statistical Bulletin No. 914.

Olsson, M.E. et al. 2004. "Antioxidants, Low Molecular Weight Carbohydrates, and Total Antioxidant Capacity in Strawberries (*Fragaria*×*ananassa*): Effects of Cultivar, Ripening, and Storage."*Journal of the Agricultural and Food Chemistry* 52: 2490–2498.

Olsson, M.E. et al. 2007. "Extracts from Organically and Conventionally Cultivated Strawberries Inhibit Cancer Cell Proliferation in Vitro." *Acta Horticulturae* 744: 189–194.

Ayala-Zavala et al. 2004. "Effect of Storage Temperatures on Antioxidant Capacity and Aroma Compounds in Strawberry Fruit."*LWT—Food Science and Technology* 37: 687–695.

Holzwarth, Melanie et al. 2012. "Evaluation of the Effects of Different Freezing and Thawing Methods on Color, Polyphenol and Ascorbic Acid Retention in Strawberries (*Fragaria*× *ananassa* Duch.)" *Food Research International* 48: 241–248.

Pappas, E., and K.M. Schaich. 2009. "Phytochemicals of Cranberries and Cranberry Products: Characterization, Potential Health Effects, and Processing Stability." *Critical Reviews in Food Science and Nutrition* 49: 741–781.

Lian, Poh Yng et al. 2012. "The Antimicrobial Effects of Cranberry Against *Staphylococcus aureus*." *Food Science and Technology International* 18: 179–186.

Greenberg, James A. et al. 2005. "Consumption of Sweetened Dried Cranberries Versus Unsweetened Raisins for Inhibition of Uropathogenic *Escherichia coli* Adhesion in Human Urine: A Pilot Study." *Journal of Alternative and Complementary Medicine* 11: 875–878.

Burger, Ora et al. 2006. "A High Molecular Mass Constituent of Cranberry Juice Inhibits *Helicobacter pyrlori* Adhesion to Human Gastric Mucus." *FEMS Immunology & Medical Microbiology* 29: 295–301.

Jennings, S. N. 2002. *Raspberries and Blackberries: Their Breeding, Diseases and Growth*. London: Academic Press.

Deighton, Nigel et al. 2000. "Antioxidant Properties of Domesticated and Wild Rubus Species." *Journal of the Science of Food and Agriculture* 80: 1307–1313.

Lui, Ming et al. 2002. "Antioxidant and Antiproliferative Activities of Raspberries." *Journal of Agricultural and Food Chemistry* 50: 2926–2930.

Wang, Li-Shu et al. 2007. "Effect of Freeze-Dried Black Raspberries on Human Colorectal Cancer Lesions." AACR Special Conference in Cancer Research. *Advances in Colon Cancer Research* B31.

Wang, Li-Shu et al. 2011. "Modulation of Genetic and Epigenetic Biomarkers in Humans by Black Raspberries: A Phase 1 Pilot Study." *Clinical Cancer Research* 17: 598–610.

第13章 核果：是时候来一场味道复兴了

Hancock, James F., ed. 2008. *Temperate Fruit Crop Breeding: Germplasm to Genomics.* New York and Heidelberg: Springer.

Turner, Thomas Hudson. 1851. *Some Account of Domestic Architecture in England: From the Conquest to the End of the Thirteenth Century.* J. H. Parker, Publisher.

Hatch, Peter J. 1998. "We Abound in the Luxury of the Peach." *Twinleaf Journal online.*

Crisosto, Carlos H. et al. 2009. "Quantifying the Economic Impact of Marketing 'Sensory Damaged' Tree Fruit." 呈交给加州鲜果协会（California Tree Fruit Agreement）的年度研究报告。

Crisosto, C. H. 2002. "How Do We Increase Peach Consumption?" Proceedings of the Fifth International Peach Symposium. *Acta Horticulturae* 592: 601–605.

Remorini. D. et al. 2008. "Effect of Rootstocks and Harvesting Time on the Nutritional Quality of Peel and Flesh of Peach Fruits." *Food Chemistry* 110: 361–367.

Gil, Maria I. 2002. "Antioxidant Capacities, Phenolics Compounds, Carotenoids, and Vitamin C Contents of Nectarine, Peach, and Plum Cultivars from California." *Journal of Agricultural and Food Chemistry* 50: 4976–4982.

Metrics used in EWG's Shopper's Guide to Pesticides. Compiled with USDA and FDA Data.

Carbonaro, Marina and Maria Mattera. 2001. "Polyphenoloxidase Activity and Polyphenol Levels in Organically and Conventionally Grown Peach (*Prunus persica* L., cv. Regina Bianca)." *Food Chemistry* 72: 419–424.

Vizzotto, Marcia, Luis Cisneros-Zevallos, and David H. Byrne. 2007. "Large Variation Found in the Phytochemical and Antioxidant Activity of Peach and Plum Germplasm." *Journal of the American Society of Horticultural Science* 132: 334–340. 相应图表中的数据也来自这篇文章。

Parmar, C. and M.K. Kaushal. 1982. *Prunus armeniaca.* In *Wild Fruits*, 66–69. New Delhi, India: Kalyani Publishers.

Malik, S.K. et al. 2010. "Genetic Diversity and Traditional Uses of Wild Apricot (*Prunus armeniaca* L.) in High Altitude Northwestern Himalayas of India." *Plant Genetic Resources*

8: 249–257.

Campbell, Oluranti E., Ian A. Merwin, and Olga I. Padilla-Zakour. 2011. "Nutritional Quality of New York Peaches and Apricots." *New York Fruit Quarterly* 19: 12–16.

Henrich Brunke. 2006. "Commodity Profile: Apricots." University of California Agricultural Issues Center.

Hegedus, Attila et al. 2010. "Antioxidant and Antiradical Capacities in Apricot (*Prunus armeniaca* L.) Fruits: Variations from Genotypes, Years, and Analytical Methods." *Journal of Food Science* 75: 722–731.

Karabulut, Ihsan et al. 2007. "Effect of Hot Air Drying and Sun Drying on Color Values and β–Carotene Content of Apricot. (*Prunus armeniaca* L.) *LWT—Food Science and Technology* 40: 753–758.

Moerman, D.E. 1996. "An Analysis of the Food Plants and Drug Plants of Native North America." *Journal of Ethnopharmacology* 52: 1–22.

Chaovanalikit, A. and R.E. Wrolstad. 2004. "Total Anthocyanins and Total Phenolics of Fresh and Processed Cherries and Their Antioxidant Properties." *Journal of Food Science* 69: 67–72.

Taylor, William Alton. 1892. "The Fruit Industry, and Substitution of Domestic for Foreign-Grown Fruits with Historical and Descriptive Notes on Ten Varieties of Apple Suitable for the Export Trade." Bulletin No. 7, U.S. Department of Agriculture.

Wood, Marsha. 2004. "Fresh Cherries May Help Arthritis Sufferers." *Agricultural Research* 52: 18–19.

Simonian, Sonny S. 2000. "Anthocyanin and Antioxidant Analysis of Sweet and Tart Cherry Varieties of the Pacific Northwest." Bachelor of science in bioresearch thesis, Oregon State University.

Kuehl K. S. et al. 2010. "Efficacy of Tart Cherry Juice in Reducing Muscle Pain During Running: A Randomized Controlled Trial." *Journal of the International Society of Sports Nutrition* 7:17.

Gonçalves, Berta et al. 2004. "Storage Affects the Phenolic Profiles and Antioxidant Activities of Cherries (*Prunus avium* L.) on Human Low-Density Lipoproteins."*Journal of the Science of Food and Agriculture* 84: 1013–1020.

Hooshmand, S. et al. 2011. "Comparative Effects of Dried Plum and Dried Apple on Bone in Postmenopausal Women." *British Journal of Nutrition* 106: 923–930.

第 14 章　葡萄和葡萄干：从圆叶葡萄到'汤普森'无籽葡萄

Keoke, Emory Dean, and Kay Marie Porterfield. 2001. *Encyclopedia of American Indian Contributions to the World: 15,000 years of Invention and Innovations*, *s. v.* "Grapes,

Indigenous American." New York: Facts on File, Inc.

Savoy, C.F., J.R. Morris, and V.E. Petrucci. 1983. "Processing Muscadine Grapes into Raisins." *Proceedings of the Florida State Horticultural Society* 96:355–357.

Bohlander, Richard E. 1998. *World Explorers and Discoverers*. Cambridge, MA: Da Capo Press.

Pastrana-Bonilla, Eduardo, et al. 2003. "Phenolic Content and Antioxidant Capacity of Muscadine Grapes." *Journal of Agricultural and Food Chemistry* 51: 5497–5503.

Stanley, Doris. 2007. "America's First Grape: The Muscadine." *News & Event* Online, published by the USDA Agricultural Research Service.

Walker, Amanda R. et al. 2007. "White Grapes Arose Through the Mutation of Two Similar and Adjacent Regulatory Genes." *The Plant Journal* 49: 772–785.

Breksa, Andrew P. et al. 2010. "Antioxidant Activity and Phenolic Content of 16 Raisin Grape (*Vitis vinifera* L.) Cultivars and Selections." *Food Chemistry* 121: 740–745.

Kanner, Joseph et al. 1994. "Natural Antioxidants in Grapes and Wines." *Journal of Agricultural and Food Chemistry* 42: 64–69.

Seeram, Navinda P. et al. 2008. "Comparison of Antioxidant Potency of Commonly Consumed Polyphenol-Rich Beverages in the United States." *Journal of Agricultural and Food Chemistry* 56: 1415–1422.

Krikorian, Robert et al. 2012. "Concord Grape Juice Supplementation and Neurocognitive Function in Human Aging." *Journal of Agricultural and Food Chemistry* 60: 5736–5742.

Chou E.J. et al. 2001. "Effect of Ingestion of Purple Grape Juice on Endothelial Function in Patients with Coronary Heart Disease." *American Journal of Cardiology* 88: 553–555.

Singletary, K. W., K. J. Jung, and M.Giusti. 2007. "Anthocyanin-Rich Grape Extract Blocks Breast Cell DNA Damage." *Journal of Medicine and Food* 10: 244–251.

Kevers, Claire et al. 2007. "Evolution of Antioxidant Capacity During Storage of Selected Fruits and Vegetables." *Journal of Agricultural and Food Chemistry* 55: 8596–8603.

Crisosto, Carlos H., and Joseph L. Smilanik. n.d. "Table Grapes: Postharvest Quality Maintenance Guidelines." http://kare.ucanr.edu/files/123831.pdf.

Parker, Tory L. et al. 2007. "Antioxidant Capacity and Phenolic Content of Grapes, Sun-Dried Raisins, and Golden Raisins and Their Effect on ex Vivo Serum Antioxidant Capacity." *Journal of Agricultural and Food Chemistry* 55: 8472–8477. 相应图表中的数据也来自这篇文章.

Chiou, Antonia et al. 2007. "Currants (*Vitis vinifera* L.) Content of Simple Phenolics and Antioxidant Activity." *Food Chemistry* 102: 516–522.

第 15 章　柑橘类水果：不只是维生素 C

Sun, Jie et al. 2002. "Antioxidant and Antiproliferative Activities of Common Fruits. "*Journal of Agricultural and Food Chemistry* 50: 7449–7454.

Arias, Beatriz Álvarez and Luis Ramón-Laca. 2005. "Pharmacological Properties of Citrus and Their Ancient and Medieval Uses in the Mediterranean Region." *Journal of Ethnopharmacology* 97: 89–95.

Janick, Jules. 2005. Purdue University Tropical Horticulture Lecture 32: Citrus. http://www.hort.purdue.edu/newcrop/tropical/lecture_32/lec_32.html.

Morton, Julia F. 1987. *Fruits of Warm Climates*. Miami, FL: Florida Flair Books.

Tarozzi, Andrea et al. 2006. "Antioxidant Effectiveness of Organically and Non-Organically Grown Red Oranges in Cell Culture Systems." *European Journal of Nutrition* 45: 152–158.

Lee, Hyoung S. 2001. "Characterization of Carotenoids in Juice of Red Navel Orange (Cara Cara)." *Journal of Agricultural and Food Chemistry* 49: 2563–2568.

Lee, Hyoung S. et al. 1990. "Chemical Characterization by Liquid Chromatography of Moro Blood Orange Juices." *Journal of Food Composition and Analysis* 3: 9–19.

Helebek, Hasim, Ahmet Canbas, and Serkan Selli. 2008. "Determination of Phenolic Composition and Antioxidant Capacity of Blood Orange Juices Obtained from cvs. and Sanguinello (*Citrus sinensis* L. Osbeck) Grown in Turkey."*Food Chemistry* 107: 1710–1716.

Gross, Jeana, Michaela Gabai, and A. Lifshitz. 1971. "A Comparative Study of the Carotenoid Pigments in Juice of Shamouti, Valencia and Washington Oranges, Three Varieties of *Citrus sinensis*."*Phytochemistry* 11: 303–308.

Robinson, T. Ralph. 1952. "Grapefruit and Pummelo." *Economic Botany* 6: 228–245.

Rapisarda, Paolo et al. 2009. "Juice of New Citrus Hybrids (*Citrus clementina* Hort. ex Tan. × *C. sinensis* L. Osbeck) as a Source of Natural Antioxidants." *Food Chemistry* 117: 212–218.

Tomás-Barberán, F.A., and M.I. Gil, eds. 2008. *Improving the Health-Promoting Properties of Fruit and Vegetable Products*. Boca Raton, FL: CRC Press.

Vanamala, Jairam et al. 2006. "Variation in the Content of Bioactive Flavonoids in Different Brands of Orange and Grapefruit Juices." *Journal of Food Composition and Analysis* 19: 157–166.

Gil-Izquierdo, Angel et al. 2001. "In Vitro Availability of Flavonoids and Other Phenolics in Orange Juice."*Journal of Agricultural and Food Chemistry*. 49: 1035–1041.

Broad, William J. 2007. "Useful Mutants, Bred with Radiation." *New York Times*, August 28, Science section.

Gorinstein, Shela. 2006. "Red Grapefruit Positively Influences Serum Triglyceride Level in Patients Suffering from Coronary Atherosclerosis: Studies in Vitro and in Humans." *Journal of Agricultural and Food Chemistry* 54: 1887–1892.

Drewnowski, Adam, Susan Ahlstrom Henderson, and Amy B. Shore. 1997. "Taste Responses to Naringin, A Flavonoid, and Acceptance of Grapefruit Juice Are Related to Genetic Sensitivity to 6-n-Propylthiouracil." *The American Journal of Clinical Nutrition.* 66: 391–397.

Li, Xiaomeng et al. 2010. "The Origin of Cultivated Citrus as Inferred from Internal Transcribed Spacer and Chloroplast DNA Sequence and Amplified Fragment Length Polymorphism Fingerprints." *Journal of the American Horticultural Society* 135: 341–350.

Waife, S.O. 1953. "Lind, Lemons, and Limeys." *American Journal of Clinical Nutrition* 1: 471–473.

Zimmermann, Benno F., and Maike Gleichenhagen. 2011. "The Effect of Ascorbic Acid, Citric Acid, and Low pH an the Extraction of Green Tea: How to Get the Most of It." *Food Chemistry* 124: 1543–1548.

Stewart, William S. 1949. "Storage of Citrus Fruits: Studies Indicate Use of 2,4-D and 2,4,5-T Sprays on Trees Prolong Storage Life of Citrus Fruits." *California Agriculture* 3: 7–14.

Li, Yuncheng et al. 2012. "Effect of Commercial Processing on Pesticide Residues in Orange Products." *European Food Research and Technology* 234: 449–456.

第 16 章　热带水果：充分利用全球化饮食

Heslop-Harrison, J.S. and Trude Schwarzacher. 2007. "Domestication, Genomics, and the Future for Banana." *Annals of Botany* 100: 1073–1084.

Englberger, Lois et al. 2003. "Carotenoid-Rich Bananas: A Potential Food Source for Alleviating Vitamin A Deficiency." *Food and Nutrition Bulletin* 24: 303–318. 相关图表中的数据也来自这篇文章。

Gayosso-García Sancho, Laura E., Elhadi M. Yahia, and Gustavo Adolfo González-Aguilar. 2011. "Identification and Quantification of Phenols, Carotenoids, and Vitamin C from Papaya (*Carica papaya* L., cv. Maradol) Fruit Determined by HPLC- DAD-NS/MS-ESI." *Food Research International* 44: 1284–1291.

Collins, J.L., 1951. "Notes on the Origin, History, and Genetic Nature of the Cayenne Pineapple." *Pacific Science* 5: 3–17.

Ramsaroop, Raymond E. S. and Aurora A. Saulo. 2007. "Comparative Consumer and Physiochemical Analysis of Del Monte Hawai'i Gold and Smooth Cayenne Pineapple Cultivars" *Journal of Food Quality* 30: 135–159.

第17章 瓜：滋味清爽，营养单薄

Mahattanatawee, Kanjana et al. 2006. "Total Antioxidant Activity and Fiber Content of Select Florida-Grown Tropical Fruits." *Journal of Agricultural and Food Chemistry* 54: 7355–7363.

Wehner, Todd C. 2007. "Watermelon." In Jaime Prohens and Fernando Nuez, eds., *Vegetables I: Asteraceae, Brassicaceae, Chenopodiaceae, and Cucubitaceae*, vol. 1 of *Handbook of Plant Breeding*. New York and Frankfurt: Springer. http://cuke.hort.ncsu.edu/cucurbit/wehner/articles/book16.pdf.

Kung, Shain-Dow and Shang-Fa Yang. 1998. *Discoveries in Plant Biology*, vol. 1. Singapore: World Scientific Press.

Tlili, Imen et al. 2011. "Bioactive Compounds and Antioxidant Activities During Fruit Ripening of Watermelon Cultivars." *Journal of Food Composition and Analysis* 24: 923–928.

Perkins-Veazie, Penelope et al. 2006. "Carotenoid Content of 50 Watermelon Cultivars." *Journal of Agricultural and Food Chemistry* 54: 2593–2597.

Goldman, Amy. 2002. *Melons for the Passionate Grower*. New York: Artisan.

Shapiro, Laura. 2008. *Perfection Salad: Women and Cooking at the Turn of the Century*. Berkeley: University of California Press.

* 本书所涉网址的访问时间均为 2014 年 5 月。

英汉译名对照表

Gunther, Erna, 欧娜·冈瑟

H

Halvorsen, Pranee Khruasanit, 普拉尼·克
鲁桑尼·哈尔沃森

Hariot, Thomas, 托马斯·哈里奥特

Hass, Rudolph, 鲁道夫·哈斯

heirloom varieties, 传统品种

Hippocrates, 希波克拉底

honeydew melons, 白兰瓜

Honey Mustard Vinaigrette, 蜂蜜芥末酱

Hull, Henry, 亨利·赫尔

hunter-gatherers, 狩猎—采集者

I

iceberg lettuces, 冰山莴苣

individually quick frozen (IQF), 单体速冻

insulin resistance, 胰岛素耐药性

J

Jamestown Colony, 詹姆斯敦殖民地

Jefferson, Thomas, 托马斯·杰斐逊

Joseph, James, 詹姆斯·约瑟夫

K

kale, 甘蓝

Keller, Helen, 海伦·凯勒

Knott, Walter, 沃尔特·诺特

Knott's Berry Farm, 诺特浆果农场

L

lamb's quarters, 藜

Laughnan, John, 约翰·劳克南

leeks, 韭葱

legumes, 豆类

lemons, 柠檬

lentils, 小扁豆

lettuces, 莴苣

limes, 来檬

Livingston, Alexander W., 亚历山大·W.
利文斯顿

Logan, James Harvey, 詹姆斯·哈维·罗甘

loganberries, 罗甘莓

Luelling, Henderson, 亨德森·雷凌

M

mangoes, 芒果

manioc, 木薯

marionberries, 马里恩莓

Mason, John L., 约翰·L.梅森

Mattioli, Pietro, 彼得罗·马蒂奥利

melons, 瓜

metabolic syndrome, 代谢综合征

microperforated bags, 微孔密封袋

Moerman, Daniel E., 丹尼尔·E.摩尔曼

N

NASA, 美国国家航空航天局

nectarines, 油桃

O

olive oil, 橄榄油

olives, 橄榄

onion chives, 香葱

onions, 洋葱

oranges, 橙子

Ottoman Empire, 奥斯曼帝国

P

Palladius, 帕拉狄乌斯

papayas, 番木瓜

papoon, "帕蓬"（易洛魁人的甜玉米）

parsnips, 欧防风

peaches, 桃

peas, 豌豆

Pesticide Action Network (PAN), 农药行动网络

pesticides, 杀虫剂

phytonutrients, 植物营养素

Pieri, Peter, 彼得·皮耶里

pineapples, 菠萝

plantains, 大蕉

Pliny the Elder, 老普林尼

plums, 李子

pomelos, 柚子

potatoes, 马铃薯

prediabetes, 前驱糖尿病

prunes, 西梅

purslanes, 马齿苋

Q

quinoa, 藜麦

R

radiant energy vacuum drying(REV drying), 辐射能真空干燥

radicchio, 菊苣

raisins, 葡萄干

Raleigh, Walter, 沃尔特·雷利

Randolph, Martha, 玛莎·伦道夫

raspberries, 覆盆子

Rhodes, Ashby M., 阿什比·M. 罗兹

Ronsse, Beaudouin, 博杜安·隆斯

Roosevelt, Theodore, 西奥多·罗斯福

root crops, 根茎类作物

Rosati, Adolfo, 阿道夫·罗萨蒂

S

Sahagún, Bernardino de, 贝尔纳迪诺·德萨阿贡

salad dressings, 色拉调味汁

salad greens, 色拉绿叶菜

scallions, 大葱

Seed Savers Exchange, 存种交易所

sesame seeds, 芝麻

Sforza, Ludovico, Duke of Milan, 卢多维科·斯福尔扎，米兰公爵

shallots, 火葱

Silverwood-Cope, Peter, 彼得·西尔弗伍德－科普

Slow Food USA, 美国慢食运动

Southern Exposure Seed Exchange, 南方种子交易所

spinaches, 菠菜

squashes, 南瓜

Standard American Diet (SAD), 标准美式饮食

stone fruits, 核果

Stoner, Gary, 加里·斯通纳

strawberries, 草莓

Sullivan, John, 约翰·沙利文

supertasters, 超级味觉者

sweet potatoes, 番薯

Albert, Szent-Györgyi, 圣捷尔吉·阿尔伯特

T

Tang, 果珍

teosintes, 墨西哥类蜀黍

Theophrastus, 泰奥弗拉斯托斯

Thompson, William, 威廉·汤普森

Tibbets, Eliza, 伊莱扎·蒂贝茨

tomatoes, 西红柿

Twain, Mark, 马克·吐温

type 2 diabetes, 二型糖尿病

U

umami response, 鲜味反应

U.S. Department of Agriculture, 美国农业部

V

vegetables, 蔬菜

Verrazano, Giovanni da, 乔瓦尼·达·韦拉扎诺

Victoria (queen of England), 维多利亚（英格兰女王）

vinegars, 醋

vitamins, 维生素

W

Washington, George, 乔治·华盛顿

watermelons, 西瓜

Waters, Alice, 爱丽丝·沃特斯

Welch, Thomas Bramwell, 托马斯·布拉姆韦尔·韦尔奇

White, Elizabeth, 伊丽莎白·怀特

Williams, Roger, 罗杰·威廉姆斯

Winthrop, John, 约翰·温思罗普

Wolfskill, William, 威廉·沃尔夫斯基尔

Wood, William, 威廉·伍德

关于作者

　　乔·罗宾逊是健康专题作家和食物推广宣传家，她最著名的研究是关于牧场散养（而非大型饲养场圈养）猪、家禽、牛和羊带来的好处的研究。她为几十家重要媒体提供关于草饲畜牧业产品的可靠信息，这些重要媒体包括《时代周刊》（*Time*）、《纽约时报》（*The New York Times*）、《今日美国》（*USA Today*）、《男士健康》（*Men's Health*）、《地球母亲新闻》（*Mother Earth News*）、《华尔街日报》（*The Wall Street Journal*）等。她的网站 http://www.eatwild.com 已经吸引了超过一千万访问者。随着《食之养》一书的出版，罗宾逊将自己的研究范围扩展到了水果和蔬菜领域。她在靠近华盛顿州西雅图市的乡村岛屿瓦逊岛生活和工作，并在那里种植了本书推荐的一些美味营养的果蔬品种。乔是十余本非虚构类图书的作者或共同作者，这些图书的总销量已经超过了 200 万本。